现代建筑设计与创意思维探索

陈春燕　安　文　吴亚非　著

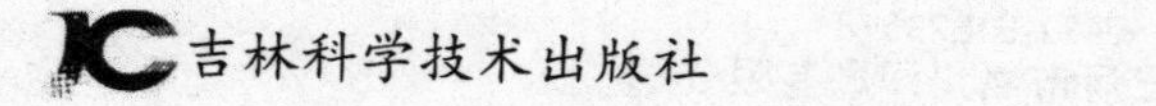
吉林科学技术出版社

图书在版编目（CIP）数据

现代建筑设计与创意思维探索 / 陈春燕，安文，吴亚非著. -- 长春 : 吉林科学技术出版社，2022.9
ISBN 978-7-5578-9749-9

Ⅰ. ①现… Ⅱ. ①陈… ②安… ③吴… Ⅲ. ①建筑设计 Ⅳ. ①TU2

中国版本图书馆 CIP 数据核字(2022)第 179468 号

现代建筑设计与创意思维探索

著　　陈春燕　安　文　吴亚非
出 版 人　宛　霞
责任编辑　孟祥北
封面设计　正思工作室
制　　版　林忠平
幅面尺寸　185mm×260mm
字　　数　268 千字
印　　张　11.75
印　　数　1-1500 册
版　　次　2022年9月第1版
印　　次　2023年3月第1次印刷

出　　版　吉林科学技术出版社
发　　行　吉林科学技术出版社
地　　址　长春市福祉大路5788号
邮　　编　130118
发行部电话/传真　0431-81629529 81629530 81629531
81629532 81629533 81629534
储运部电话　0431-86059116
编辑部电话　0431-81629518
印　　刷　三河市嵩川印刷有限公司

书　　号　ISBN 978-7-5578-9749-9
定　　价　80.00元

前 言

纵观各地城市建筑，有的方方正正，宽大敦实；有的高耸挺拔，状如塔；有的造型别致，妙趣横生。它们高低参差，错落有致，构成了立体的美、线条的美和与和谐的美。随着我国建筑事业的不断发展，人们对建筑的要求也越来越高。传统的建筑理念已经不能满足社会的需要，因此，建筑师以及全社会应当负起责任，大力引进建筑高新技术及设计理念，设计并建造出更加适应当今社会的建筑。

建筑可以被理解为一种艺术创作，它不仅需要满足人们的功能需求，更需要满足人们的审美需求。建筑具有一定的独特性，不能随意复制，建筑设计能体现创意，所以在建筑设计中，要注重运用创意思维。创新作为每一种实践行为的发展出路，在建筑设计中有着重要的意义。创新是时代精神，在社会不断发展的今天，只有不断追求卓越、不断创新，才能更大地推动建筑业的发展，让中国建筑设计水平赶上甚至超越国际领先水平。但设计创新在不断训练创新思维和进行创新实践，还应该结合基本国情，融合传统文化，而且这也需要建筑设计人员和工作人员应该更加地努力，才能创造出符合中国经济发展和社会发展，符合中国人审美眼光的优秀设计作品。随着时代的不断发展，我国建筑业的发展的必经之路就是建筑设计的创新，建筑设计的创新将为我国建筑业开辟了更加广阔的空间，将会设计出更多的崭新建筑，为人们提供更多的选择，更加贴近人们的生活。

创意设计简称设计，是根据一定的目的、要求而预先制订方案、计划、图样等等，是具有创意创造性的要求，既有实用功能，又有审美功能的制作物品的活动。创意设计贵在创造活动与实践。理论学习可以更好地指导我们的创造与实践，脱离理论学习，设计变得盲目。创意设计就是创新，创造非凡是创意设计活动的全部意义之所在。思维是人脑对客观事物间接和概括的反映，是人类智力活动的主要表现形式。

创意设计思维是指设计师在创意设计的创意过程中，通过对生活进行观察、体验、分析，并对素材进行选择、提炼、加工，最终形成完整的创意形象的创造活动和创新思维过程。思维是指人们对自然界事物的本质属性及内在联系的间接、概括反映，是人类自觉地把握客观事物的本质和规律的理性认识活动。创意设计的创新意识不仅表现为对设计本身的创新，还表现在设计师对自己固有设计观念及能力的认识与突破。随着世界经济的全球化发展，经济活动越来越频繁，信息传播与交流形式越来越多样化，尤其是随着网络资讯及设计软件的功能开发，世界经济的同步化进程日益加快。要使产品在市场上具有竞争力，设计师就必须具有创新意识和创新能力。要不断地研究和学习，不断地提高设计意识和设计水平，了解最前沿的设计资讯，掌握最先进的设计软件，开阔视野和思路，使自己的思想始终保持在最活跃的状态。

目　录

第一章　建筑设计概述

第一节　建筑设计的内容和程序

任何一栋建筑物的建造，从开始拟订计划到建成使用都必须遵循一定的程序，需要经过编制计划任务书、建设场地的选择和勘测、设计、施工、工程验收及交付使用等几个主要阶段。设计工作又是其中比较关键的环节。设计人员必须贯彻执行建筑方针和政策，正确掌握建筑标准，重视调查研究，力求以更少的材料、劳动力、投资和时间来实现各种要求，使建筑物做到适用、坚固、经济、美观。通过设计这个环节，把计划中有关设计任务的文字资料，编制成表达整幢或组成建筑立体形象的全套图纸。

一、建筑设计的内容

建筑物的设计一般包括建筑设计、结构设计、设备设计等几个方面的内容。建筑设计着重解决建筑物内部各种使用功能和使用空间的合理安排，建筑物与周围环境及各种外部条件之间的协调关系，建筑物的美观以及建筑构件构造方式等方面的问题。同时，由于建筑设计是建筑功能、工程技术和建筑艺术的综合，因此它必须综合考虑建筑、结构、设备等工种的要求，考虑这些工种的相互联系和制约。

二、建筑设计的程序和设计阶段

由于建造房屋是一个较为复杂的物质生产过程，影响建筑设计和建造的因素有很多，因此必须在施工前充分做好设计前的准备工作，划分必要的设计阶段，综合考虑多种因素，形成一套完整的设计方案，这对提高建筑物的质量，多快好省地设计和建造房屋是极为重要的。

（一）设计前的准备工作

1. 落实设计任务

首先建设单位必须具有上级主管部门对建设项目的批文和城市规划管理部门同意

设计的批文后，方可向建筑设计部门办理委托设计手续。

主管部门的批文是指上级主管部门对建设单位提出的拟建报告和计划任务书的一个批准文件。该批文表明该项工程已被正式列入国家建设计划，文件中应包括工程建设项目的性质、内容、用途、总建筑面积、总投资、建筑标准（每平方米造价）及建筑物使用期限等内容。

规划管理部门的批文是经城镇规划管理部门审核同意工程项目用地的批复文件。该文件包括基地范围、地形图及指定用地范围（常称“红线”），该地段周围道路等规划要求以及城镇建设对该建筑设计的要求（如建筑高度）等内容。

2. 熟悉设计任务书

具体着手设计前，首先需要熟悉设计任务书，以明确建设项目的设计要求。设计任务书是经上级主管部门批准，提供给设计部门进行设计的依据性文件，其内容一般有：

（1）建设项目总的要求和建造目的的说明；

（2）建筑物的具体使用要求、建筑面积以及各类用途房间之间的面积分配；

（3）建设项目的总投资和单方造价，并说明土建费用、建筑设备费用以及道路等室外设施费用情况；

（4）建设基地范围、大小，周围原有建筑、道路、地段环境的描述，并附有地形测量图；

（5）供电、供水、采暖、空调等设备方面的要求，并附有水源、电源接用许可文件；

（6）设计期限和项目的建设进程要求。

设计人员应对照有关定额指标，校核任务书中单方造价、房间使用面积等内容，在设计过程中必须严格掌握建筑标准、用地范围、面积指标等有关限额。同时，设计人员在深入调查和分析设计任务以后，或从合理解决使用功能、满足技术要求、节约投资等方面考虑，或从建设基地的具体条件出发，也可对任务书中一些内容提出补充或修改，但须征得建设单位的同意，涉及用地、造价、使用面积的问题，还须经城市规划部门或主管部门批准。

3. 调查研究和收集必要的设计原始数据

通常建设单位提出的设计任务，主要是从使用要求、建设规模、造价和建设进度等方面考虑的。建筑的设计和建造，还需要收集有关原始数据和设计资料，并在设计前做好调查研究工作。

有关原始数据和设计资料的内容有：

（1）气象资料，即所在地区的温度、湿度、日照、雨雪、风向、风速以及冻土深度等；

（2）基地地形及地质水文资料，即基地地形标高、土壤种类及承载力、地下水位以及地震烈度等；

（3）水电等设备管线资料，即基地地下的给水、排水、电缆等管线布置，基地上的架空线等供电线路情况；

（4）设计项目的有关定额指标，即国家或所在省市地区有关设计项目的定额指标，例如学校教室的面积定额，学生宿舍的面积定额，以及建筑用地、用材等指标。

设计前调查研究的主要内容有：

（1）深入了解使用单位对建筑物使用的具体要求，认真调查同类已有建筑的实际使用情况，通过分析和总结，对所设计建筑的使用要求，做到“胸中有数”。

（2）了解所在地区建筑材料供应的品种、规格、价格等情况，了解预制混凝土制品以及门窗的种类和规格，掌握新型建筑材料的性能、价格以及采用的可能性。结合建筑使用要求和建筑空间组合的特点，了解并分析不同结构方案的选型，当地施工技术和起重、运输等设备条件。

（3）进行现场踏勘，深入了解基地和周围环境的现状及历史沿革，包括基地的地形、方位、面积和形状等条件，以及基地周围原有建筑、道路、绿化等多方面的因素，考虑拟建建筑物的位置和总平面布局的可能性。

（4）了解当地传统建筑设计布局、创作经验和生活习惯，根据拟建建筑物的具体情况，以资借鉴，创造出人们喜闻乐见的建筑形象。

（二）建筑设计阶段

建筑设计一般分为初步设计和施工图设计两个阶段，对于大型的、比较复杂的工程，也有采用三个设计阶段的，即在两个设计阶段之间，还有一个技术设计阶段，用来深入解决各工种之间的协调等技术问题。

1. 初步设计阶段

初步设计是建筑设计的第一阶段，它的主要任务是提出设计方案，即在已定的基地范围内，按照设计任务书所拟的建筑使用要求，综合考虑技术经济条件和建筑艺术方面的要求，提出设计方案。建筑初步设计的方案将提供给上级主管部门审批，同时也是技术设计和施工图设计的依据。建筑初步设计有时可有几个方案供建设单位进行比较、选择，经有关部门审议并确定最后的方案。

初步设计的内容包括确定建筑物的组合方式，选定所用建筑材料和结构方案，确定建筑物在基地的位置，说明设计意图，分析设计方案在技术上、经济上的合理性，并提出概算书。

初步设计的图纸和设计文件有：

（1）建筑总平面图。比例尺1：500～1：2000，应表示建筑基地的范围，建筑物在基地上的位置、标高，以及道路、绿化、基地上设施的布置，并附说明。

（2）各层平面图及主要剖面图、立面图。比例尺1：100～1：200，标出房屋的主要尺寸，房间的面积、高度以及门窗位置，部分室内家具和设备的布置。

（3）说明书。设计方案的主要意图，主要结构方案、构造特点以及主要技术经济指标等。

（4）建筑概算书。建筑投资估算，主要材料用量及单位消耗量。

（5）根据设计任务的需要，可能附有建筑透视图或建筑模型。

2. 技术设计阶段

技术设计是初步设计具体化的阶段，其主要任务是在初步设计的基础上，进一步确定建筑设计各工种之间的技术问题。一般对于不太复杂的工程可省去该设计阶段。

技术设计的图纸和设计文件，要求建筑工种的图纸标明与技术工种有关的详细尺寸，并编制建筑部分的技术说明书，结构工种应有建筑结构布置方案图，并附初步计算说明，设备工种也应提供相应的设备图纸及说明书。

3. 施工图设计阶段

施工图设计是建筑设计的最后阶段。它的主要任务是在初步设计和技术设计的基础上，综合建筑、结构、设备各工种，相互交底，核实核对，深入了解材料供应、施工技术、设备等条件，把满足工程施工的各项具体要求明确无误地反映在图纸上，作为施工时的依据，做到整套图纸齐全统一。

施工图设计的内容包括：确定全部工程尺寸和用料，绘制建筑、结构、设备等全部施工图纸，编制工程说明书、结构计算书和预算书。

施工图设计的图纸及设计文件有：

（1）建筑总平面图。比例尺1∶500、1∶1000、1∶2000，应详细标明基地上建筑物、道路、设施等所在位置的尺寸、标高，并附说明。

（2）各层建筑平面、各个立面及必要的剖面。比例尺1∶100、1∶150，1∶2000。

（3）建筑构造节点详图。根据需要可采用1∶5、1∶10、1∶20等比例尺，主要为檐口、墙身和各构件的节点，楼梯、门窗以及各部分的装饰大样等。

（4）各工种相应配套的施工图。如基础平面图和基础详图、楼板及屋顶平面图和详图，结构构造节点详图等结构施工图，给排水、电器照明以及暖气或空气调节等设备施工图。

（5）建筑、结构及设备等说明书。

（6）结构及设备的计算书。

（7）工程预算书。

第二节　建筑设计的要求和建筑模数

一、建筑设计的要求

（一）人体尺度和人体活动所需的空间尺度

建筑物中家具、设备的尺寸，踏步、窗台、栏杆的高度，门洞、走廊、楼梯的宽度和高度，以至各类房间的高度和面积大小，都和人体尺度以及人体活动所需的空间尺度直接或间接有关，因此人体尺度和人体活动所需的空间尺度，是确定建筑空间的基本依据之一。

1. 研究表明，我国成年男子和成年女子的平均身高分别为1670mm和1560mm。其中，中等人体地区（长江三角洲）1670mm和1560mm，较低人体地区（四川）1630mm和1530mm，较高人体地区（冀、鲁、辽）1690mm和1580mm。

2. 人们交往时符合心理要求的人际距离，以及人们在室内通行时，各处有形无形的通道宽度。

（二）家具、设备尺寸和使用它们所需的必要空间

家具、灯具、陈设等尺寸和使用、安置它们时所需的空间范围设备的尺寸，以及人们在使用家具和设备时，在它们近旁必要的活动空间，是考虑房间内部使用面积的重要依据。

室内空间里，除了人的活动外，主要占有空间的内含物即是家具、灯具、设备。对于灯具、空调设备、卫生洁具等，除了有本身的尺寸以及使用、安置时必需的空间范围之外，值得注意的是，此类设备、设施，由于在建筑物的土建设计与施工时，对管网布线等都已有一整体布置，室内设计时应尽可能在它们的接口处予以连接、协调。另外，室内空间的结构体系、柱网的开间间距、楼面的板厚梁高、风管的断面尺寸以及水电管线的走向和铺设要求等，也都是组织室内空间时必须考虑的。

（三）温度、湿度、日照、雨雪、风向、风速等气候条件

气候条件对建筑物的设计有较大影响。例如湿热地区，建筑设计要很好地考虑隔热、通风和遮阳等问题；干冷地区，通常又希望把建筑的体型尽可能设计得紧凑一些，以减少外围护面的散热，有利于室内采暖、保温。

日照和主导风向，通常是确定建筑朝向和间距的主要因素，风速是高层建筑、电视塔等设计中考虑结构布置和建筑体型的重要因素，雨雪量的多少对屋顶形式和构造也有一定影响。

在设计前，需要收集当地上述有关的气象资料，作为设计的依据。风向频率图，即风玫瑰图，是根据某一地区多年平均统计的各个方向吹风次数的百分数值，并按一定比例绘制， 一般多用8个或16个罗盘方位表示。玫瑰图上所表示风的吹向，是指从外面吹向地区中心。

（四）地形、地质条件和地震烈度

基地地形的平缓或起伏，基地的地质构成、土壤特性和地基承载力的大小，对建筑物的平面组合、结构布置和建筑体型都有明显的影响。如坡度较陡的地形，常使建筑结合地形错层建造。复杂的地质条件，要求建筑的构成和基础的设置采取相应的结构构造措施。

地震烈度表示地面及建筑物遭受地震破坏的程度。在烈度6度及6度以下地区，地震对建筑物的损坏影响较小，9度以上地区，由于地震过于强烈，从经济因素及耗用材料考虑，除特殊情况外，一般应尽可能避免在这些地区建设。建筑抗震设防的重点是对7、8、9度地震烈度的地区。

二、建筑模数协调统一标准

为了协调建筑设计、构件生产以及施工等方面的尺寸，从而提高建筑工业化的水平，降低造价并提高建筑设计和建造的质量和速度，建筑设计应采用国家规定的建筑统一模数制。建筑模数是选定的标准尺度单位，作为建筑物、建筑构配件、建筑制品以及有关设备尺寸相互间协调的基础。根据国家制定的《建筑统一模数制》，我国采用的基本模数的数值，应为100mm，其符号为M，即1M等于100mm，整个建筑物和建筑物的一部分以及建筑组合件的模数化尺寸，应是基本模数的倍数。同时由于建筑设计中建筑部位、构件尺寸、构造节点以及断面、缝隙等尺寸的不同要求，还分别采用分模数和扩大模数，其基数应符合下列规定：

（一）水平扩大模数基数为3M、6M、12M、15M、30M、60M，其相应的尺寸分别为300、600、1200、1500、3000、6000mm；竖向扩大模数的基数为3M与6M，其相应的尺寸为300mm和600mm。

（二）分模数基数为1/10M、1/5M、1/2M，其相应的尺寸为10、20、50mm。具体来讲，分模数1/2M（50mm），1/5M（20mm），1/10M（10mm）适用于成材的厚度、直径、缝隙、构造的细小尺寸以及建筑制品的偏差；基本模数1M和扩大模数3M（300mm），6M（600mm）等适用于门窗洞口、构配件、建筑制品及建筑物的跨度（进深）、柱距（开间）和层高的尺寸等；扩大模数12M（1200mm），30M（3000mm），60M（6000mm）等适用于大型建筑物的跨度（进深）、柱距（开间）、层高及构配件的尺寸等。

（三）不同类型的建筑物及其各组成部分间的尺寸统一与协调，应减少尺寸的范围以及使尺寸的叠加和分割有较大的灵活性（注：在砖混结构住宅中，必要时，可采用3400、2600mm作为建筑参数）。

各类建筑物在进行设计时，还应根据建筑物的规模、重要性和使用性质，确定建筑物在使用要求、所用材料、设备条件等方面的质量标准，并且相应确定建筑物的耐久年限和耐火等级。

第二章　建筑平面与剖面空间设计

第一节　空间设计——建筑平面部分

一幢建筑物的平面、剖面和立面图，是这幢建筑物在水平方向、垂直方向的剖切面及外观的投影图，平、立、剖面综合在一起，即表达了一幢三度空间的建筑整体。

建筑平面是表示建筑物在水平方向房屋各部分的组合关系。由于建筑平面通常较为集中地反映建筑功能方面的问题，因此建筑应从平面设计入手，着眼于建筑空间的组合，紧密联系建筑剖面和立面，分析剖面、立面的可能性和合理性，不断调整修改平面，反复深入。

各种类型的建筑空间一般可以归纳为主要使用空间、辅助使用空间和交通联系空间，并通过交通联系部分将主要使用空间和辅助使用空间连成一个有机的整体。使用部分是指主要使用活动和辅助使用活动的面积，即各类建筑物中的使用房间和辅助房间。使用房间，如住宅中的起居室、卧室，学校建筑中的教室、实验室，影剧院中的观众厅等；辅助房间，如厨房、厕所、储藏室等。交通联系部分是建筑物中各个房间之间、楼层之间和房间内外之间联系通行的面积，即各类建筑物中的走廊、门厅、过厅、楼梯、坡道，以及电梯和自动楼梯等所占的面积。

一、平面设计的内容

房间是建筑平面组合的基本单元，由于建筑物的性质和使用功能不同，建筑平面中各个使用房间和辅助房间的面积大小、形状尺寸、位置、朝向以及通风、采光等方面的要求也有很大差别。

一般说来，生活、工作和学习用的房间要求安静，少干扰，由于人们在其中停留的时间相对较长，因此希望能有较好的朝向；公共活动房间的主要特点是人流比较集中，通常进出频繁，因此室内人们活动和通行面积的组织比较重要，特别是人流的疏散问题较为突出。

二、使用空间设计——主要使用房间

（一）房间的面积

各种不同用途的房间都是为了供一定数量的人在里面活动及布置所需的家具、设备而设置的，因此使用房间面积的大小，主要是由房间内部活动特点，使用人数的多少、家具设备的多少等因素决定的，例如住宅的起居室、卧室，面积相对较小；剧院、电影院的观众厅，除了人多、座椅多外，还要考虑人流迅速疏散的要求，所需的面积就大；又如室内游泳池和健身房，由于使用活动的特点，也要求有较大的面积。

为了深入分析房间内部的使用要求，我们把一个房间内部的面积，根据其使用特点分为以下几个部分：

1. 家具或设备所占面积；

2. 人们在室内的使用活动面积（包括使用家具及设备时，近旁所需的面积）；

3. 房间内部的交通面积。

确定房间使用面积的大小，除了家具设备所需的面积外，还包括室内活动和交通面积的大小，这些面积的确定又都和人体活动的基本尺度有关。例如教室中学生就座、起立时桌椅近旁必要的使用、活动面积，入座、离座时通行的最小宽度，以及教师讲课时在黑板前的活动面积等。

在一些建筑物中，房间使用面积大小的确定，并不是每个房间的面积分配很明显。例如商店营业厅中柜台外顾客的活动面积，剧院、电影院休息厅中观众活动的面积等，由于这些房间中使用活动的人数并不固定，也不能直接从房间内家具的数量来确定使用面积的大小，通常需要通过对已建的同类型房间进行调查，掌握人们实际使用活动的一些规律，然后根据调查所得的数据资料，结合设计房间的使用要求和相应的经济条件，确定比较合理的室内使用面积。

在实际设计工作中，国家或所在地区设计的主管部门，对住宅、学校、商店、医院、剧院等各种类型的建筑物，通过大量调查研究和设计资料的积累，结合我国经济条件和各地具体情况，编制出一系列面积定额指标，用以控制各类建筑中使用面积的限额，并作为确定房间使用面积的依据。

初步确定了使用房间面积的大小以后，还需要进一步确定房间平面的形状和具体尺寸。相同面积的房间，可能有很多种平面形状和尺寸，房间平面的形状和尺寸，这主要是由室内使用活动的特点，家具布置方式，以及采光、通风、音响等要求所决定的。在满足使用要求的同时，构成房间的技术经济条件，人们对室内空间的观感，也是确定房间平面形状和尺寸的重要因素。

（二）房间平面形状和尺寸

以50座矩形平面中小学普通教室为例，根据普通教室以听课为主的使用特点来分析，首先要保证学生上课时视、听方面的质量，座位的排列不能太远太偏，教师讲课时黑板前要有必要的活动余地等。通过具体调查实测，或借鉴已有的设计数据资料，相应地确定了允许排列的离黑板最远座位 d≥8.5m，边座和黑板面远端夹角控制在不小于30°，以及第一排座位离黑板的最小距离为2m左右。在上述范围内，结合桌椅的尺寸和排列方式，根据人体活动尺度，确定排距和桌子间通道的宽度，基本上可以满足普通教室中视、听、活动和通行等方面的要求。

确定教室平面形状和尺寸的因素，除了视、听要求外，还需要综合考虑其他方面的要求，从教室内需要有足够和均匀的天然采光来分析，进深较大的方形、六角形平面，希望房间两侧都能开窗采光，或采用侧光和顶光相结合；当平面组合中房间只能一侧开窗采光时，沿外墙长向的矩形平面，能够较好地满足采光均匀的要求。

从房屋使用、结构布置、施工技术和建筑经济等方面综合考虑，一般中小型民用建筑通常采用矩形的房间平面。这是由于矩形平面通常便于家具布置和设备安装，使用上能充分利用房间有效面积，有较大的灵活性，同时，由于墙身平直，因此施工方便，结构布置和预制构件的选用较易解决，也便于统一建筑开间和进深，利于建筑平面组合。例如住宅、宿舍、学校、办公楼等建筑类型，大多采用矩形平面的房间。

如果建筑物中单个使用房间的面积很大，使用要求的特点比较明显，覆盖和围护房间的技术要求也较复杂，又不需要同类的多个房间进行组合，这时房间（也指大厅）平面以至整个体型就有可能采用多种形状。例如室内人数多、有视听和疏散要求的剧院观众厅、体育馆比赛大厅。

（三）门窗在房间平面中的布置

房间平面设计中，门窗的大小和数量是否恰当，它们的位置和开启方式是否合适，对房间的平面使用效果有很大影响。同时，窗的形式和组合方式又和建筑立面设计的关系极为密切。

1. 门的宽度、数量和开启方式

房间平面中门的最小宽度，是由人、家具和设备的尺度以及通过人流多少决定的。例如住宅中卧室、起居室等生活用房间，门的宽度常用900mm，这样的宽度可使一个携带东西的人方便地通过，也能搬进床、柜等尺寸较大的家具。住宅中厕所、浴室的门，宽度只需650～800mm，阳台的门宽度800mm即可。

室内面积较大、活动人数较多的房间，应该相应增加门的宽度或门的数量，当门宽大于1000mm时，为了开启方便和少占使用面积，通常采用双扇门或四扇门，双扇门宽度可为1200～1800mm，四扇门宽度可为1800～3600mm。

根据防火规范的要求，当房间使用人数多于50人，且房间面积大于60m²时，应分别在房间两端设置两个门，以保证安全疏散。使用人数较多的房间以及人流量集中的礼堂建筑，门的设置按每10人600mm宽度计算，并且门应向外开启，以利于紧急疏散。

通常面对走廊的门应向房间内开启，以免影响走廊交通。而进出人流连续、频繁的建筑物门厅的门，常采用弹簧门，使用比较方便。另外，当房间开门位置比较集中时，也应注意门的开启方向，避免相互碰撞和遮挡。

2. 房间平面中门的位置

房间平面中门的位置应考虑尽可能地缩短室内交通路线，防止迂回，并且应尽量避免斜穿房间，保留较完整的活动面积。门的位置对室内使用面积能否充分利用，家具布置是否合理，以及组织室内穿堂风等有很大影响。

对于面积大、人流量集中的房间，例如剧院观众厅，其门的位置通常均匀设置，以利于迅速、安全地疏散人流。

3. 窗的大小和位置

房间中窗的大小和位置，主要根据室内采光、通风要求来考虑。采光方面，窗的大小直接影响室内照度是否足够，窗的位置关系到室内照度是否均匀。各类房间照度要求是由室内使用上精确细密的程度来确定的。由于影响室内照度强弱的因素，主要是窗户面积的大小，因此，通常以窗口透光部分的面积和房间地面面积的比（窗地面积比）来初步确定或校验窗面积的大小。

窗的平面位置，主要影响到房间沿外墙（开间）方向来的照度是否均匀、有无暗角和眩光。如果房间的进深较大，同样面积的矩形窗户竖向设置，可使房间进深方向的照度比较均匀。中小学教室在一侧采光的条件下，窗户应位于学生左侧；窗间墙的宽度从照度均匀考虑，一般不宜过大（具体窗间墙尺寸的确定需要综合考虑房屋结构或抗震要求等因素同时，窗户和挂黑板墙面之间的距离要适当，这段距离太小会使黑板上产生眩光，距离太大又会形成暗角。

建筑物室内的自然通风，除了和建筑朝向、间距、平面布局等因素有关外，房间中窗的位置对室内通风效果的影响也很关键。通常利用房间两侧相对应的窗户或门窗之间组织穿堂风，门窗的相对位置采用对面通直布置时，室内气流通畅，同时也要尽可能使穿堂风通过室内使用活动部分的空间。

三、交通空间设计

建筑物除了有满足使用要求的各种房间外，还需要有交通联系部分把各个房间之间以及室内外之间联系起来。建筑物内部的交通联系部分包括：水平交通空间——走道；垂直交通空间——楼梯、电梯、自动扶梯、坡道；交通枢纽空间——门厅、过厅等。

（一）走道

走道是连接各个房间、楼梯和门厅等空间的重要建筑组成部分，可以具备多种使用功能，如医院走廊可兼候诊，以解决建筑中水平联系和疏散的部分，也兼有其他，学校走廊兼课间活动及宣传画廊。

走道的宽度应符合人流通畅和建筑防火要求，通常单股人流的通行宽度约550～600mm。

一般民用建筑走道宽度如下：当走道两侧布置房间时，学校建筑为2100～3000mm，医院建筑为2400～3000mm，旅馆、办公楼等建筑为1500～2100mm。当走道一侧布置房间时，其走道宽度应相应减小。在通行人数少的住宅过道中，考虑到两人相对通过和搬运家具的需要，走道的最小宽度也不宜小于1100～1200mm。在通行人数较多的公共建筑中，按各类建筑的使用特点、建筑平面组合要求、通过人流的多少及根据调查分析或参考设计资料确定走道宽度。

走道的长度应根据建筑性质、耐火等级及防火规范来确定。走道从房间门到楼梯间或外门的最大距离，以及袋形走道的长度，从安全疏散考虑应有一定的限制。

（二）楼梯和坡道

楼梯是建筑各层间的垂直交通联系部分，是楼层人流疏散必经的通路。楼梯设计主要根据使用要求和人流通行情况确定梯段和休息平台的宽度；选择适当的楼梯形式；考虑整幢建筑的楼梯数量以及楼梯间的平面位置和空间组合。

楼梯的宽度，也是根据通行人数的多少和建筑防火要求决定的。梯段的宽度，和走道的宽度一样，考虑两人相对通过，通常不小于1100～1200mm。设计住宅内部的楼梯时，从节省建筑面积出发，把梯段的宽度设计得小一些，但不应小于850～900mm。所有梯段宽度的尺寸，也都需要以防火要求的最小宽度进行校核，防火要求宽度的具体尺寸和对走道的要求相同。设计楼梯平台的宽度时，除了考虑人流通行外，还需要考虑搬运家具的方便，通常不应小于梯段的宽度。

楼梯形式的选择，主要以房屋的使用要求为依据。两跑楼梯由于面积紧凑，使用方便，是一般民用建筑中最常采用的形式。当建筑物的层高较高，或利用楼梯间顶部天窗采光时，常采用三跑楼梯。一些旅馆、会场、剧院等公共建筑，经常把楼梯的设置和门厅、休息厅等结合起来。这时，楼梯可以根据室内空间组合的要求，采用比较多样的形式，如会场门厅中显得庄重的直跑大平台楼梯，剧院门厅中开敞的不对称楼梯，以及旅馆门厅中比较轻快的圆弧形楼梯等。

楼梯在建筑平面中的数量和位置，是建筑平面设计中比较关键的问题，它关系到建筑物中人流交通的组织是否通畅安全，建筑面积的利用是否经济合理。

楼梯的数量主要根据楼层人数多少和建筑防火要求来确定。当建筑物中楼梯和远端房间的距离超过防火要求的距离，二至三层的公共建筑楼层面积超过200m^2，或者二层及二层以上的三级耐火建筑楼层人数超过50人时，都需要布置二个或二个以上的楼梯。一些公共建筑，通常在主要出入口处，相应地设置一个位置明显的主要楼梯；在次要出入口处，或者建筑转折和交接处设置次要楼梯供疏散及服务用。

建筑垂直交通联系部分除楼梯外，还有坡道、电梯和自动扶梯等。一些人流大量集中的公共建筑，如大型体育馆常在人流疏散集中的地方设置坡道，以利于安全和快速地疏散人流；一些医院为了病人上下和手推车通行的方便也可采用坡道。电梯通常使用在多层或高层建筑中，如旅馆、办公大楼、高层住宅楼等；一些有特殊使用要求的建筑，如医院、商场等也常采用。自动扶梯具有连续不断地乘载大量人流的特点，因而适用于具有频繁而连续人流的大型公共建筑中，如百货大楼、展览馆、游乐场、火车站、地铁站、航空港等建筑物中。

（三）门厅和过厅

门厅作为建筑交通系统的枢纽，是人流出入汇集的场所，门厅水平方向与走道相连，垂直方向与楼梯相连，是整个建筑的咽喉要道。在一些公共建筑中，门厅还兼有其他功能要求，如大型办公楼门厅兼有接待、会客、休息等功能，医院门厅兼有挂号、候诊、收费、取药等功能，有的门厅还兼有展览、陈列等使用要求。由于各类建筑物的使用性质不同，门厅的大小、面积也各不相同。

与所有交通联系部分的设计一样，疏散出入安全也是门厅设计的一个重要内容，门厅对外出入口的总宽度，应不小于通向该门厅的走道、楼梯宽度的总和，人流比较集中的公共建筑物，门厅对外出入口的宽度，一般按每100人6m计算。外门的开启方式应向外开启或采用弹簧门扇。

门厅的面积大小，主要根据建筑物的使用性质和规模确定，在调查研究、积累设计经验的基础上，根据相应的建筑标准，不同的建筑类型都有一些面积定额可以参考。

导向性明确，避免交通路线过多的交叉和干扰，是门厅设计中的重要问题。门厅的导向要明确，即要求人们进入门厅后，能够比较容易地找到各走道口和楼梯口，并易于辨别这些走道或楼梯的主次。门厅的布局通常有对称形和不对称形两种：对称形门厅有明显的中轴线，如果起主要交通联系作用的走道或主要楼梯沿轴线布置，主导方向较为明确；不对称形门厅，门厅中没有明显的轴线、交通联系主次的导向，往往需要通过对走道宽度的大小、墙面透空和装饰处理以及楼梯踏步的引导等设计手法，使人们易于辨别交通联系的主导方向。

门厅中还应组织好各个方向的交通路线，尽可能减少来往人流的交叉和干扰。对一些兼有其他使用要求的门厅，更需要分析门厅中人们的活动特点，在各使用部分留有尽少穿越的必要活动面积，使这些活动部分尽少干扰厅内的交通路线。

过厅通常设置在走道和走道之间，或走道和楼梯的连接处，它起到交通人流缓冲及交通路线转折与过渡的作用。有时为了改善走道的采光、通风条件，也可以在走道的中部设置过厅。

四、使用空间设计——辅助使用房间

建筑的辅助房间主要包括厕所、盥洗室、厨房、储藏室、更衣室、洗衣房、锅炉房、通风机房等。通常有些建筑仅设置男女厕所，如办公楼、学校、商场等；有些建筑需设置公共卫生间，如幼儿园、集体宿舍等；而有些建筑则设置专用卫生间，如宾馆、饭店、疗养院等。

在建筑设计中，根据各种建筑物的使用特点和使用人数的多少，先确定所需设备的个数。根据计算所得的设备数量，考虑在整幢建筑物中厕所的分布情况，最后在建筑平面组合中，根据整幢房屋的使用要求适当调整并确定这些辅助房间的面积、平面形式和尺寸。一般建筑物中公共服务的厕所应设置前室，这样使厕所较隐蔽，又有利于改善通向厕所的走廊或过厅处的卫生条件。

厨房的主要功能是炊事，有时兼有进餐或洗涤的功能。住宅建筑中的厨房是家务劳动的中心所在，在厨房内所从事家务劳动的时间几乎占家务劳动总量的2/3，所以厨房设计的好坏是影响住宅使用的重要因素。通常根据厨房操作的程序布置台板、水池、炉灶，并充分利用空间解决储藏问题。

五、平面组合设计

建筑设计不仅要求每个房间本身具有合理的形状和大小，而且还要求各个房间之间以及房间与内部交通之间保持合理的联系。建筑平面组合设计，就是将建筑的各个组成部分通过一定的形式连成一个整体，并满足使用方便、经济、美观以及符合总体规划的要求，尽可能地结合基地环境，使之合理完善。

在进行建筑平面组合时，首先要对建筑物进行功能分析，而功能分析通常借助于功能分析图进行。功能分析图是用来表示建筑物的各个使用部分以及相互之间联系的简单分析图。

（一）建筑平面功能分析

1. 房间的主次关系

在建筑中由于各类房间使用性质的差别，有的房间相对处于主要地位，有的则处于次要地位，在进行平面组合时，根据它的功能特点，通常将主要使用房间放在朝向好、比较安静的位置，以取得较好的日照、采光、通风条件。公共活动的主要房间的位置应在出入和疏散方便、人流导向比较明确的部位。例如住宅建筑中，生活用的起居室、卧室是主要的房间，厨房、浴厕、贮藏室等属次要房间；学校教学楼中的教室、实验室等应是主要的使用房间，其余的管理、办公、贮藏、厕所等属次要房间；在食堂建筑中，餐厅是主要的使用房间，而备餐、厨房、库房等属次要房间。

2. 房间的内外关系

在各种使用空间中，有的部分对外性强，直接为公众使用；有的部分对内性强，主要是内部工作人员使用。按照人流活动的特点，将对外性较强的部分尽量布置在交通枢纽附近，将对内性较强的部分布置在较隐蔽的部位，并使之靠近内部交通区域。如商业建筑营业厅对外的人流量大，应布置在交通方便、位置明显处，而将库房、办公等管理用房布置在后部次要入口处。

3. 房间的联系与分隔

在建筑物中那些供学习、工作、休息用的主要使用部分希望获得比较安静的环境，因此应与其他使用部分适当分隔。在进行建筑平面组合时，首先将组成建筑物的各个使用房间进行功能分区，以确定各部分的联系与分隔，使平面组合更趋合理。例如学校建筑，可以分为教学活动、行政办公以及生活后勤等几部分，教学活动和行政办公部分既要分区明确，避免干扰，又要考虑分属两个部分的教室和教师办公室之间的联系方便，它们的平面位置应适当靠近一些；对于使用性质同样属于教学活动部分的普通教室和音乐教室，由于音乐教室上课时对普通教室有一定的声响干扰，它们虽属同一个功能区中，但是在平面组合中却又要求有一定的分隔。

又如医院建筑中，通常可以分为门诊、住院、辅助医疗和生活服务用房等几部分，其中门诊和住院两个部分，都与包括化验、理疗、放射、药房等房间的辅助医疗部分关系密切，需要联系方便，但是门诊部分比较嘈杂，住院部分需要安静，它们之间需要有较好的分隔。

4. 房间使用程序及交通路线的组织

在建筑物中不同使用性质的房间或各个部分，在使用过程中通常有一定的先后顺序，这将影响到建筑平面的布局方式，平面组合时要很好地考虑这些前后顺序，应以公共人流交通路线为主导线，不同性质的交通流线应明确分开。

例如车站建筑中有人流和货流之分，人流又有问讯、售票、候车、检票、进入站台上车的上车流线以及由站台经过检票出站的下车流线等。有些建筑物对房间的使用顺序没有严格的要求，但是也要安排好室内的人流通行面积，尽量避免不必要的往返交叉或相互干扰。

（二）建筑平面组合的方式

1. 走廊式

走廊式组合是通过走廊联系各使用房间的组合方式，其特点是把使用空间和交通联系空间明确分开，以保持各使用房间的安静和不受干扰，适用于学校、医院、办公楼、集体宿舍等建筑。

走廊两侧布置房间的为内廊式。这种组合方式平面紧凑，走廊所占面积较小，建筑深度较大，节省用地，但是有一侧的房间朝向差，走廊较长时，采光、通风条件较差，需要开设高窗或设置过厅以改善采光、通风条件。

走廊一侧布置房间的为外廊式。房间的朝向、采光和通风都较内廊式好，但建筑深度较小，辅助交通面积增大，故占地较多，相应造价增加。

2. 单元式

单元式组合是以竖向交通空间（楼、电梯）连接各使用房间，使之成为一个相对独立的整体的组合方式，其特点是功能分区明确，单元之间相对独立，组合布局灵活，适应不同的地形，形成不同的组合方式，广泛用于住宅、幼儿园、学校等建筑组合中。

3. 套间式

套间式组合是将各使用房间相互串联贯通，以保证建筑物中各使用部分的连续性的组合方式。其特点是交通部分和使用部分结合起来设计，平面紧凑，面积利用率高，适用于展览馆、商场、火车站等建筑。套间式组合按其空间序列的不同又可分为串联空间和大厅空间。串联空间是将各使用房间首尾相接，相互串联；大厅空间是以门厅、过厅空间为中心，各使用房间与其相连，呈放射形布置。

4. 大厅式组合

大厅式组合是在人流集中、厅内具有一定活动特点并需要较大空间时形成的组合方式。这种组合方式常以一个面积较大，活动人数较多，有一定的视、听等使用特点的大厅为主，辅以其他的辅助房间。例如剧院、会场、体育馆等建筑类型的平面组合。大厅式组合中，交通路线组织问题比较突出，应使人流的通行通畅安全、导向明确。

以上是民用建筑常见的平面组合方式，在各类建筑物中，结合建筑各部分功能分区的特点，也经常形成以一种结合方式为主，局部结合其他组合方式的布置，即混合式的组合布局。随着建筑使用功能的发展和变化，平面组合的方式也会有一定的变化。

（三）建筑平面组合方式与结构选型

建筑结构好比建筑物的骨骼，结构形式在很大程度上决定了建筑物的体型和形式，如墙承重结构房屋的层数不高，跨度不大，室内空间较小，并且墙面开窗受到限制；框架结构的建筑层数高，立面开窗比较自由，可以形成高大的体型和明朗简洁的外观；而悬索、网架等新型屋盖结构既可以形成巨大的室内空间，又可以有新颖大方、轻巧明快的立面形式。同时结构形式还与建筑物的平面和空间布局关系密切，根据不同建筑的组合方式采取相应的结构形式来满足，以达到经济、合理的效果。目前民用建筑常用的结构类型有三种，即墙承重结构、框架结构、空间结构。

1. 墙承重结构

墙承重结构是以墙体、钢筋混凝土梁板等构件构成的承重结构系统，建筑的主要承重构件是墙、梁板、基础等。在走廊式和套间式的平面组合中，当房间面积较小，建筑物为多层（五、六层以下）或低层时，通常采用墙承重结构。

墙承重结构分为横墙承重、纵墙承重、纵横墙混合承重三种。

（1）横墙承重

房间的开间大部分相同，开间的尺寸符合钢筋混凝土板经济跨度时，常采用横墙承重的结构布置。横墙承重的结构布置，建筑横向刚度好，立面处理比较灵活，但由于横墙间距受梁板跨度限制，房间的开间不大，因此，适用于有大量相同开间，而房间面积较小的建筑，通常宿舍、门诊所和住宅建筑中采用得较多。

（2）纵墙承重

房间的进深基本相同，进深的尺寸符合钢筋混凝土板的经济跨度时，常采用纵向承重的结构布置。纵墙承重的主要特点是平面布置时房间大小比较灵活，建筑在使用过程中，可以根据需要改变横向隔断的位置，以调整使用房间面积的大小，但建筑整体刚度和抗震性能差，立面开窗受限制，适用于一些开间尺寸比较多样的办公楼，以及房间布置比较灵活的住宅建筑中采用。

3. 纵横墙承重

在建筑平面组合中，一部分房间的开间尺寸和另一部分房间的进深尺寸符合钢筋混凝土板的经济跨度时，建筑平面可以采用纵横墙承重的结构布置。这种布置方式，平面中房间安排比较灵活，建筑刚度相对也较好，但是由于楼板铺设的方向不同，平面形状较复杂，因此施工时比上述两种布置方式麻烦。一些开间进深都较大的教学楼，可采用有梁板等水平构件的纵横墙承重的结构布置。

2. 框架结构

框架结构是以钢筋混凝土梁柱或钢梁柱连接的结构布置。框架结构布置的特点是梁柱承重，墙体只起分隔、围护的作用，房间布置比较灵活，门窗开置的大小、形状都较自由，但钢及水泥用量大，造价比墙承重结构高。在走廊式和套间式平面组合中，当房间的面积较大、层高较高、荷载较重，或建筑物的层数较多时，通常采用钢筋混凝土框架或钢框架结构，如实验楼、大型商店、多层或高层旅馆等建筑。

3. 空间结构

大厅式平面组合中，对面积和体量都很大的厅室，例如剧院的观众厅、体育馆的比赛大厅等，它们的覆盖和围护问题是大厅式平面组合结构布置的关键，新型空间结构的迅速发展，有效地解决了大跨度建筑空间的覆盖问题，同时也创造出了丰富多彩的建筑形象。

空间结构系统有各种形状的折板结构、壳体结构、网架壳体结构以及悬索结构等。

（四）设备管线

建筑内设备管线主要指给排水、采暖空调、煤气、电器、通信、电视等管线。在平面组合时应选择合适的位置布置设备管线，设备管线应尽量集中、上下对齐，缩短管线距离。必要时可设置管道井。

（五）基地环境对建筑平面组合的影响

任何建筑物都不是孤立存在的，它与周围的建筑物、道路、绿化、建筑小品等密切联系，并受到它们及其他自然条件如地形、地貌等的限制。

1. 基地大小、形状和道路走向

基地的大小和形状，与建筑的层数、平面组合的布局关系极为密切。在同样能满足使用要求的情况下，建筑功能分区各个部分，可采用较为集中紧凑的布置方式，或采用分散的布置方式，这方面除了和气候条件、节约用地以及管道设施等因素有关外，还和基地大小和形状有关。同时，基地内人流、车流的主要走向，又是确定建筑平面中出入口和门厅位置的重要因素。

2. 建筑物的朝向和间距

影响建筑物朝向的因素主要有日照和风向。不同季节，太阳的位置、高度都在发生着有规律的变化。根据我国所处的地理位置，建筑物采取南向或南偏东向、南偏西向能获得良好的日照，这是因为冬季太阳高度角小，射入室内的光线较多，而夏季太阳高度角较大，射入室内的光线较少，以获得冬暖夏凉的效果。

在考虑日照对建筑平面组合的影响时，也不可忽视当地夏季和冬季主导风向对建筑的影响。应根据主导风向，调整建筑物的朝向，以改变室内气候条件，创造舒适的室内环境。

日照间距通常是确定建筑间距的主要因素。建筑日照间距的要求，是使后排建筑在底层窗台高度处，保证冬季能有一定的日照时间。房间日照的长短，是由房间和太阳相对位置的变化关系决定的，这个相对位置以太阳的高度角和方位角表示，它和建筑物所在的地理纬度、建筑方位以及季节、时间有关。通常以当地冬至日正午12时太阳高度角，作为确定建筑日照间距的依据，日照间距的计算式为

$$L=H/\tan\alpha$$

式中L——建筑间距；

H——前排建筑檐口和后排建筑底层窗台的高差；

α——冬至日正午的太阳高度角（当建筑正南向时）。

在实际建筑总平面设计中，建筑的间距通常是结合日照间距、卫生要求和地区用地情况，作出对建筑间距L和前排建筑的高度H比值的规定，如L/H等于0.8，1.2，1.5等，L/H称为间距系数。

3.基地的地形条件

在坡地上进行平面组合应依山就势，充分利用地势的变化，减少土方工程，处理好建筑朝向、道路、排水和景观等要求。坡地建筑主要有平行于等高线和垂直于等高线两种布置方式。当基地坡度小于25%时，建筑平行于等高线布置，土方量少，造价经济。当建筑建在坡度10%左右的基地上时，可将建筑勒脚调整到同一标高上。当基地坡度大于25%时，建筑采用平行于等高线布置，对朝向、通风采光、排水不利，且土方量大，造价高，因此，宜采用垂直于等高线或斜交于等高线布置。

第二节　空间设计——建筑剖面部分

一、房间的剖面形状

建筑的剖面设计，首先要根据建筑的使用功能确定其层高和净高。建筑的层高是指从楼面（地面）至楼面的距离；而净高是指从楼面至顶棚（梁）底面的距离。

房间高度和剖面形状的确定主要考虑以下几方面。

（一）室内使用性质和活动特点

房间的净高与室内使用人数的多少、房间面积的大小、人体活动尺度和家具布置等因素有关。如住宅建筑中的起居室、卧室，由于使用人数少、房间面积小，净高可以低一些，一般为2.80m；但是集体宿舍中的卧室，由于室内人数比住宅居室稍多，又考虑到设置双层床铺的可能性，因此净高要稍高些，一般不小于3.2m；学校的教室由于使用人数较多，房间面积更大，根据生理卫生的要求，房间净高要高一些，一般不小于3.6m。

（二）采光、通风的要求

室内光线的强弱和照度是否均匀，除了和平面中窗户的宽度及位置有关外，还和窗户在剖面中的高低有关。房间里光线的照射深度，主要靠侧窗的高度来解决，进深越大，要求侧窗上沿的位置越高，即相应房间的净高也要高一些。

侧窗采光方式由于可以看到室外空间的景色，感觉比较舒畅，建筑立面处理也开朗、明快，因此广泛运用于各类民用建筑中。但其缺点是光线直射，不够均匀，容易产生眩光，不适于展览建筑；并且，单侧窗采光照度不均匀，应尽量提高窗上沿的高度或采用双侧窗采光，并控制房间的进深。

高侧窗的窗台高1800mm左右，结构、构造也较简单，有较大的陈列墙面，同时可避免眩光，用于展览建筑效果较好，有时也用于仓库建筑等。

天窗多用于展览馆、体育馆及商场等建筑。其特点是光线均匀，可避免进深大的房间深处照度不足的缺点，采光面积不受立面限制，开窗大小可按需要设置并且不占用墙面，空间利用合理，能消除眩光。但天窗也有局限性，只适用于单层及多层建筑的顶楼。

依据房间通风要求，在建筑的迎风面设进风口，在背风面设出风口，使其形成穿堂风，室内进出风口在剖面上的位置高低，也对房间净高的确定有一定影响。应注意的是，房间里的家具、设备和隔墙不要阻挡气流通过。

（三）结构类型的要求

在建筑剖面设计中房间净高受结构层厚度、吊顶和梁高以及结构类型的影响。例如预制梁板的搭接，由于梁底下凸较多，楼板层结构厚度较大，相应房间的净高降低，而花篮梁的梁板搭接方式与矩形梁相比，在层高不变的情况下增加净高，提高了房间的使用空间。

在墙承重结构中，由于考虑到墙体稳定高厚比要求，当墙厚不变时，房间高度受到一定限制；而框架结构中，由于改善了构件的受力性能，能适应空间较高要求的房间。

另外，空间结构的剖面形状是多种多样的，选用空间结构时，应尽可能和室内使用活动特点所要求的剖面形状结合起来。

（四）设备设置的要求

在民用建筑中，有些设备占据了部分的空间，对房间的高度产生一定影响。如顶棚部分嵌入或悬吊的灯具、顶棚内外的一些空调管道以及其他设备。

（五）室内空间比例的要求

室内空间有长、宽、高三个方向的尺寸，不同空间比例给人以不同的感受。窄而高的空间会使人产生向上的感觉，如西方的高直式教堂就是利用这种空间形成宗教建筑的神秘感；细而长的空间会使人产生向前的感觉，建筑中的走道就是利用这种空间形成导向感；低而宽的空间会使人产生侧向的广延感，公共建筑的大厅利用这种空间可以形成开阔、博大的气氛。

一般房间的剖面形状多为矩形，但也有一些室内使用人数较多、面积较大的活动房间，由于结构、音响、视线以及特殊的功能要求也可以是其他形状，如学校的阶梯教室、影剧院的观众厅、体育馆的比赛大厅等。

为了保证房间有良好的视觉质量，即从人们的眼睛到观看对象之间没有遮挡，使室内地坪按一定的坡度变化升起。通常观看对象的位置越低，即选定的设计视点越低，地坪升起越高。

为了保证室内有良好的音质效果，使声场分布均匀，避免出现声音空白区、回声以及聚焦等现象，在剖面设计中要选择好顶棚形状。

二、房间的各部分高度

建筑各部分高度主要指房间净高与层高、窗台高度和室内外地面高差。

（一）层高的确定

在满足卫生和使用要求的前提下，适当降低房间的层高，从而降低整幢建筑的高度，对于减轻建筑物的自重、改善结构受力情况、节省投资和用地都有很大意义。以大量建造的住宅建筑为例，层高每降低100mm，可以节省投资约1%。减少间距可节约居住区的用地2%左右。建筑层高的确定，还需要综合功能、技术经济和建筑艺术等多方面的要求。

（二）窗台高度

窗台的高度主要根据室内的使用要求、人体尺度和靠窗家具或设备的高度来确定。一般民用建筑中，生活、学习或工作用房，窗台高度采用900～1000mm，这样的尺寸和桌子的高度（约800mm）比较适宜，保证了桌面上光线充足。厕所、浴室窗台可提高到1800mm。幼儿园建筑结合儿童尺度，窗台高常采用700mm。有些公共建筑，如餐厅、休息厅为扩大视野，丰富室内空间，常将窗台做得很低，甚至采用落地窗。

（三）室内外地面高差

一般民用建筑为了防止室外雨水倒流入室内，并防止墙身受潮，底层室内地面应高于室外地面450mm左右。高差过大，不利于室内外联系，也增加建筑造价。建筑建成后，会有一定的沉降量，这也是考虑室内外地坪高差的因素。位于山地和坡地的建筑物，应结合地形的起伏变化和室外道路布置等因素，选定合适的室内地面标高。有的公共建筑，如纪念性建筑或一些大型厅堂建筑等，从建筑物造型考虑，常提高建筑底层地坪的标高，以增高建筑外的台基和增多室外的踏步，从而使建筑显得更加宏伟、庄重。

三、建筑层数的确定和剖面的组合方式

（一）建筑层数的确定

影响建筑层数确定的因素很多，主要有建筑本身的使用要求、基地环境和城市规划的要求、选用的结构类型、施工材料和技术的要求、建筑防火的要求以及经济条件的要求等。

1. 建筑的使用要求

由于建筑用途不同，使用对象不同，对建筑的层数有不同的要求。如幼儿园，为了使用安全和便于儿童与室外活动场地的联系，应建低层，其层数不应超过3层；医院、中小学校建筑也宜在三四层之内；影剧院、体育馆、车站等建筑，由于使用中有大量人流，为便于迅速、安全疏散，也应以单层或低层为主。对于大量建设的住宅、办公楼、旅馆等建筑，一般可建成多层或高层。

2. 基地环境和城市规划的要求

确定建筑的层数，不能脱离一定的环境条件限制，应考虑基地环境和城市规划的要求。特别是位于城市街道两侧、广场周围、风景园林区、历史建筑保护区的建筑，必须重视与环境的关系，做到与周围建筑物、道路、绿化相协调，同时要符合城市总体规划的统一要求。

建筑物建造时所采用的结构体系和材料不同，允许建造的建筑物层数也不同。如一般混合结构，墙体多采用砖砌筑，自重大，整体性差，且随层数的增加，下部墙体愈来愈厚，既费材料又减少使用面积，故常用于建造六七层以下的民用建筑，如多层住宅、中小学教学楼、中小型办公楼等。

钢筋混凝土框架结构、剪力墙结构、框架-剪力墙结构及筒体结构则可用于建多层或高层建筑，如高层办公楼、宾馆、住宅等。

空间结构体系，如折板、薄壳、网架等，适用于低层、单层、大跨度建筑，常用于剧院、体育馆等建筑。

建筑施工条件、起重设备及施工方法等，对确定建筑的层数也有一定的影响。

3. 建筑防火要求

按照《建筑设计防火规范》（GB 50016）的规定，建筑层数应根据建筑的性质和耐火等级来确定。当耐火等级为一、二级时，层数原则上不作限制；耐火等级为三级时，最多允许建5层；耐火等级为四级时，仅允许建2层。

4. 建筑经济的要求

建筑的造价与层数关系密切。对于混合结构的住宅，在一定范围内，适当增加建筑层数，可降低住宅的造价。一般情况下，五六层混合结构的多层住宅是比较经济的。

除此之外，建筑层数与节约土地关系密切。在建筑群体组合设计中，单体建筑的层数愈多，用地愈经济。把一幢5层住宅和5幢单层平房相比较，在保证日照间距的

条件下，用地面积要相差2倍左右，同时，道路和室外管线设置也都相应减少。

（二）建筑剖面的组合方式

建筑剖面的组合方式，主要是由建筑物中各类房间的高度和剖面形状、房间的使用要求以及结构布置特点等因素决定的，剖面的组合方式大体上可归纳为以下几种。

1. 单层

当建筑物的人流、物品需要与室外有方便、直接的联系，或建筑物的跨度较大，或建筑顶部要求自然采光和通风时，常采用单层组合方式，如车站、食堂、会堂、展览馆和单层厂房等建筑。单层组合方式的缺点是用地很不经济。

2. 多层和高层

多层和高层组合方式，室内交通联系比较紧凑，适用于有较多相同高度房间的组合，如住宅、办公、学校、医院等建筑。因考虑节约城市用地，增加绿地，改善环境等因素，也可采取高层组合方式。

3. 错层和跃层

错层剖面是在建筑物纵向或横向剖面中，建筑几部分之间的楼地面高低错开，主要是由于房间层高不同或坡地建筑而形成错层。建筑剖面中的错层高差，通常利用室外台阶或踏步、楼梯间加以解决。

跃层组合多用于高层住宅建筑中，每户人家都有上下两层，通过内部小楼梯联系。每户居室都有两个朝向，有利于自然通风和采光。由于公共走廊不是每层都设置，所以减少了公共面积，也减少了电梯停靠的次数，提高了速度。

四、建筑空间的组合与利用

（一）建筑空间的组合

1. 高度相同或高度接近的房间组合

高度相同、使用性质接近的房间，如教学楼中的普通教室和实验室，住宅中的起居室和卧室等，可以组合在一起。高度比较接近，使用上关系密切的房间，考虑到建筑结构构造的经济合理和施工方便等因素，在满足室内功能要求的前提下，可以适当调整房间之间的高差，尽可能统一这些房间的高度。教学楼平面方案，其中教室、阅览室、贮藏室以及厕所等房间，由于结构布置时从这些房间所在的平面位置考虑，要求组合在一起，因此把它们调整为同一高度；平面一端的阶梯教室，它和普通教室的高度相差较大，故采用单层剖面附建于教学楼主体旁；行政办公部分从功能分区考虑，平面组合上和教学活动部分有所分隔，这部分房间的高度可比教室部分略低，仍按行政办公房间所需要的高度进行组合，它们和教学活动部分的错层高差通过踏步解决，这样的空间组合方式，使用上能满足各个房间的要求，也比较经济。

2. 高度相差较大房间的组合

高度相差较大的房间，在单层剖面中可以根据房间实际使用要求所需的高度，设置不同高度的屋顶。如单层食堂空间组合，餐厅部分由于使用人数多、房间面积大，相应房间的高度高，可以单独设置屋顶；厨房、库房以及管理办公部分，各个房间的高度有可能调整在一个屋顶下，由于厨房部分有较高的通风要求，故在厨房间的上部加设气楼；备餐部分使用人数少、房间面积小，房间的高度可以低些，从平面组合使用顺序和剖面中屋顶搭接的要求考虑，把这部分设计成餐厅和厨房间的一个连接体，房间的高度相应也可以低一些。

在多层和高层建筑的剖面中，高度相差较大的房间可以根据不同高度房间的数量多少和使用性质，在建筑垂直方向进行分层组合。例如旅馆建筑中，通常把房间高度较高的餐厅、会客、会议等部分组织在楼下的一、二层或顶层，旅馆的客房部分相对高度要低一些，可以按客房标准层的层高组合。高层建筑中通常还把高度较低的设备房间组织在同一层，成为设备层。

（二）建筑空间的利用

充分利用建筑物内部的空间，实际上是在建筑占地面积和平面布置基本不变的情况下，起到了扩大使用面积、节约投资的效果。同时，如果处理得当还可以改善室内空间比例，丰富室内空间，增强艺术感。

1. 夹层空间的利用

一些公共建筑，由于功能要求其主体空间与辅助空间在面积和层高要求上大小不一致，如体育馆比赛大厅、图书馆阅览室、宾馆大厅等，常采用在大厅周围布置夹层空间的方式，以达到充分利用室内空间及丰富室内空间效果的目的。

2. 房间内的空间利用

在人们室内活动和家具设备布置等必需的空间范围以外，可以充分利用房间内其余部分的空间，如住宅建筑卧室中的吊柜、厨房中的搁板和储物柜等贮藏空间。

3. 走道及楼梯间的空间利用

由于建筑物整体结构布置的需要，建筑中的走道通常和层高较高的房间高度相同，这时走道顶部可以作为设置通风、照明设备和铺设管线的空间。

一般建筑中，楼梯间的底部和顶部通常都有可以利用的空间，当楼梯间底层平台下不作出入口用时，平台以下的空间可作贮藏或厕所的辅助房间；楼梯间顶层平台以上的空间高度较大时，也能用作贮藏室等辅助房间，但必须增设一个梯段，以通往楼梯间顶部的小房间。

第三节　空间设计——建筑体型及立面部分

一、影响体型及立面设计的因素

（一）反映建筑功能和建筑类型的特征

建筑的外部形体是怎样形成的呢？它不是凭空产生的，也不是由设计者随心所欲决定的，它是内部空间合乎逻辑的反映，有什么样的内部空间，就有什么样的外部体型。例如，由许多单元组合拼接而成的住宅，为一整齐的长方体型，以单元组合而成的建筑以其简单的体型、小巧的尺度感、整齐排列的门窗和重复出现的阳台而获得居住建筑所特有的生活气息和个性特征；由多层教室组成的长方体为主体的教学楼，主体前有一小体量的长方体（单层）多功能教室或阶梯教室，两者之间通过廊子连接，由于室内采光要求高，人流出入多，立面上往往形成高大、明快的窗户和宽敞的入口；商场建筑需要较大营业面积，因此层数不多而每层建筑面积较大，使得体型呈扁平状，同时底层外墙面上的大玻璃陈列橱窗和人流方向明显的入口，通常又是一些商业建筑立面的特征；作为剧院主体部分的观众厅，不仅体量高大，而且又位于建筑物中央，前面是宽敞的门厅，后面紧接着是高耸的舞台，剧院建筑通过巨大的观众厅、高耸的舞台和宽敞的门厅所形成的强烈虚实对比来表现剧院建筑的特征。

这些外部体型是内部空间的反映，而内部空间又必须符合使用功能，因此建筑体型不仅是内部空间的反映，而且还间接地反映出建筑功能的特点，设计者充分利用这种特点，使不同类型的建筑各具独特的个性特征，这就是为什么我们所看到的建筑物并没有贴上标签，表明“这是一幢办公楼”或“这是一幢医院”，而我们却能区分它们的类型，也正是由于各种类型的建筑在功能要求上的千差万别，反映在形式上也必然是千变万化。

（二）结合材料性能、结构、构造和施工技术的特点

建筑物的体型、立面，与所用材料、结构选型、施工技术、构造措施关系极为密切，这是由于建筑物内部空间组合和外部体型的构成，只能通过一定的物质技术手段来实现。例如墙体承重的混合结构，由于构件受力要求，窗间墙必须保留一定宽度，窗户不能开太大，因此，形成较为厚重、封闭、稳重的外观形象；钢筋混凝土框架结构，由于墙体只起围护作用，建筑立面门窗的开启具有很大的灵活性，可形成大面积的独立窗，也可组成带形窗，能显示出框架结构建筑的简洁、明快、轻巧的外观形象；以高强度的钢材、钢筋混凝土等不同材料构成的空间，不仅为室内各种大型活动提供了理想的使用空间，同时，各种形式的空间结构也极大地丰富了建筑物的外部形象，使建筑物的体型和立面，能够结合材料的力学性能，结合结构的特点，具有很好的表现力。

（三）适应一定的社会经济条件

建筑在国家基本建设投资中占有很大比例，因此在建筑体型和立面设计中，必须正确处理适用、经济、美观等几方面的关系。各种不同类型的建筑物，根据其使用性质和规模，应严格掌握国家规定的建筑标准和相应的经济指标。在建筑标准、所用材料、造型要求和外观装饰等方面区别对待，防止片面强调建筑的艺术性，忽略建筑设计的经济性，应在合理满足使用要求的前提下，用较少的投资建造美观、简洁、明朗、朴素、大方的建筑物。

（四）适应基地环境和城市规划的要求

任何一幢建筑都处于一定的外部空间环境之中，同时也是构成该处景观的重要因素。因此，建筑外形不可避免地要受外部空间的制约，建筑体型和立面设计要与所在地区的地形、气候、道路以及原有建筑物等基地环境相协调，同时也要满足城市总体规划的要求。如风景区的建筑，在造型设计上应该结合地形的起伏变化，使建筑高低错落，层次分明，与环境融为一体。又如在山区或丘陵地区的住宅建筑，为了结合地形条件和争取较好的朝向，往往采用错层布置，产生多变的体型。

位于城市中的建筑物，一般由于用地紧张，受城市规划约束较多，建筑造型设计要密切结合城市道路、基地环境、周围原有建筑物的风格及城市规划部门的要求。

二、建筑构图的基本法则

建筑审美没有客观标准，审美标准是由经验决定的，而审美经验又是由文化素养决定的，同时还取决于地域、民族风格、文化结构、观念形态、生活环境以及学派等。但是一幢新建筑落成以后，总会给人们留下一定的印象并产生美或不美的感觉，因此建筑的美观是客观存在的。

建筑的美在于各部分的和谐以及相互组合的恰当与否，并遵循建筑美的法则。建筑造型设计中的美学原则，是指建筑构图中的一些基本规律，如统一、均衡、稳定、对比、韵律、比例和尺度等。

（一）统一与变化

统一与变化是建筑形式美最基本的要求，它包含两方面含义——秩序与变化，秩序相对于杂乱无章而言，变化相对于单调而言。在一幢建筑中，由于各使用部分功能要求不同，其空间大小、形状、结构处理等方面存在着差异，这些差异反映到建筑外观形象上，成为建筑形式变化的一面；而使用性质不同的房间之间又存在着某些内在的联系，在门窗处理、层高开间及装修方面可采取一致的处理方式，这些反映到建筑外观形式上，成为建筑形式统一的一面。统一与变化的原则，使得建筑物在取得整齐、简洁的外形的同时，又不至于显得单调、呆板。

一般说来，简单的几何形状易取得和谐统一的效果，如正方形、正三角形、正多边形、圆形等，构成其要素之间具有严格的制约关系，从而给人以明确、肯定的感觉，这本身就是一种秩序和统一。

在复杂体量的建筑组合中，一般包括主要部分和从属部分、主要体量和次要体量。因此，体型设计中各组成部分不能不加区别平均对待，应有主与次、重点与一般、核心与外围的差别。如果适当地将两者加以处理，可以加强表现力，取得完整统一的效果。

（二）均衡与稳定

由于建筑物的各部分体量表现出不同的重量感，因而几个不同体量组合在一起时，必然会产生一种轻重关系，均衡是前后左右的轻重关系，稳定则是指上下之间的轻重关系。

一般说来，体量大的、实体的、材质粗糙及色彩暗的，感觉要重一些；体量小的、通透的、材质光洁及色彩明快的，感觉要轻一些。在建筑设计中，要利用、调整好这些因素，使建筑形象获得均衡、稳定的感觉。

根据力学原理的均衡，也称作静态的均衡，一般分为对称的均衡和不对称的均衡。对称的均衡是以建筑中轴线为中心，重点强调两侧的对称布局。一般说来，对称的体型易产生均衡感，并能通过对称获得庄严、肃穆的气氛。但受对称关系的限制，常会与功能有矛盾并且适应性不强。不对称的均衡将均衡中心偏于建筑的一侧，利用不同体量、材料、色彩、虚实变化等达到不对称的均衡，这种形式的建筑轻巧、活泼，功能适应性较强。

有些物体是依靠运动求得平衡的，如旋转的陀螺、展翅飞翔的鸟、行驶着的自行车等都是动态均衡。随着建筑结构技术的发展和进步，动态均衡对建筑处理的影响将日益显著，动态均衡的建筑组合更自由、更灵活，从任何角度看都有起伏变化，功能适应性更强。如美国古根海姆美术馆，犹如旋转的陀螺；纽约肯尼迪机场候机楼，以象征主义手法将外形处理成展翅欲飞的鸟。

关于稳定，通常上小下大、上轻下重的处理能获得稳定感。人们在长期实践中形成的关于稳定的观念一直延续了几千年，以至到近代还被人们当作一种建筑美学的原则来遵循。但随着现代新结构、新材料的发展和人们的审美观念的变化，关于稳定的概念也有所突破，创造出上大下小、上重下轻、底层架空的建筑形式。

（三）对比与微差

一个有机统一的整体，其各种要素除按照一定秩序结合在一起外，必然还有各种差异。对比是指显著的差异，微差是指不显著的差异。对比可以借相互之间的烘托、陪衬而突出各自的特点以求得变化；微差可以借彼此之间的连续性以求得协调。对比与微差在建筑中的运用，主要有量的大小、长短、高低对比，形状的对比，方向的对比，虚与实的对比，以及色彩、质地、光影对比等。对比强烈，则变化大，能突出重点；对比小，则变化小，易于取得相互呼应、协调的效果。在立面设计中，虚实对比具有很大的艺术表现力。

如坦桑尼亚国会大厦，由于功能特点及气候条件，实墙面积很大，开窗很小，虚实对比极为强烈，给人以强烈的印象。

（四）韵律

韵律是一种波浪起伏的律动，近似节拍，当形、线、色、块整齐而有条理地重复出现，或富有变化地重复排列时，就可获得韵律感。生活中捕捉到的韵律比比皆是，如街区的流线以及足球场上娴熟的球技展现的完美画面等，韵律给我们留下的是舒畅淋漓的快感，进而使我们联想到音符的温婉跌宕。设计师将建筑立面上的窗、窗间墙、柱等构件的形状、大小不断重复出现和有规律变化，从而形成了具有条理性、重复性、连续性的韵律美，加强和丰富了建筑形象。又如现代建筑中的某大型商场屋顶设计的韵律处理，顶部大小薄壳的曲线变化，其中有连续的韵律及彼此相似渐变的韵律，给人以新颖感和时代感。

1. 连续的韵律

这种处理手法强调一种或几种组成部分的连续运用和重复出现所产生的韵律感。

2. 渐变的韵律

这种韵律的特点是常将某些组成部分，如体量的高低、大小，色彩的冷暖、浓淡，质感的粗细、轻重等，作有规律的增减，以造成统一和谐的韵律感。例如我国古代塔身的变化，就是运用相似的每层檐部与墙身的重复与变化而形成的渐变韵律，使人感到既和谐统一又富于变化。

3. 交错的韵律

这种韵律是指在建筑构图中，运用各种造型因素，如体型的大小、空间的虚实等，作有规律的纵横交错、相互穿插的处理，形成一种生动的韵律感。

（五）比例和尺度

比例，一方面是指建筑物的整体或局部某个构件本身长、宽、高之间的大小比较关系；另一方面是指建筑物整体与局部，或局部与局部之间的大小比较关系。任何物体不论呈何种形状，都存在着长、宽、高三个方向的尺寸，良好的比例就是寻求这三者之间最理想的关系。一座看上去美观的建筑都应具有良好的比例大小和合适的尺度，否则会使人感到别扭，而无法产生美感。

在建筑立面上，矩形最为常见，建筑物的轮廓、门窗等都形成不同大小的矩形，如果这些矩形的对角线有某种平行、垂直或重合的关系，将有助于形成和谐的比例关系。

尺度是指建筑物整体或局部与人之间的比较关系。建筑中尺度的处理应反映出建筑物真实体量的大小，当建筑整体或局部给人的大小感觉同实际体量的大小相符合，尺度就对了；否则，不但使用不方便，看上去也不习惯，造成对建筑体量产生过大或过小的感觉，从而失去应有的尺度感。建筑中有些构件，如栏杆、窗台、扶手、踏步等，它们的绝对尺寸与人体相适应，一般都比较固定，栏杆、窗台、扶手1000mm左右，踏步150mm左右，人们通过它们与建筑整体相互比较之后，就能获得建筑物体量大小的概念，具有了某种尺度感。

对于大多数建筑，在设计中应使其具有真实的尺度感，如住宅、中小学校、幼儿园、商店等建筑，多以人体的大小来度量建筑物的实际大小，形成一种自然的尺度。但对于某些特殊类型的建筑，如纪念性建筑物，设计时往往运用夸张的尺度给人以超过真实大小的感觉，以表现庄严、雄伟的气氛。与此相反，对于另一类建筑，如庭园建筑，则设计得比实际需要小一些，以形成一种亲切的尺度，使人们获得亲切、舒适的感受。

三、建筑体形的组合和立面设计

（一）建筑体形组合

1. 体形组合

不论建筑体形的简单与复杂，它们都是由一些基本的几何形体组合而成，建筑体形基本上可以归纳为单一体形和组合体形两大类。在设计中，采用哪种形式的体形，应视具体的功能要求和设计者的意图来确定。

（1）单一体形

所谓单一体形，是指整幢建筑物基本上是一个比较完整的、简单的几何形体。采用这类体形的建筑，特点是平面和体形都较为完整单一，复杂的内部空间都组合在一个完整的体形中。平面形式多采用对称的正方形、三角形、圆形、多边形。

绝对单一几何体形的建筑通常并不是很多的，往往由于建筑地段、功能、技术等要求或建筑美观上的考虑，在体量上作适当的变化或加以凹凸起伏的处理，用以丰富建筑的外形，如住宅建筑，可通过阳台、凹廊和楼梯间的凹凸处理，使简单的建筑体形产生韵律变化，有时结合一定的地形条件还可按单元处理成前后或高低错落的体形。

（2）组合体形

所谓组合体形，是指由若干个简单体形组合在一起的体形。当建筑物规模较大或内部空间不易在一个简单的体量内组合，或者由于功能要求需要，内部空间组成若干相对独立的部分时，常采用组合体形。在组合体形中，各体量之间存在着相互协调统一的问题，设计中应根据建筑内部功能要求、体量大小和形状，遵循统一变化、均衡稳定、比例尺度等构图规律进行体量组合设计。

组合体形通常有对称式组合和不对称式组合两种方式：

①对称式。对称式体形组合具有明确的轴线与主从关系，主要体量及主要出入口，一般都设在中轴线上。这种组合方式常给人以比较严谨、庄重、匀称和稳定的感觉。一些纪念性建筑、行政办公建筑或要求庄重一些的建筑常采用这种组合方式。

②非对称式。根据功能要求及地形条件等情况，常将几个大小、高低、形状不同的体量较自由灵活地组合在一起，形成不对称体形。非对称式的体形组合没有显著的轴线关系，布置比较灵活自由，有利于解决功能要求和技术要求，给人以生动、活泼的感觉。

2. 体量的连接

由不同大小、高低、形状、方向的体量组成的复杂建筑体形，都存在着体量间的联系和交接问题。如果连接不当，对建筑体形的完整性以及建筑使用功能、结构的合理性等都有很大影响，各体量间的连接方式多种多样。组合设计中常采用以下几种方式。

（1）直接连接

即不同体量的面直接相连，这种方式具有体形简洁、明快、整体性强的特点，内部空间联系紧密。

（2）咬接

各体量之间相互穿插，体形较复杂，组合紧凑，整体性强，较易获得有机整体的效果。

（3）以走廊或连接体连接

这种方式的特点是各体量间相对独立而又互相联系，体形给人以轻快、舒展的感觉。

（二）建筑立面设计

建筑立面是表示建筑物四周的外部形象，它是由许多构部件组成的，如门窗、墙柱、阳台、雨篷、屋顶、檐口、台基、勒脚等。建筑立面设计就是恰当地确定这些构部件的尺寸大小、比例关系、材料质感和色彩等，运用节奏、韵律、虚实对比等构图规律设计出体形完整，形式与内容统一的建筑立面。在立面设计中，应考虑实际空间的效果，使每个立面之间相互协调，形成有机统一的整体。

完整的立面设计并不只是美观问题，它与平面、剖面设计一样，同样也有使用要求、结构构造等功能和技术方面的问题，但是从建筑的平、立、剖面来看，立面设计中涉及的造型与构图问题，通常较为突出。下面着重叙述有关建筑美观的一些问题。

1. 立面的比例尺度处理

比例适当和尺度正确，是使立面完整统一的重要方面。立面各部分之间比例以及墙面的划分都必须根据内部功能特点，在体形组合的基础上，考虑结构、构造、材料、施工等因素，仔细推敲、设计与建筑特性相适应的建筑立面效果。

立面尺度恰当，可正确反映出建筑物的真实大小，否则便会出现失真现象。建筑立面常借助于门窗形式反映建筑物的正确尺度感。

2. 立面虚实凹凸处理

一般建筑物的立面都由墙面、门窗、阳台、柱廊等组成，建筑立面中“虚”的部分是指窗、空廊、凹廊等，以虚为主的建筑立面会产生轻巧、开朗的效果，给人以通透感。“实”的部分主要是指墙、柱、屋面、栏板等，以实为主的建筑立面会造成封闭、沉重的效果，给人以厚重、坚实的感觉。根据建筑的功能、结构特点，巧妙地处理好立面的虚实关系，可获得轻巧生动、坚实有力的外观形象，若采用虚实均匀分布的处理手法，将给人以平静、安全的感受。

3. 立面的线条处理

建筑立面上由于体量的交接、立面的凹凸起伏、色彩和材料的变化以及结构与构造的需要，常形成若干方向不同、大小不等的线条，如水平线、垂直线等。恰当运用这些不同类型的线条，并加以适当的艺术处理，将对建筑立面韵律的组织、比例尺度的权衡带来不同的效果。立面的线条处理，任何线条本身都具有一种特殊的表现力和多种造型的功能。

从方向变化来看，垂直线具有挺拔、高耸、向上的气氛；水平线使人感到舒展与连续、宁静与亲切；斜线具有动态的感觉；网格线有丰富的图案效果，给人以生动、活泼而有秩序的感觉。从粗细、曲折变化来看，粗线条表现厚重、有力；细线条具有精致、柔和的效果。

4. 立面的色彩与质感处理

建筑物的色彩、质感是构成建筑形象表现力的重要因素，是建筑立面设计中的重要内容，了解和掌握色彩与质感的特点并能正确运用，也是极其重要的。色彩和质感都是材料表面的某种属性，建筑物立面的色彩与质感对人的感受影响极大，通过材料色彩和质感的恰当选择和配置，可产生丰富、生动的立面效果。不同的建筑色彩具有不同的表现力，不同的色彩给人以不同的感受，如暖色使人感到热烈、兴奋；冷色使人感到清晰、宁静；浅色给人以明快，深色又使人感到沉稳。一般说来，浅色或白色会产生明快清新的感觉；深色显得稳重；橙黄等暖色显得热烈；青、蓝、灰、绿等色显得宁静。运用不同色彩的处理，可以表现出不同建筑的特点及民族设计风格。

建筑立面的色彩设计包括对大面积墙面色调的选择和色彩构图等方面，设计中应注意以下问题：

（1）基调色的选择应适应当地的气候条件；

（2）色彩的运用应与周边环境、建筑相协调；

（3）色彩的运用应与建筑的设计风格特征相一致；

（4）色彩的运用考虑民族的传统文化和地域特征；

（5）色彩处理应和谐统一且富有变化。

不同的材料会有不同的质感。质地粗糙的材料如天然石材和砖具有厚重及坚固感；金属及光滑的表面感觉轻巧、细腻。

立面处理应充分利用材料质感的特性，巧妙处理，加强和丰富建筑的表现力。

5. 立面的重点和细部处理

立面设计需重点考虑处理以下几点：比例与尺度处理，虚实与凹凸处理，线条处理，色彩与质感处理，重点与细部处理。建筑细部应重点处理视觉中心部位，如建筑物主要出入口；体现建筑物的风格特征、情趣和品位的部位，如阳台、橱窗、花格等；以及构成建筑轮廓线的部位，如建筑的檐口等。

在建筑立面设计中，根据功能和造型需要，对需要引起人们注意的一些部位，主要是指对建筑物某表面的门窗组织、比例与尺度、入口及细部处理、装饰与色彩等进行重点的设计。建筑立面是由许多部件组成的，这些部件包括门窗、墙柱、阳台、遮阳板、雨篷、檐口、勒脚、花饰等。立面设计就是恰当地确定这些部件的尺寸大小、比例关系以及材料色彩等，并通过形的变换、面的虚实对比、线的方向变化等求得外形的统一与变化，以及内部空间与外形的协调统一。在推敲建筑立面时不能孤立地处理每个面，必须认真处理几个面的相互协调和相邻面的衔接关系，以取得统一，吸引人们的视线，同时也能起到画龙点睛的作用，以增强和丰富建筑立面的艺术效果。

第三章 建设设计基本方法

第一节 设计概念

一、设计

设计从广义上来说其本质就是人类有目的的意识活动。设计从狭义上来说，即是人们有目的地寻求尚不存在的事物，或称之为发明、创造。它与科学的特征不同，科学是研究客观存在的事物，探索其客观规律，变不知为可知，称其为发现，而设计则要如实反映并掌握已知的客观规律，遵循其所存在的系统性、等级结构、层次结构、交联结构等序列性，采取最佳对策，将意愿与意志变为现实，从而创造出新的人为事物，包括创造物质的产品和环境与创造精神的产品和环境，有时两者兼而有之。

二、建筑设计

设计在建筑学领域构成了特有的设计特征，这种特征表现为以下几个方面。

（一）建筑设计是一种图示思维与解决矛盾的过程

建筑设计同一切设计一样，都是一种有目的的造物活动，是概念和因素转化为物质结果的必需环节。但就其专业特征来说，建筑设计过程自始至终贯穿着思维活动与图示表达同步进行的方式，两者互动，共同促进设计进程并提高设计质量。

根据建筑学专业特点，这种逻辑思维需要转换为图示思维，以便借助徒手草图形式把思维活动形象地描述出来，并通过视觉反复验证达到刺激方案的生成和发展。这就形成了建筑学专业独特的图示思维方式。

它的作用是：

1. 图示思维能将思维中不稳定的、模糊的意象变为视觉可感知的图形。

2. 图示思维可以调动视觉这个人类最敏感的器官刺激思维的发展，验证思维的成果。

3. 图示思维所表达出来的形象可以作为评价、比较、交流、修改设计的依据，成为设计发展的基础。

4. 设计灵感的产生往往在图示思维过程中能偶然闪现，只要善于抓住机遇，往往能成为构思立意的起点。

5. 连续图示思维的成果包含了不同层次的视觉思维表达，常常成为设计创作过程的最好踪迹，以此可作为设计的总结和提高。

因此，图示思维是建筑师应具备的特有素质，其熟练程度直接影响到建筑设计过程的速度和最终成果的质量。

（二）建筑设计是一种有目的的空间环境建构过程

与其他任何一项设计不同，建筑设计的最终产品是为人类创造一个适宜的空间环境，大到区域规划、城市规划、城市设计、群体设计、建筑设计，小至室内设计、产品设计、视觉设计等等。无论建筑师设计的上述何种产品，“空间环境”自始至终都成为意愿的起点，又是所要追求的最终目标。建筑师的一切行为就是这样紧紧围绕着空间建构而展开。因此，建筑师在设计中不但要考虑建筑空间与环境空间的适应问题，还要妥善处理建筑内部各组成空间相互之间的内在必然联系，直至推敲单一空间的体量、尺度、比例等细节，更深一层的空间建构还需预测它能给人以何种精神体验，达到何种气氛、意境。从空间到空间感都是建筑师在建筑设计过程中进行空间建构所要达到的目标，这就是说，空间环境的建构过程必须全面考虑并协调人、建筑、环境三大系统的内在有机联系。

（三）建筑设计是一种创造生活的过程

建筑设计虽然是一种空间建构过程，但并不是纯形式构成，建筑物与鸟巢、蜂窝的根本区别在于后者是动物为适应单一生存目的的一种本能活动，而建筑设计则是人类为多种目的进行的生活创造，赋予空间以生命的关键就是因为纳入了人的因素。建筑师不仅要考虑空间中人行为的正常发展及其相互关系的和谐，而且综合运用技术、艺术的手段创造出符合现代生活要求的空间环境。人的现代生活行为都是有一定的关系和相互和谐的关系。住宅设计中，起居、睡眠、休息、用餐、娱乐、会客、团聚、家务、洗浴等众多生活内容若不按人的生活秩序组织设计，建成后给人带来的生活紊乱是可想而知的。只有按现代生活秩序的要求将起居空间安排在户内流线的前部，以适应公众性的需要，将卧室空间设置在户内流线的端部以保证一定程度的私密性。而厨房空间的位置应使从住户人口到厨房的流线既短又不干扰其他主要流线的生活秩序，用餐空间应紧邻厨房空间，无论在视线上或行为上都应有方便的联系，在两者的界面上应有能放置各自生活必备品的贮存空间，以便使用上各得其所。这些符合居住生活秩序的空间布局加强了生活的条理性，从而创造了高效有序的现代生活方式。因此，建筑设计的意义不在于生活的容纳，而在于生活的切实安排。一旦确立适应现代生活秩序的准则，就会大大提高现代生活的价值。同理，任何其他类型的建筑设计莫不是为人们创造多种形式的现代生活方式而进行设计的。

第二节 设计模型

所谓模型，是作为对“设计”结构的一种描述方式，以便从方法学上进一步理解建筑设计的组成部分及其相互关系。建筑师从中可以了解如何在相应领域提高自己的设计能力。

一、设计模型的构成

根据现代认识心理学和实际设计过程的分析，我们可以把设计大致分为五个组成部分，即输入、处理、构造、评价和输出。

（一）输入

建筑师从接到任务书开始着手方案设计，首先面临着要进行大量信息的输入工作，包括外部条件输入、内部条件输入、设计法规输入、实例资料输入。

输入信息的目的是充分了解建造的条件与制约、设计的内容与规模、服务的对象与要求。输入信息的渠道可以通过现场踏勘、查阅资料、咨询业主、实例调查等。输入信息的方式一是应急收集，即接到任务书后，为专项设计进行有目标的资料收集；二是信息积累，对于通用的信息资料如规范、生活经验、常用尺寸等要做到平时日积月累，用时信手拈来。

（二）处理

所有输入的设计信息非常广泛而复杂，这些原始资料并不能导致方案的直接产生，建筑师必须经过加工和处理，从信息的乱麻中理出方案起步的头绪。处理的方法主要是运用逻辑思维的手段进行分析、判断、推理、综合，为找到问题的答案提供基础。

（三）构造

信息经过处理后，建筑师开始启动立意构思的丰富想象力，由此产生出方案的毛坯，并从不同思路多渠道地去探索最佳方案的解。这样，对信息的逻辑处理在此阶段就转化为方案的图示表达。

（四）评价

如何从多个探讨方案中选择最有发展前途的方案进行深化工作，这不像数理化学科可以用对错来判断，却只能是相对而言，在好与不好、满意与不满意之间进行比较。从这个意义上来说，方案设计阶段又是决策过程，评价决定了选择方案的结果，也决定了设计方向和前途。

（五）输出

建筑设计的最后成果必须以文字和图形、实物等方式输出才能产生价值。输出的目的一是作为实施的依据；二是对建筑师自身能不断评价，调整修正，最后达到理想的结果；三是使建筑师的创作成果得到公众的理解和认同。

二、设计模型的运行

从设计的宏观过程来看，设计模型的五个部分是按线性状态运行的，即输入→处理→构造→评价→输出。这就是说，建筑设计从接受设计任务书进行信息资料收集开始，通过对任务书的理解及一切有关信息的处理明确设计问题，建立设计目标，针对这些问题和目标构造出若干试探性方案，通过比较、评价选择一个最佳方案，并以文字、图形等手段将其输出。大多数设计工作是按这个程序完成的，从这个过程来看，设计模型类似一个计算机工作的原理。这样来研究设计模型的结构有助于按各个层面去观察问题，去认识相互关系。

然而，在实际的设计工作中，这五个部分又往往不是线性关系，而是任意两个部分都存在随机性的双向运行，从而形成一个非线性的复杂系统。其运行线路我们无法预知，有时一个信息输入后都有可能进入任何一部分，而输入本身也往往受其他部分的控制。总之，各部分之间都处于动态平衡之中。

三、设计模型的掌握

从设计模型的组成来看，设计能力是由五个方面构成的，各包含不同的知识域。在设计模型运行状态中，把知识用于解决问题就成为技能，技能进一步强化便转为设计技巧。因此，掌握设计模型的能力体现在知识的增加和技能的熟练两个方面。

在实际的设计过程中为什么会出现有些建筑师的方案设计上路快，设计水平高，表现出设计能力强，而有些建筑师的方案设计周期长，设计水平低，表现出设计能力弱呢？这是因为两者对设计模型的掌握存在差别，前者因为设计经验丰富，动手操作熟练，设计技能高明等有利条件使设计模型运行速度快，运行路线短捷，甚至某些部分同步运行，这就大大提高了设计效率和质量。而后者由于与前者相反的原因致使设计模型运行速度慢、运行路线紊乱，导致设计效率低下，问题百出。

因此，得心应手地掌握设计模型的运行是每一位初学设计者和建筑师在设计方法上应努力追求的目标。

第三节　设计方法

一、设计程序的意义

任何一个行为的进行都有其内在的复杂过程，特别是设计行为，因为它涉及最广泛的关联性，其广义可关联到社会、政治、经济、自然资源、生态环境等范围，狭义上又关联到具体的建筑内容、功能和形式、材料与结构等因素。建筑设计的目的就是把名目繁多的关联因素变为综合的有机整体——设计成果。

这种转变过程虽然极其复杂，但事物的发展都有其内在的规律性，只要设计行为按一定的规则性和条理性行事，即按正确的设计程序展开，就能使设计行为正常发展。因此，懂得了设计程序，即掌握了设计的脉络。

二、设计程序的步骤

从设计的宏观控制来看，设计程序经历了环境设计→群体设计→单体设计→细部设计的线性过程，前一环节是后一环节的设计依据和基础。如同画人体素描一样，先要把握人体的轮廓，各部分比例务必准确，在此基础上才能深入对细部的刻画。如若违反这一程序，尽管眼睛刻画得炯炯有神，但因人体失去正常比例，其结果是徒劳的。但建筑设计又不完全等同人体素描，后者的对象是客观存在的，有不可改变性，不能因为细部刻画精彩但与整体失调而舍本逐末去改变人体比例，建筑设计却不然，它的对象是尚不存在的，不是绝对的，设计程序中的后一环节常常可以反作用于前一环节。因此，正确的设计程序应是先从环境设计入手，再进入群体设计或单体设计，最后深入到细部设计。但这种设计不是截然分明，总是交织在一起，处于动态进行之中，有时需要同步进行考虑。

我们一些建筑师，特别是初学设计者往往容易一开始就陷入对细部的考虑，常常为此自鸣得意，而忽略对总体的把握，这是设计水平难以提高的根源之一。在建筑设计教学中，这种违反正确设计程序的现象也屡见不鲜。如课题设计无实际环境条件而以假设地段取而代之，更有甚者，在完成单体设计之后才回过头设计地形，无论从设计观念与设计方法上都违反了正常的设计程序。

第四节　设计思维

建筑设计是由思维过程和表达手段完成的，两者共同构成建筑设计方法的内涵。对于初学设计者来说，认识并掌握设计思维的普遍规律，有助于加强设计的主观能动性，提高设计能力。

一、思维程序

设计行为是受到思维活动支配的。从设计一开始，建筑师就要对名目繁多的与设计有关联的因素，如建造目的、空间要求、环境特征、物质条件等分门别类地进行考察，找出其相互关系及各自对设计的规定性。然后采取一定的方法和手段，用建筑语汇将诸因素表述为统一的有机整体。这种思维过程有很强的逻辑推理，可以概括为部分（因素）到整体（结果）的过程，这就是设计方法所应遵循的特定思维程序。在这种思维程序中；部分与整体的关系表现为部分是整体的基本内容，隶属于整体之中，整体是部分发展和组合的结果。

所谓部分处理即把将要表现为整体的结构和复杂事物中的各个因素分别进行研究

处理的思维过程，由于部分经常表现为自由分离状态，因此，对于设计经验不足的建筑师容易被某个部分因素吸引而忽略其各部分的内在联系，出现方案生搬硬套、东拼西凑的现象。

所谓整体处理就是把对象的各部分、各方面的因素联系起来考虑的思维过程。综合的结果使事物包含着的多样属性以整体展现出来。从这个意义上来说，整体过程是思维程序的决定性步骤。

但是，从部分到整体这种传统的设计思维结构，在19世纪以前受到社会科学和自然科学发展缓慢的限制，一直没有显著变化。直到欧洲工业革命，特别是二次大战后，新兴学科的发展日新月异，系统论、控制论、运筹学、生态环境学等学科的发展为在各学科间创立统一语言建立广泛联系提供了可能。建筑学一旦被划入社会范畴就日趋与社会总体发生密切关系。因此，建筑师在着手建筑设计时，往往先要对设计对象的社会效果、经济效益、生态环境等作出全面综合考察。只有在可行的前提下，建设者才会作出投资的决策。然后建筑师才进入下阶段对因素的部分处理，最后综合产生一个新的建筑整体。这种整体→部分→整体的思维结构是设计方法的重大变革，使建筑设计不再是古典主义学派的单体设计，而是能使人、建筑、环境产生广泛而紧密联系的整体环境设计。

二、思维手段

所谓思维手段是思维活动赖以进行的方式，是达到目的的方法。就建筑师个人的思维手段而言，它是依赖思维器官（大脑）的大量信息存储和经验知识，按一定结构形式进行各种信息交流的思维方法。它在设计方法中占有重要的地位，即使在现代科学高度发展的今天，在计算机辅助设计日趋普及的前景下也没有别的手段能够替代。

建筑师在运用思维进行设计时，主要依靠逻辑思维和形象思维两种方式。

（一）逻辑思维

逻辑思维主要用于以下几个方面：

1. 项目确定与目标选择。不同的项目其追求的目标不同这是显而易见的，即使同一项目因处在不同场所，其目标选择也应体现它的特定性。

2. 认识外部环境对设计的规定性。文化属性、价值观念、审美准则、人口构成等软环境以及自然条件、城市形态、基地状况等硬环境对设计的制约。

3. 设计对象的内在要求与关系。熟知任务书、进行调查研究、寻找功能布局的内在逻辑与规律。

4. 意志与观念的表现。确定构思与立意，寻找设计的主要思路与手段，这是意志与观念的突出反映，并贯穿于整个设计过程中。

5. 技术手段的选择。任何一项设计都是以技术条件为实施前提，建筑师应使技术手段和意志观念紧密结合，最终塑造出所追求的预期目标。

6. 鉴定与反馈。整个设计过程是伴随着进行不断的信息反馈以鉴定、修正、完善前一设计工作的成果，即使工程完工也是通过鉴定与反馈为将来新的设计创作提供经验与教训。总之，逻辑思维是运用分析、抽象、概括、比较、推理、综合等手段，强调设计对象的整体统一性和规律性，是一种理性的思考过程。

（二）形象思维

形象思维是建筑设计特有的思维手段，这是由于建筑师需要通过二维图形——平、立、剖面来表达三维的形体与空间所决定的，因此，建筑师应具有一种空间形象的想象力。形象思维包括具象思维和抽象思维两种手法，都是建筑师应具备的素质。

1. 具象思维：具象是使喻示的概念直观化，即从概念到形象的直接转化。它能启迪人们的联想，产生与建筑师设计意图的心理共鸣。例如萨里宁（Eero Saarinen）设计的纽约肯尼迪机场TWA候机楼，它像只苍鹰展翅欲飞，这种形象很容易引起人们对航空的联想。

2. 抽象思维：抽象是隐喻非自身属性的抽象概念，它表现的是人们的感知与思维转化而成的一种精神上的含义，建筑艺术所反映出来的也往往是这种抽象的精神概念。勒·柯布西埃（Le Corbusier）设计的朗香教堂是抽象思维的代表作，该建筑物的墙、屋顶都呈扭曲状，无规则的大小窗洞透进的星星点点之光造成光怪陆离的效果，犹如灵魂在闪现，一种神秘莫测的宗教气氛油然而生。在设计过程中，一般来讲常从逻辑思维入手，以摸清设计的主要问题，为设计思路打开通道。特别是对于功能性强、关系复杂的建筑尤其要搞清内外条件与要求。另一方面，有时却需要从形象思维入手，如一些纪念性强或对建筑形象要求高的建筑，需先有一个形象的构思，然后再处理好功能与形式的关系。但是，逻辑思维与形象思维并不是如此界限分明，而是常常交织在一起。在具体设计中，谁先谁后并不是问题的关键，重要的是要把两者统一起来进行。

三、创造性思维

创造性思维是设计思维中的高级而复杂的思维形态，它涉及社会科学、自然科学，也涉及人的复杂心理因素。所有这些客观要素和心理因素相互联系、相互诱发、相互促进，从而使建筑的创造性思维构成一个独特的动态心理系统。它的形式主要呈现为发散性思维和收敛性思维。

（一）发散性思维

发散性思维是一种不依常规、寻求变异，从多方面寻求答案的思维方式，它是创造性思维的中心环节，是探索最佳方案的必由之路。

发散性思维具有三个特征：

1. 流畅。指心智活动畅通少阻，灵敏、迅速，能在短时间内表达较多的概念和符号，是发散性思维量的指标。

2. 变通。指思考能随机应变，触类旁通，不局限于某个方面，不受消极定式的桎梏。

3. 独特。指从前所未有的新角度、新观点去认识事物、反映事物，对事物表现出超乎寻常的独到见解。

由于建筑设计的问题求解是多向量和不定性的，答案没有唯一解，这就需要建筑师运用思维发散性原理，从若干试误性探索方案中寻求一个相对合理的答案。如果思维的发散量越大，也即思想越活跃、思路越开阔，那么，有价值的答案出现的概率就越大，就越能导致问题求解的顺利实现。

上述思维发散“量”固然影响到问题答案的“质”，但是，思维发散方向却对创造性思维起着支配作用。因为，不同思考路线即不同思维发散方向会使求解结果在不同程度上出现质的变化，因而导致不同方案的产生。这种不同思维发散方向可归纳为以下三种情况：

1. 同向发散。即从已知设计条件出发，按大致定型的功能关系使思维轨迹沿着同一方向发散，发散的结果得出大同小异的若干方案。如赖特（Frank Lloyd Wright）在不同地点为不同业主设计的三幢住宅虽然平面形式、房间的空间形态各不相同，但是各房间的功能关系却是完全相同的。因此，从设计的本质特征看三者同属于一种思维方向的结果，所不同的仅是表现形式有所差别而已。

2. 多向发散。即根据已知条件，从强调个别因素出发，使思维轨迹沿不同方向发散，发散结果会得出各具特色的方案。如1987年全国文化馆设计竞赛，同一设计条件下105件获奖作品都各具特色，显示出参赛者的思维发散是多向性的。他们各自强调方案与众不同的特点，大胆开拓思路，表达了各自对建筑与文化的不同理解、不同追求。方案采用集中式布局，利用“四大块”中间形成中庭茶座，突出体现南方县城特有的“闻鸡起舞、品茗早茶、听书聊天”的文化情趣。方案采用定型单元进行设计，强调根据不同地形条件进行组合的灵活性。方案从平则布局到造型设计，倾心追求民族风格的体现。三个获奖方案沿着三个方向进行思维发散，方案“质”的差别较为明显，体现了各自强烈的个性。

3. 逆向发散。即根据已知设计条件，打破习惯性思维方式，变顺理成章的“水平思考”，为“反过来思考”，常常可以引导人们从事物的另一极端披露其本质，从而弥补单向思维的不足。这种思维发散的结果往往产生人们意料不到的特殊方案。例如设备管道在绝大多数设计情况下，建筑师的思考方式是利用管井、吊顶把它们掩藏起来。然而，皮阿诺（Renzo Piano）和罗杰斯（Richard Rogers）设计的蓬皮杜艺术与文化中心却逆向思维，“翻肠倒肚”似的把琳琅满目的管道毫不掩饰地暴露在外，甚至用鲜艳夺目的色彩加以强调。这件作品一问世，立即引起人们惊叹。

（二）收敛性思维

发散性思维是对求解途径的一种探索，而收敛性思维则是对求解答案作出的决策，属于逻辑推理范畴。它对发散性思维的若干思路以及所产生的方案进行分析、比较、评价、鉴别、综合，使思维相对收敛，有利于作出选择。

当然，这两种创造性思维不是一次性完成的，往往要经过发散-收敛-再发散-再收敛，循环往复，直到问题得到圆满解决。这是建筑创作思维活动的一条基本规律。

（三）创造性思维障碍

在许多情况下，“思维定式”常常会成为创造性思维的桎梏。例如，红砖可以盖房子，这是一般人通常的思维方法。但是，如果思维仅限于红砖可以盖房子这种认识，那么就会使思维僵化。我们为什么不能认为红砖可以用来敲钉子，可以打狗呢？这种思考就突破了原有的“心理束缚”，创造性地把红砖的用途扩充到常规用途以外。建筑师都希望自身具有创造性思维，但是，现实却令人遗憾，建筑形式的“千篇一律”其缘由是多方面的，建筑师的创造性思维存在障碍也是重要的方面。这种障碍就是思维的僵化，反映在两个方面：一方面因经验而对事物的认识形成固定化，经验对于一个人的创作来说无疑是十分宝贵和重要的，但运用经验却不能一成不变，倘若建筑师在解题过程中总是习惯地沿用以往的思维方法，必然会产生“先入为主”的思维定式，一旦如此，就会把经验变为框框，成为束缚自己发挥创造性思维的消极因素。另一方面是解决途径的单一化，认为要解决某种问题只有一种方法，即现成的方法。其实，有时第一种方法只不过是首先想到而已，若以此为满足，就会放弃对更好方法的探索。找到了妨碍创造性思维的症结，建筑师就能在克服“思维定式”的桎梏后激发出无穷的创作力。

第五节　常用规范

一、台阶、坡道和栏杆

（一）台阶设置应符合下列规定

1. 公共建筑室内外台阶踏步宽度不宜小于0.30m，踏步高度不宜大于0.15m。室内台阶踏步数不应少于2级，当高差不足2级时，应按坡道设置。

2. 人流密集的场所台阶高度超过0.70m并侧面临空时，应有防护设施。

（二）坡道设置应符合下列规定

1. 室内坡道不宜大于1∶8，室外坡道不宜大于1∶10，供医疗使用的坡道不应大于1∶10，供少年儿童安全疏散的坡道和供轮椅使用的坡道不应大于1∶12。

2. 室内坡道水平投影长度超过15m时，宜设休息平台，平台宽度应根据轮椅或病床等尺寸及所需缓冲空间而定。

3. 坡道应采取防滑措施。

4. 供轮椅使用的坡道两侧应设高度为0.65m的扶手。

5. 机动车行坡道应符合《汽车库建筑设计规范》（JGJ 100）的有关规定。

（三）凡阳台、外廊、室内回廊、内天井、上人屋面及室外楼梯等临空处应设置

防护栏杆，并应符合下列规定

1. 栏杆应以坚固、耐久的材料制作，并能承受荷载规范规定的水平荷载。

2. 低层、多层建筑栏杆高度不应低于1.05m，中高层、高层建筑栏杆高度不应低于1.10m，超高层建筑的栏杆高度不应低于1.20m。

注：栏杆高度从楼地面及屋面至栏杆扶手顶面垂直高度计算，如底部有宽度大于0.22m，高度低于0.40m的可踏部位，应从可踏部位顶面起计算。

3. 栏杆离楼面或屋面0.10m高度内不宜留空。

4. 住宅、托儿所、幼儿园、中小学及少年儿童专用活动场所的栏杆必须采用防止少年儿童攀登的构造，栏杆垂直杆件间的净距不应大于0.11m。

5. 商场等允许少年儿童进入的场所，采用垂直杆件做栏杆时，其间距也不应大于0.11m。

二、楼梯

1. 楼梯的数量、位置和楼梯间形式应满足使用方便和安全疏散的要求。

2. 楼梯梯段宽度除应符合防火规范的规定外，供日常主要交通用的楼梯的梯段宽度应根据建筑物使用特征，按每股人流为0.55+（0～0.15）m的人流股数确定，并不应少于两股人流。

注：楼梯的梯段宽度系指墙面至扶手中心或扶手中心之间的水平距离；0～0.15m为人流在行进中人体的摆幅，公共建筑人流众多的场所应取上限值。

3. 梯段改变方向时，扶手转向端处的平台最小宽度不应小于梯段宽度，并不得小于1.20m，当有搬运大型物件需要时应适量加宽。

4. 每个梯段的踏步不应超过18级，亦不应少于3级。

5. 楼梯平台上部及下部过道处的净高不应小于2m，梯段净高不应小于2.20m。

注：梯段净高为自踏步前缘（包括最低和最高一级踏步前缘线以外0.30m范围内）至上方突出物下缘间的垂直高度。

6. 楼梯踏步的高宽比应符合表3-1的规定。

表3-1 楼梯踏步的高宽比

楼梯类别	最小宽度/m	最大高度/m
住宅共用楼梯	0.26	0.175
幼儿园、小学校等楼梯	0.26	0.15
影剧院、体育馆、商场、医院、疗养院等楼梯	0.28	0.16
办公楼、科研楼、宿舍、中学、大学等楼梯	0.26	0.17
专用疏散楼梯	0.25	0.18
服务楼梯、住宅套内楼梯	0.22	0.20

7. 楼梯应至少于一侧设扶手，楼段净宽达3股人流时应两侧设扶手，达4股人流时宜加设中间扶手。

8. 室内楼梯扶手高度自踏步前缘线量起不应小于0.90m。靠楼梯井一侧水平扶手长度超过0.50m时，其高度不应小于1.05m。

9. 踏步前缘部分应设防滑措施。

10. 托儿所、幼儿园、中小学及少年儿童专用活动场所的楼梯，梯井净宽大于0.20m时，必须采取防止少年儿童攀滑的措施，楼梯栏杆应采取不易攀登的构造，垂直杆件间的净距不应大于0.11m。

注：无中柱螺旋楼梯和弧形楼梯离内侧扶手中心0.25m处的踏步宽度不应小于0.22m。

11. 老年人、残疾人及其他专用服务楼梯按有关规范的规定设置。

三、电梯、自动扶梯和自动人行道

（一）电梯设置应符合下列规定

1. 电梯不得计作安全出口；

2. 以电梯为主要垂直交通的高层公共建筑及12层以上（含12层）的高层住宅，每栋楼设置电梯的台数不应少于2台；

3. 建筑物每个服务区单侧排列的电梯不宜超过4台，双侧排列的电梯不宜超过2×4台；

4. 电梯候梯厅的深度应符合表3-2的规定，并不得小于1.50m；

表3-2 候梯厅深度

电梯类别	布置方式	候梯厅深度
住宅电梯	单台	≥B
	多台单侧排列	≥B*
公共建筑电梯	单台	≥1.5B
	多台单侧排列	≥1.5B
	当电梯为4台时	≥2.40m
	多台双侧排列	>相对电梯B之和并<4.50m
	单台	≥1.5B
病床电梯	多台单侧排列	≥1.5B
	多台双侧排列	≥相对电梯B之和

注：B为轿厢深度，B*为电梯群中最大轿厢深度；本表规定的深度不包括穿越候梯厅的走道宽度。

5. 电梯井不应被楼梯环绕；

6. 电梯井道和机房不宜与主要用房贴邻布置，否则应采取隔振、隔声措施；

7. 机房应为专用的房间，其围护结构应保温隔热，室内应有良好通风、防潮和防尘，不得在机房顶板上直接设置水箱及在机房内直接穿越水管或蒸汽管；

8. 消防电梯的布置应符合《高层民用建筑设计防火规范》（GB 50045）的规定；

9. 首层电梯厅至室外地面应有无障碍设施。

（二）自动扶梯、自动人行道应符合下列规定

1. 自动扶梯和自动人行道不得计作安全出口；

2. 起止平台的深度除满足设备安装尺寸外，根据梯长和使用场所的人流需要，自扶手带转向端至前面障碍物应留有足够的等候及缓冲面积；

3. 栏板应平整、光滑和无突出物，扶手带外边至任何障碍物不宜小于0.50m，否则应采取措施防止障碍物引起人员伤害；

4. 自动扶梯的梯级、自动人行道的踏板或胶带上空，垂直净高不应小于2.30m；

5. 公用自动扶梯的倾斜角不应超过30°，倾斜式自动人行道的倾斜角不应超过12°；

6. 自动扶梯和层间相通的自动人行道单向设置时，应就近布置相配伍的楼梯；

7. 设置自动扶梯或自动人行道所形成的上下层贯通空间，应符合《建筑设计防火规范》（GB 50016）和《高层民用建筑设计防火规范》（GB 50045）的规定，采取措施满足防火分区等要求。

第四章　创意学视域下的建筑设计

第一节　建筑设计创意对建筑创作过程的影响

一、建筑设计过程中的建筑设计创意

建筑（Architecture）：在设计方案成为实物之前，能够虚拟地直观和游览建筑物将使建筑学发生翻天覆地的变化。每个人都可以通过参观、组装和调整虚拟建筑来选择自己未来的居所和楼房。建筑将越来越个性化，成为同“乐高”游戏一样的拼插图。旧的建筑风格将消失，取而代之的将是一种变幻莫测和汲取各种美学流派特点的新风格。为改善1000万至2000万人口的大城市的居住条件，人们将建造价格低廉的部分楼层位于地下的新型高层建筑。新材料的应用将使建筑材料可以循环使用，这使电梯的技术具有决定性的意义。人们不再保留没有城市化功能的建筑，没有生活和娱乐设施的建筑将销声匿迹。

建筑设计：综合《辞海》《中国大百科全书：建筑园林城市规划》《中国土木建筑百科辞典·建筑卷》等权威文献典籍关于建筑、建筑学、建筑设计的定义，依靠一系列相互关联补充的概念来界定其范围，通过以往对设计、建筑和建筑设计的基本概念进行分析归纳出建筑设计的几点基本特征：

1. 建筑设计是一种有目的地创造建筑物的活动：通过这种活动给人们创造出一种生活方式，协调人与自然、社会之间的关系。

2. 建筑设计本质上是一种造形活动；“形是官能感觉到的建筑物的表象，形是限定空间的因素，形通过空间组合的方式使某种功能成为可能。”造形活动包括了建筑的体量、外观、平面、控制线、细部等方面。

3. 建筑设计是一个发现问题与解决问题的过程；建筑设计作为解题的过程并不具有唯一解，解题过程是与设计问题的发现、问题结构的分析直接相关的。

4. 建筑设计是设计主体综合性的心智活动，设计过程从始至终贯穿着主体的思维

活动。关于建筑设计基本概念的探讨是设计方法研究的起点和根基，它为下面的研究提供了一个基本语境和前提。由此出发，在对建筑设计活动的探索中，逐步形成了基本的认识和方法体系。

建筑设计过程：建筑设计是一个发现问题与解决问题的过程。建筑设计的过程大致有以下几个阶段：发现问题——分析问题——产生构思——形成方案。这4个阶段又在整个设计过程中反复更替，不断循环，有时穿插着跳跃，在产生构思阶段，发挥想象力自觉或不自觉地对大量偶然的、模糊的、混乱的思绪进行任意地叠加、拼凑、变换、重整，在此基础上做进一步的联想，演绎出新颖的构思。克里斯托弗·亚历山大（Ohmstoper Alexander）在《城市并非树形》中，提出城市发展的半网络结构，借用这一说法，设计构思的发展不是由某几个主体相互割裂地独立发展的，而是一种复杂的网状交织。克里斯托弗亚历山大还通过对西蒙尼科尔森（Simon Nicholson）的一幅作品中形象交叠的分析，说明网状交织。借鉴这一图式表明：思维，尤其建筑设计中第三个阶段——产生构思阶段的思维是交织的。对他的图式作出解释：（自下而上），从1到7可以看作最初的7个不同的构思点，随着进一步融合，1与2，1与3等等相互交融，再随着基础的作用，但直接运用的主要还是非逻辑思维的发散性方法。在前一阶段限定了一些客观条件之后，理性的推断只是按部就班地试图分析解决设计上的某些具体功能问题，然而建筑设计的“复杂性和矛盾性”，是融精神与物质为一体，包含着诸多非理性的情感因素，因而接下来便是要自由发挥，通过结合自己的思想内容，注入自身的情感因素产生创意，使方案设计推向雏形。

设计就在反复的深入过程中生成构思不断深化，反复循环推演，设计常常有反复的过程，有时会在深化阶段由某一局部的思考又获得灵感，从而推翻整个设计，重新构思。在4个阶段的循环中，创意灵感起着决定一个作品是感人还是平庸的关键性作用，它引起思维活动的质变，把潜意识活动引向显意识，灵感这一概念之所以被引入哲学领域，就在于它正是人类进行科学探索（求真），道德沉思（求善）和艺术追求（求美）中所必不可少的思维方式。

方法论学家韦德（J. Wade）在其著作《建筑、问题和目的：建筑设计作为基本的解题过程》中详细地阐明了这一理论。设计问题是复杂系统，可以利用西蒙的近可分解的层级结构来处理，西蒙在寻求对复杂系统的理解时运用了两种主要的简化描述类型，即“状态描述和过程描述”。状态描述提供的是辨认事物的标准，而过程描述则提供了产生具备这种标准或性质的事物的手段。它们分别表述了我们感受到的事物和方法作用下的事物。西蒙认为，这两种描述之间的相互作用关系对于一个复杂系统问题的解决至关重要，这种关系表现为系统的目标与实现目标的行动之间的关系，即手段-目的分析以此为基础，西蒙构造了一个解决复杂系统问题的理论范式。依据西蒙的理论，作为解题的设计过程可以表述为下面的模式：第一种，要解决问题，就要是对同一复杂现实情形的状态描述与过程描述不断相互转化。实现了转化可以称之为达到了目的。第二种，“人类解决问题过程”的活动基本上是一种手段-目的分析。它的目的是发现通向向往目标的路径的过程描述。一般范式是先确定关于事物的标准和性质的描述，然后找出相应的“药方”或实现方法。

西蒙的这个理论范式给解决建筑设计的复杂系统问题提供了方法论意义上的指导。在建筑设计中，首先应对设计任务进行状态描述，即发现问题，明确问题的性质、确定设计的目标。然后再依据状态描述和过程描述之间的相互作用关系，从状态描述向过程描述转化，这个转化过程即是寻找解决问题的方法的过程。当“过程描述”被明确地表达出来时。设计方法也就真实地产生了。

1. 建筑设计过程中创造性解决问题的特点

当建筑设计作为一个解题活动，其过程有以下特点：

首先，建筑设计是相当复杂的思维过程和运作过程，在考虑空间问题时，要整合时代背景、文化、文脉、建筑技术、环境生态、经济约束等等因素。建筑设计的创造性可能是只体现在某一角度的创意的体现。可以说建筑设计是解决复杂问题的过程，建筑设计需要一种综合的解题能力。

其次，建筑设计总是解决特殊的、具体的问题，而非普遍的、一般性的问题。这给了及建筑创意人的思维创意以及建筑设计创造性以最多的发挥空间。这是建筑设计与其他设计之间最大的不同。

另外，建筑设计的创造性集中体现在立意和构思过程中，建筑创意者的任务之一是审视问题，发现问题之所在，为解决问题确定切入点。在第一阶段是去认识问题的所在，对问题怎样看法、理解和明确表达出来，这与答案的实质有着不可分割的关系。同时，创造性地表达立意和构思或创意技法具有举足轻重的作用。

2. 建筑设计问题类型

日常遇到的问题大致分为三类，即明确的（Well-defined），不甚明确的（Ill-defined）和狡猾的（Wicked）。问题的确定主要考虑目标及约束条件两方面的因素。明确的问题和不甚明确的问题之间的界限在于是否有定义明确的目标和约束条件，例如抗震建筑设计，本地区地震的发生烈度及频率是随机的，建筑中所使用的材料在强度及质量均匀性上也是波动的，在几种情况下要做出经济合理的设计，就复杂困难得多。狡猾的问题更为复杂，它除了目标不明确外，解题标准也不明确，不同的定义可导致不同的解题结果，因而解题的过程是开放终端型的，即永无止境的。建筑设计很符合这一类型。从功能、环境、经济、美观各方面可以提出许多不一致的要求，每个方案都能相对满足任务的要求，评价、标准也不唯一。

不同类型的问题需要不同的解题方法，见表4-1。应当说，建筑设计项目绝大多数是非确定性的，不少是狡猾的，确定性的问题只是一种理想的、抽象化了的情况。通常的做法是把非确定性的问题通过概率理论或模糊逻辑等方法，使它们演变成为“类确定性”问题。这种方法统统称为“计算型”的（Algorithmic），即Simon所称的“智力上硬性的，分析性的，可形式化的，可教授的科学方法。”但是狡猾性问题则往往难以（或只能部分地）采用“计算型”方法，而需要采用一种被称为“诱导型”或“启发型”的方法。这种方法主要是凭借解题的经验、灵感、知识，通过“试错法”过程寻求相对满意的答案。

表 4-1 不同类型的问题所需要的不同解题方法

问题类型	常用解题	例
确定性问题	A计算型方法 1. 决定性过程（Deterministic process）	1+1=2
非确定性问题或不甚明确的问题 随意性问题（Random problem） 模糊性问题（Fuzzy problem）	2. 随机性过程（Stochastic process） 3. 模糊逻辑过程（Fuzzy logic process）	概率法 E（X）= ∑XP（X） 高、低、美、丑 ……
开放终端或狡猾性问题	B诱导型方法	建筑方案构思

从上面对问题类型的定义可知建筑设计问题是属第三类——狡猾性问题，而问题的结构是由许多相互制约的因素组成的。它可以分层次，分解为多重次级问题，而次级问题又是相互联系、相互作用，形成一种层级系统。对于总的建筑设计问题有相对独立的子系统，如空间组织、建筑形象，而针对空间组织、建筑形象又可逐渐分解或更具体、次级的设计层次。设计问题的层级性、可分解性决定了在设计过程中创造性解题采取的方法。

建筑设计的思维特征兼具形象性与逻辑性。形象性又具体体现为使用视觉的思维工具（视觉思维），逻辑性又集中体现在建筑设计是一个逻辑的解题过程。建筑设计中思维加工的内容、思维表达的一个主要工具是视觉空间。视觉思维的概念最早是由美国艺术心理学家鲁道夫·阿恩海姆首先提出来的，美国心理学家M.H.麦金又提出了视觉思维的操作性定义：所谓视觉思维，就是通过加工视觉空间意象，解决问题的思维，即观看（Vision），想象（Imagination）和构绘（Composition）三者之间相互作用。麦金解释：视觉思维借助三种视觉意象进行：其一是“人们看到的意象”，其二是“我们用心灵之窗所想象的”；其三则是“我们的构绘，随意画成的东西或绘画作品。”视觉思维确是一种不同于言语思维或逻辑思维的富于创造性的思维。北京大学的傅世侠教授认为其创造性特征即是：（1）源于直接感知的探索性；（2）运用视觉意象操作而利于发挥创造性想象作用的灵活性；（3）便于产生顿悟或诱导直觉，也即“唤醒”主体的无意识心理的现实性。建筑设计中对其他感觉听觉视觉等的加工和表达，起到了强化视觉空间的意图，附属于、统一于空间的创造。建筑设计的解题过程具有目标指向性，在心理操作上也具有系列性和认知性，而建筑设计目标状态不是唯一的。

（一）建筑设计创意

创意特别强调独创性，任何创意活动都不是无中生有，而是在前人创造的基础上有所突破。不同的领域有不同的创造：科学上有发现，艺术上有创作，管理上有创新，技术上有发明革新。建筑设计兼有艺术和技术双方面的特点，因此建筑设计的创造又常称作建筑创作。而建筑设计创意是建筑设计中最具有创造性的工作过程。一般的建筑创作属于技术性的（Technical，非Technological）创造，意指用一定科技原理和思维技巧以解决某些实际问题的创造。杰出的建筑则达到更高的创造水平。设计的本质是革新与创造。强调设计创意是要求在设计中更充分发挥设计者的创造力，在现代设计理论和方法的指导下，设计出更具竞争力的建筑作品。

目前，建筑设计创意还没有形成一套完整的理论体系，还是一门有待开发的新的设计思想和方法。综合起来，建筑设计创意的含义是指充分发挥设计者的创造力，利用人类已有的相关科学技术成果（含理论、方法、技术、原理等），进行创新构思，设计出具有新颖性、创造性及实用性的设计构思和设计作品的一种思维实践活动。也可以说是建立在现有建筑设计学理论基础上，吸收创意学、创造学、品牌学、形体学、美学、心理学、科技哲学、认识科学、思维科学、设计方法学等相关学科的有益成分，经过综合交叉而成的一种设计技术与思维方法。满足新的生活的需要。

建筑设计创意学体系研究的宗旨是从建筑的使用特性和功能目标出发，在特定的技术、经济和社会等具体条件下，根据相邻学科的原理，创造性地设计，并使该建筑在技术和经济上达到最佳水平。鼓励设计师打破原来固有的常规设计模式，用新观点、新原理、新方法来设计新建筑。建筑设计创意不同于常规的机械设计，它特别强调人在设计过程中，特别是在方案设计阶段中的主导性及创造性作用。

一般，建筑设计创意具有以下特点：

1. 涉及多种学科，及多种科技的交叉、渗透与融合。

2. 设计过程中相当部分工作是非数据性、非计算性的，积累基础上思考、推理、判断，以及创造性发散思维必须依靠在知识和经验（灵感、形象的突发性思维）相结合的方法。

3. 应尽可能在较多方案中进行方案优选，即在大的设计空间内，基于知识、经验、灵感与想象力的系统中搜索并优化设计方案。

4. 建筑设计创意是多次反复、多级筛选过程，每一设计阶段有特定内容与方法。但各阶段之间又密切相关，形成一个整体的系统设计。

（二）创意——建筑设计的灵魂

“任何设计过程的第一阶段，就是去认识问题的所在，……因为对问题怎样看法、理解和明确表达出来，这与答案的实质有着不可分割的关系。”同时，创造性地表达立意和构思的手法也具有举足轻重的作用。

立意是创造的出发点和最核心的意念，可表现为一个概念或主题。构思是对立意的发展和细化。同样的立意可以有不同的构思。可见立意更多地来自于非逻辑的跳跃，构思是围绕一个创意，运用建筑语汇和手法达到目的。建筑设计不是只有唯一解决方式。虽然建筑设计的过程也具有目标指向性，在心理操作上也具有系列性和认知性，建筑设计目标状态不是唯一的。英国建筑师勃里安·劳森在他的《设计师如何思考》一书中特意强调，建筑设计是在一系列限制（约束）下，寻求最佳解，也就是创意。这些约束包括经济的、技术的、人性化的、精神的、美学的、环境的等等。张钦楠也认为富有创造性的建筑师能视约束为挑战，创造性地转化矛盾，变约束为创意。

1. 创意之本——立意产生

立意是构思中最重要的阶段，创意是建筑设计的灵魂，任何一个杰出的艺术作品，它所独具的艺术魅力，均取决于艺术家的匠心独运。在构思中，概念性的意图，并无固定的表现形式。可能只是意念的闪现，也可能以明确的形式陈述，它们都在一定程度上反映了构思主体的主观愿望、思想感情、个性偏爱以及设计者试图达到的目标和境界。立意是创造的出发点和最核心的意念，往往表现为一个概念或主题。构思是对立意的发展和细化。同样的立意可以有不同的构思。可见立意更多地来自于非逻辑的跳跃，构思是围绕一个创意，运用建筑语汇和手法达到目的。如邢同和的聂耳纪念碑。

2. 创意之体——概念设计

对概念设计的重视，有效地解决了以往建筑设计缺少创意的问题。概念设计也可称为构思设计或意象设计。在一般的建筑设计课程中，往往首先对命题（常常具有社会性和实用性）了解透彻，然后综合分析处理相关的因素及其关系，并以一定的实体空间构成其物化的形式，从而达到整体的优化，是偏重逻辑思维和系统设计方法的训练。而概念设计，由于命题常常是一概念性主题，并且不要求设计有实效性，故设计主要是设计者对命题的阐释，它由提出假想，经发展、综合，到领悟飞跃构成物化，注重的是个体独特构思体现的过程设计，其认知活动带有灵感的突发性、模糊性特点，其间发散性思维、侧向思维和直觉思维发挥很大的作用。概念设计的训练着重于创造性思维的培养和构思能力的提高。概念设计的过程与构思过程是相对应的，首先是进行意念构思，确定主题产生立意，然后进一步扩展联想，结合综合分析逐渐深入构思细节，寻找意象表达的最佳形式。最后以文字及图形表达构思主题。归纳为：（1）确定主题；（2）扩展联想；（3）综合分析；（4）意象表达。

二、创造性地解决建筑设计问题的技巧与要点

著名的建筑大师奥斯卡・尼迈耶（巴西）对建筑创作作品评价持如下观点：“建筑作品要成为艺术品，其中必须有哪怕是很小的创造性劳动的表现，换言之，作品中应当含有建筑师个人的贡献，没有这种贡献的建筑设计便是人们熟悉的形式和处理的重复，是对过去已有的学院派作品的模仿。”

发现问题是建筑设计的关键，那么创造性地解决问题是建筑设计的核心，建筑设计问题难以仅仅依靠清晰的逻辑推理得出结论，要求逻辑思维与非逻辑思维、发散思维与收敛思维相结合，而建筑设计问题具有层级性的特点决定了创造性解题的复杂性。

创造性解题的方法重在求解的过程，寻求答案的路径，是针对设计问题的特性提出不同的解决方法。而创造性的解题更主要的是在依靠一定规则的基础上注重在思维上的灵活运用。创造性体现了一个人设计思维的灵活与缜密。在创作中，并不要求每个设计从外到内，从整体到细部都有独具匠心的处理，而是形成个人水平、群体水

平、社会水平的层级关系，在建筑创作中有以下几点是创造性解决问题的技巧与要点。

（一）创意技法——模仿的深入

创造性的构思很少是凭空产生的，它总是在吸收前人的基础上又有所前进。安格尔说："只有构思中渗透着别人的东西，才能创造出某些有价值的东西。奥斯本认为："所有一切创造发明，几乎毫无例外地都是通过重新组合或改进，从以前老的创造发明中产生出来的。"古代画论云："拘法者守家数，不拘法者变门庭。"有创意的构思是不拘法的，但需要有个知"法"的前提，总结前人的各种"法则"之后"变法"，一个有效的方法就是从模仿开始。

模仿应成为一种积极的学习。是学习和体验世界的能力之一，模仿适用于任何艺术形式。现代艺术和现代建筑是对现实技术环境中操作功能的内在规律的模仿，通过模仿，领会已有创意的精辟之处，积累经验，在实践中通过克服被模仿者的缺陷较快地实现自身创意。迈耶设计的道格拉斯住宅是对勒·柯布西耶早期住宅模式的创造性模仿。他把柯氏设计的多米诺住宅和雪铁龙住宅（两者不同的空间构成方式有机结合。从模仿开始，最终摆脱模仿——这是创造的次序，建筑创意尤应如此。

模仿之后第二种学习方法就是熟练掌握各种技法，要根据不同问题、不同阶段能熟练灵活运用这些技巧进行创造。比如，在构思思考问题阶段，运用模拟或类比的创造技法寻找解题思路，在形象创造上运用联想、想象求得解题思路与意象上的契合，通过分解、组合的具体手法进行建筑空间及形体上的塑造。

（二）创意转换——原型启发

在心理学中，原型启发又称"原始意象"。许多建筑大师的作品灵感来源于其他学科或其他领域的事物。建筑创作上的原型启发包括三方面："现实形象"启发；"现实生活"启发："环境、文脉"启发。原型是创造性思维的触发器。将原型启发所得到的或平常积累的知识和经验应用到构思中，这个过程在心理学上称为"迁移"。

知识和经验是创造性构思的基础。关键要在"活用"即"灵活迁移"上下功夫。把相距遥远的因素相互联结，把看起来无用的因素重新利用，把习以为常的组织打乱重组等等，这些则要依赖于知识和经验的灵活迁移，也是思维灵活的表现。分解组合法、近缘组合、远缘组合等等技法就是这种情况的具体运用。在构思中，无论新的还是旧的知识、经验，只要灵活运用，迁移得当，都有可能给陷入困境的构思带来重大的突破。皮阿诺设计的新作特杰堡文化中心（Tjibaou Cultural Center)，它的建筑形象的灵感来源于当地土著人的草棚建筑，建筑物表达了一种与夏威夷文化氛围之间的和谐关系。

一个"旧"构想在经过一番新的扬弃之后的重新利用，是另一种更具特色的"时空迁移"。

（三）创意挑战——突破约束

建筑学自身的发展经历了从重视体量、外形的建筑学到空间建筑学；从单纯考虑建筑单体到以城市设计为核心，系统地处理建筑单体与地景、城市规划的关系，强调内外空间系统协调的环境建筑学阶段，直到关注自然的可持续发展与传承人类文化的广义建筑学。建筑设计的制约因素越来越复杂。歌德曾经说过："在限制中才显出大师的本领。"

建筑设计常常受到各种主客观条件的制约，面对有时十分苛刻的条件限制，有创造性的建筑师能够领悟到某一事物内在的联系，将种种约束条件重新组织，发现解决问题的办法。首先，意向最主要的障碍，成为激励建筑师去创造的动力，因为创造性往往体现在非常规地解决问题。其次，应对挑战时不直接面对约束，通过协调各种限制启用妥协的办法，也会得到适宜的解决方案。所有的建筑设计中的制约，无论是功能的、物理的、经验的、形式的或是符号的，均可以作为构思的发生源，这些约束条件在实际中是怎么样被利用的，以什么为重点，这一切恰恰是区别建筑师特点的方面。如悉尼歌剧院的设计师伍重相对内部的基本功能要求，最初更强调的是歌剧院的外形设计和符号意义。在众多的制约条件中，功能和环境对构思的影响尤其显著。功能从性质上规定了一个建筑物的用途，使构思从一开始就具备明确的目的性；环境则在场所方面对该建筑物的方位、朝向、流线等产生重要的影响。"环境"至少包含三个方面的内容：1. 建筑物所处的基地情况；2. 周围的建筑物及自然风貌；3. 环境中的文脉关系。这三方面的内容对构思的发展都有一定的影响。

在构思中，业主的要求或意愿与建筑师的自主权之间构成了一对相互消长的矛盾。一个良好的业主要求，既表现出对构思的严格制约，又能反过来激励构思的灵感赋予创意的自由度。此外，业主的个人愿望、构思主体的习惯思维模式、构思群体的内部配合约有效性、建筑师的设计概念以及构思模式的选择等都是影响构思顺利发展的重要因素。例如萨尔克生物研究所的业主（一名科学家）向路易斯·康提出一个要求："有件事我但愿得以实现，这就是我希望能把毕加索请到这个实验室来"。这种"无可量度"的建筑要求（已经抛开了建筑物的实际用途），促成了一个经典性创意的产生。这一研究生物学的建筑群则被当作一个神坛似的场所来创作。

（四）创意方法——重定中心

重定中心（Recentering）是创造性解决问题运用的一个非常有效的思维方法，有助发现认识的片面性，抓住问题实质，改变问题各部分的关系，在整体上达到问题的最有效解决。

1. 重定中心

先以一个心理学的例子来说明重定中心过程的要点与意义。

韦特海默在他的《创造性思维》一书中曾讲了这样一个研究案例：男孩A 12岁、B 10岁，两人一起打羽毛球，前者比后者的水平高许多。韦特海默对他们进行暗中观察。连打数局，B屡败不胜，后来，B扔下球拍不打了。经过一段劝说不通而无奈的难堪局面，A忽然说他有个新打法：让球在他们之间打来打去而不让它落地，看能坚持打多少次。B愉快地同意了，两个孩子便重新以一种明显的友善方式高兴地玩起来。

对上述问题解决过程作了甚为详细的叙述和分析，韦特海默认为，该问题的解决，对于男孩A来说，除了作为技术性的事件，更蕴含着从表面的尝试性地去摆脱困扰，转变为面对根本性的结构问题，并以一种产生式的方式对它作出处理。在整个情境中，A从最初将“自我”放在“中心”转化为现实地看待整个情境：如果以游戏本身性质和需要为中心，他们则都是其中的部分。重定中心，事物内部结构都产生了变化，于是问题也就立即得到解决。

在建筑设计中，有时过于强调某一点作为设计出发点或切入点，使这一点成为中心，不考虑其他与此问题相关的因素（这些因素如同男孩B、游戏规则等），往往会由于无法满足设计中其他因素的需求而使之趋于片面，成为不合理的解题思路。各种问题本身可以用因素表示。在诸因素中，常见的情况是每一个因素均有好几个可能的解，但根据某一因素选定的某一解决办法既可促使其他因素的解决，也可能会妨碍另一些因素的解决。对于某一目的满足并不取决于单一属性所发生的状态，而是许多状态的交叉关系。因此在确定中心问题时，不仅要明确此目的是否是设计情景的实质，而且要明确其他属性的理想状态和极限状态，从而建立各个目的都可接受的区域，形成合理的结构形态。

2. 重定中心的要点

近些年来，认知心理学研究丰富和发展了有关创造性解决问题的理论。特别是元认知理论，解释了高级的思维程序是如何监控着人的解决问题的过程。韦特海默有关重定中心的观点是创造性解决问题的重要策略之一。学会有意识地运用这一策略，能执行对整个设计过程进行统筹的作用，能主导我们的注意力，选择恰当的时间，从问题的一个方面转向另一个方面，或者以新的方法重新组织所感受到的东西。这些都属于元认知能力。

重定中心包含三层含义：

（1）重定中心的操作是从片面的观点，转为更符合客观要求的全面的观点。

（2）改变各部分的意义，使它们的结构地位、作用和功能都达到新的和谐。

（3）重定中心是设计方案总体的调整，设计者通过抓住问题的关键，带动了全局的变化。

（4）重定中心涉及到打破思维定式。“定式”是一个心理学术语，是指心理活动的一种准备状态，影响或决定着后继心理活动的趋势。贝弗里奇曾说：“我们的思想每采取特定的思路一次，下一次采取同样思路的可能也就越大”。从独到的角度提出崭新的构思；及时地转移构思方向，以便多方面地探索发展的可能性。

在越战纪念碑的设计过程中，包含着众多使用者对设计进行参与，矛盾聚焦于对战争的评价，他们怀着各自的目的和价值观左右着设计的进行。林樱研究了许多早期的纪念碑建筑，发现它们中大多数对战争的颂扬要远远胜于对生命的惋惜，于是她抛却越南战争和围绕它所发生的社会混乱。“我感到政治的出现会使那些退伍军人，他们的付出和他们的生命黯然失色。我希望创造一座使每一个走进它的人都能忘记诸如‘越战究竟是不是一个错误’这类问题的纪念碑。”一种脱离政治的处理手段成为林樱对这项设计的基本目标。不用赞扬争斗或遗忘牺牲来突出战争这个主题，只希望人们能够清楚地记得人们为战争所付出的生命的代价。她的创意目标就是“为了且仅为了纪念无数为了国家逝去的生命”，建筑最主要的使用者是“逝去的英灵”，这个目标显然是能为公众所接受的。

（五）思维操作的灵活转化

思维操作的转化，即促进思维从一种操作向另一种操作的转化，包括从分析转到综合，从归纳转化到演绎，从发散转到收敛，从横向转到纵向等“跳跃思维”的操作。

建筑设计创意要能综合运用各种思维。建筑设计过程既需要有对设计问题的综合分析和建筑空间组形式的归纳演绎的逻辑思维，又要有对建筑造型、建筑细部构造联想和想象的形象思维，单一的思维过程难以形成新颖的构思。建筑设计创作是逻辑思维与非逻辑思维协作统一。

在一次建筑师创作的访谈过程中，86%的建筑师认为自己主要是从理性分析开始进行建筑设计，方案从收集信息、确定问题、比较评价到寻求解决途径都是运用逻辑思维归纳、比较、综合、分析。在构思深入阶段对建筑空间组织、功能布局上侧重于归纳演绎，侧重于对设计条件的分析、综合。合理的功能、准确的流线，相应的建筑形式，相关的建筑技术，必须经过综合分析，比较而获得。在建筑形象构思中建筑师则倾向于形象思维，侧重于通过联想、想象获得灵感和顿悟。运用“联想”、“直觉”思考往往是建筑设计中“灵感”出现的地方。建筑设计创意是逻辑与非逻辑思维的统一协作，和灵活应用。

三、建筑设计创意的类型及解析

从建筑设计创意现象中对其进行整理归类，是对其进行研究，并获得整体认识的一种行之有效的手段。结合创意学、创造学以及相关的建筑设计创意研究，对建筑历史中众多的创意事件进行分类，从不同的角度、不同的方面对建筑设计创意进行分析和概括。

（一）建筑设计创造性活动的周期性模式

1. 转化——从渐进至飞跃

按照事物变革的程度对其进行分类，创新学研究与技术创新学研究这两个领域中，对这种分类方式均有相似的界定。此外，唯物辩证法关于事物发展变化的规律中也有关于变化程度的论述和界定。

创新学的界定在殷石龙所著的《创新学》一书中，按照创新的变革程度，将创新划分为如下所述的渐进式创新与飞跃式创新两种。技术创新学的界定在清华大学付家骥教授撰写的《技术创新学》中也有类似的划分。根据技术创新过程中技术变化的强度不同，技术创新可分为渐进性创新和根本性创新。

“渐进性创新（incremental innovation，或称改进型创新）指对现有技术的改进引起的渐进的、连续的创新。”“根本性创新（radical innovation，或称重大创新）指技术有重大突破的技术创新。它常伴随着一系列渐进性的产品创新和工艺创新，并在一定时间内引起产业结构的变化。”

无论是创新学还是技术创新学的观点，创新都被视为一个符合唯物辩证法的质量互变规律的过程。从建筑发展过程的角度切入，按照建筑设计创新的变革程度，建筑设计创新可以分为两种：建筑设计渐进式创新与建筑设计飞跃式创新。

建筑设计的渐进式创新指在建筑设计发展的过程中，在建筑设计的某一方面或几方面所发生的逐步的改进，一般来说，这种改进对建筑的发展起促进作用，但不会改变该时期建筑的根本特征。

建筑设计的飞跃式创新则是指在建筑设计发展的过程中出现的根本性的变革，这些变革通常体现为建筑的功能、技术、形式、风格、审美、设计思想等多个方面的综合。

建筑的发展过程是连续的，但其中的各种风格却是阶段性出现的。从历史上看，这些前进的建筑风格形成和发展的过程都会表现为建筑设计创造性活动的探索、繁荣、衰退三个阶段的循环往复的周期性模式。每一个周期相对于其前一个周期，体现为飞跃式的建筑设计创新。在每个周期内部，建筑设计创新则体现为渐进式的发展。结合建筑发生巨变的，建筑设计的渐进式创新与飞跃式创新的转化机制，可以现代建筑的酝酿、产生和发展的过程为例。

2. 周期性模式——螺旋式上升

对历史中的建筑设计创意现象所采用的分类方式有两种：一种是从建筑发展的整个过程着眼进行的划分，另一种则是从具体的创意事件入手而进行的划分。

建筑设计创造首先是一个过程的概念。其发展具有一定的周期性，是渐进式创新和飞跃式创新的交替作用的结果。每一个创造性周期都需要经历探索、繁荣以及衰退三个不同的阶段，在这些阶段内，体现了渐进式积累。创意过程在创意需求基础上开始的，当旧有的创造需求得到满足，创造性活动将进入衰退期，建筑发展缓慢甚至停滞。随着社会不断发展，新矛盾的产生，新一轮的创意需求又会出现，再次进入探索期，从而在继此一轮过程后进入新的创造性过程。这一变化则体现为飞跃式创新。总的来说，体现为螺旋式的上升。

从具体的创意事件来看，按照建筑设计创意的成果分类，可有两类，即建筑设计的单一式创意与建筑设计的综合式创意。前者是在建筑某一方面所发生的创意，而后者则是几种单一式创意的综合。由于建筑设计中所包含的问题甚广，因此，单一式创意中又具体划分为建筑技术创意、建筑功能创意、建筑形态创意以及设计理念创意。同时，建筑设计中的各个方面又相互联系作用，对某一个方面的改进又会对其他方面产生影响，所以常常体现为建筑设计的综合式创意。

总的来说，建筑设计的单一式创意与综合式创意构成了具体的创意现象，而这些具体创意现象的逐步发展又构成了建筑设计的渐进式创新，通过累积达到阶段性的飞跃，从而构成了一个建筑创造性活动的全过程。建筑历史的发展就是单一式创意与综合式创意、渐进式创新与飞跃式创新不断作用的结果。

建筑设计创意发生的根本原因在于社会存在着的需求构成了与现实之间的矛盾。当建筑师认识到这种需求，并开始致力于解决由需求引发的矛盾时，建筑设计创造性活动便开始了。以下述线索展开：建筑设计创意活动的探索期——繁荣期——衰退期——新的探索。并以此线索呈现螺旋式上升。

在探索期，人们对建筑创意的期待并没有固定的模式，工业革命以后在这个科学技术与各种发明充斥着的时代，这些创意活动即综合性地应用创新活动使得工程技术的成就与建筑技术切实地联系起来，从而为现代建筑奠定了技术基础，使现代建筑逐步确立了以功能为主的简洁的形式特征。在对新的建筑特征进行探索的过程中，建筑创意作品的出现并无规律可循。建筑师在欧洲各国以及美国纷纷进行着创意实践，探索新建筑的可能表现形式。在新的特征和手段逐步确立之后，建筑设计创造性活动进入发展的繁荣期。

创造活动的繁荣期是在建筑设计的一些基本创造性问题得到解决的基础上进行的发展阶段，创造性活动进一步扩散，并使其被社会广泛接受。因而，这一阶段的实践体现为更加密集的创意活动。20世纪初到第二次世界大战前，贝伦斯、贝瑞、路斯、沙利文等人的创造性实践为现代建筑提供了具体而现实的表现形式和手段。而此后的格罗皮乌斯、柯布西耶、密斯和赖特等人则将其发展到日臻成熟的境地。在现代建筑的具体创意方向上，各执己见。建筑设计创意虽有一定的形式特征，但具体的发展方向却无明确的规定。建筑师在设计中进行多方面的创造性尝试并不断地对自己的设计实践进行理论上的阐释，并试图确立一系列的设计原则，在当时发挥了重要的进步作用，而随着现代建筑体系走向成熟，被确定的原则却成为建筑设计创意活动发生的桎梏。

由于前两个阶段的渐进式积累，建筑设计的新体系日趋完善，建筑中存在的问题也基本上找到了解决的途径。由此导致潜在创意需求减弱，建筑设计创意活动进入了衰退阶段——衰退期。现代建筑发展到这一阶段也出现了相同的情况。

“如果说20世纪20年代是现代建筑运动破旧立新的英雄时期，那么有足够的理由可以说在20世纪50年代它达到了黄金时期。”战后建筑业再一次兴盛起来，现代建筑理念也在世界的范围内得到广泛的认可，但就建筑设计的创新活动来说，却少有建树。大多数建筑师仍旧沿袭战前的建筑设计思想，创意活动只是间或在不同的地域范围内出现，与战前蓬勃的创意活动相比，这一时期的建筑设计创意活动明显减少，就建筑设计创意活动的周期，当社会系统内原有的创意需求得到了满足，而新的需求尚未被认识，多数建筑师会沿着既有的设计方法和思路继续下去，从而导致了创意活动的衰退。

新的探索，尽管建筑师们通过创意的实践使得社会中旧有的创意需求得到了满足，新的创意需求仍会随着社会的不断发展而继续涌现。当建筑设计中的创新逐渐趋于衰退乃至萧条，新的需求又会促使现有的设计体系开始新的探索。因此，新一轮的建筑设计创意活动过程又会逐渐地酝酿生成。从历史发展角度来看，无数具体的建筑设计创新事件组成创意活动的渐进式的积累，到达一定程度后，实现创意活动的阶段性飞跃，而后又开始新一轮渐进式创意活动的积累，在实现方式上是不断循环往复的，在这种循环过程中，建筑历史的车轮滚滚向前。

（二）建筑设计创意层次

从理论原创和应用原创考虑对建筑设计创意的分类，按创意性层次的不同大致分为以下几个基本类型：建筑设计的单一创意与整合创意是从具体创意成果的复杂程度来划分的，单一创意是指在建筑设计的某一方面所发生的创意，涉及建筑的理论创意、功能类型创意、技术创意、形态创意、局部创意等方面的内容。整合创意则是在建筑设计的某几个方面所发生的创意。建筑设计所涉及的因素通常相互关联影响，因此，整合创意是建筑设计创意中较为常见的形式。

1. 建筑设计的单一创意

（1）建筑技术创意

建筑技术创意是指建筑师根据自己对建筑的理解，按照自己的审美观，发挥自己的优势，在实践中引进建筑的结构形式、建筑材料、建筑设备以及施工方法等方面的改进或革新，在建筑设计中实现新结构形式的发明、新建筑材料的应用等，呈现出新的表现方法，形成创意作品。这里所说的新技术和新材料并不特指建筑师为材料的发明者，是指材料和技术在建筑中的首次应用或全新的用法。以水晶宫和埃菲尔铁塔为代表的“博览巨构”，突出反映了当时建筑科学领域发展的最新动态的研究成果。技术创意的特点是对建筑师专门技术和材料知识要求很高，所以在建筑史上很多的新材料和新技术都不是专业的建筑师最先用于建筑的。这类建筑创意作品在技术探索的同时对建筑业的推动作用是巨大的。

在结构方面，建筑师通过应用新的结构形式，或根据设计需要与结构设计师共同发明一种新的结构形式，从而使建筑获得新的技术表现。新材料的选择与应用如钢、玻璃、铝材的问世，给建筑的创意活动和发展带来更多的可能。建筑师包杜（Anatole de Baudot）基于教堂建筑的纪念性意义并使其恒久地需要，在世界上首次创造性地使用了钢筋混凝土结构设计蒙玛尔特教堂（Saint-Jean de Montmartre，1894—1904，巴黎）。此后，这种结构形式得到了迅速推广，传遍了欧美国家。建筑施工方法的创意也是建筑技术创意活动的一个方面如米拉德住宅是赖特设计的第一个刻花砌体住宅。每个混凝土刻花砌块重约40～50磅，以便于人工操作，现场预制。砌筑时在砌块间插入钢筋后浇筑混凝土，因而形成既可抗压又可承弯的整体结构。其适度的标准化和预制装配为建筑提供了新的表现机会。

总的来说，建筑技术创意活动一方面使先进的技术成就得以在建筑中应用，另一方面，也给建筑在空间、形式等其他方面的发展提供了更多的可能的空间。

（2）建筑功能类型创意

这里所说的功能创意，主要指的是建筑的使用功能。它包括新的功能类型的产生，以及对建筑中的各部分功能组织方式的新发展。

建筑功能类型的发展是由单一到多样，由简单到复杂的过程，其中，新的建筑类型的出现是建筑功能创新的最典型的例证。古希腊的神庙、古罗马的斗兽场、中世纪的教堂、文艺复兴时期的市政建筑、现代的工厂等等，都是当时社会状况下的新的建筑类型。类型是指具有共同特征事物所形成的种类。随着社会的发展，要求建筑师创作出新的建筑类型来满足人们新的功能要求或精神要求，每一个建筑类型起源的建筑都是一个创意作品。每一种建筑类型的产生都经过了一个漫长的过程。建筑设计发展至今，类型的多样化是类型创意的最大难点。人们总是习惯用思维定式解决新的问题，或是对现有形式进行不新的改进，由量变到质变，形成变革。波特曼首创的具有共享空间、观景电梯、屋顶旋转餐厅“三大要素”的旅馆就是对功能深入研究的产物，形成一种类型。在此理论指导下，产生不少创意作品。类型创意所包含的理论成果的针对性较强，只在相关领域内具有指导作用。

建筑功能类型创意满足了使用者不断增加的新的行为活动，以及对舒适、便捷、高效等方面的使用需求，使得建筑的功能日益完善、日趋合理。

（3）建筑形态创意

建筑形态创意是在建筑的实体以及空间形态方面的创意，它是包括建筑空间形态、体量组合、建筑规模、建筑装饰、细部处理等与形态有关的创意。

对建筑空间的新理解将有可能造就新的空间形态，密斯面对现代建筑所需功能日趋复杂的状况，试图通过设计一种能适应功能变化的隔而不断的一体化大空间来解决这一问题。这种新的空间形态在其设计的巴塞罗那博览会德国馆中得到了实践，被称为“全面空间”（Total Space），对于现代的公共建筑和工业建筑来说具有很大的优越性，因而，在此后的建筑实践中，得到了非常广泛的应用。

与建筑的空间形态相比，建筑的实体部分的形态创意成果就显得更加易故被感知。格罗皮乌斯与阿道夫·迈耶（Adolf Meyer）共同设计的法古斯工厂（Fagus-Werk，1911）在建筑形态创意方面是一个典型。“一切都是新的，而且充满着给人以启迪的思想。”“整个建筑丝毫没有工业建筑的沉重之感，反而呈现出一种轻盈通透的印象。这座建筑在形态、装饰、细部处理中的创意手法提供了新的建筑语汇。”但需要注意的是，建筑形态的创意是以建筑其他方面的合理性为前提的。

（4）建筑理念理论创意

有一类建筑作品，本身没有设计者的理论创意指导或设计者的设计思想对其他建筑不具有普遍意义，没有上升到理论；而且它不属于新的建筑类型、所用材料和技术也无显著突破，但其形象是前所未有，个性鲜明，给人以全新的审美感受，它们在此被定义为作品构思创意。这个层次的建筑创意，例如朗香教堂、悉尼歌剧院、华盛顿越战纪念碑等。它们所包含的建筑师的设计指导思想还未形成为普遍系统的理论，而是建筑师通过对项目的理解，对环境的考虑，自我的表达等综合起来的一种特定构思。这种创意作品的形体表现性很强，多属于造型较灵活，所受物质功能限制比较少的建筑。美国著名华裔建筑师林缨在设计“民权纪念碑”之初，对美国黑人领袖马丁·路德·金在《我的一个梦想》演讲中部分引自《圣经》的一句话感触特别深："除非'正义和公正犹如江海之波涛，汹涌澎湃，滚滚而来'否则我们一定不会满足。"水作为南方最理想的要素，它那"安静、沁人心脾的本质和连续不断的声音"，"让人深思平等之路是多么漫长。"水的形象形成了设计的基本立意。具体方案为一个不对称长方形的黑色花岗石照壁，上面刻着马丁·路德·金的一段话，流水从上面缓缓流过，人们可以伸手抚摸水中的铭文，体会历史的声音。

建筑设计理念创意源于建筑师对建筑各组成要素、要素之间关系以及要素与环境之间的认识改变。涉及建筑所承载的关于美学、文化、价值、环境以及它们与建筑各要素之间的关系等一系列问题。建筑理论来自社会实践。随着社会经济和文化发展特别是在阶段性变革时期，新的理论必定应运而生。他们的贡献在于为建筑发展与多样化提供了有益的思想上的参照。设计理念创意甚至比某些建筑师的创意作品更具煽动性，更有示范作用。如列昂纳多·奥尔什基所说："一个既具有理论素养又有艺术与实践天赋的人应当站出来，让时代的追求有坚实的基础，给它指明方向，让它在未来能得到发展。"在建筑发生巨大变革，建筑设计大师们关于建筑的新认识、新观念发挥了极为重要的指导作用。

以20世纪的现代主义为例，工业革命带来城市人口迅速集中而引发居住问题。由于过去集中大量财富为少数上层人士服务的建筑理念，不可能解决面临的实际社会问题。如何高效经济地建造城市社会活动必需的各种建筑，除了技术和经济方面，更重要的是要摆脱传统观念的束缚。经过一些建筑师的探索，以勒·柯布西耶《走向新建筑》为标志的新建筑理论——"现代主义"诞生了。这是一次建筑理念的革命。它与传统的以学院派为代表的旧观念决裂，改变了社会的建筑审美观念。开拓了现代建筑广阔的创作道路，成为全世界的主流思想。这证明了理论创意具有难以估量的蓬勃生命力。而R·文丘里《建筑的复杂性与矛盾性》作为一种富有创意的理论，对"后期现代主义"的演化起了潜在作用。

理论创意具有深刻意义和推广价值。理论创意的深厚意义不在于制定教条，而是指明新方向，开拓新思路；不在于提供典范作为供人模仿，而是层出不穷的新作品，引人注目，启迪思想。通过理论创意指导建筑创作，从而获得高层次的创意作品。

（5）局部创意

至今有很多建筑类型已经发展成熟，有些类型的建筑由于功能相近、材料相似、所受客观条件限制相同，造型变化少，往往对局部构建进行原创设计，使整个建筑形象推陈出新。

超高层建筑是20世纪的新建筑类型，它们功能相近，一般为旅馆或办公；材料相似，多为钢和玻璃：都受防火、安全、电梯技术等限制创作自由度较小，导致了此类建筑整体造型难有大的变化。KPF公司于1986—1993年设计/建造的法兰克福莱茵河畔的综合大厦就是很好的局部原创的例子。这栋208米高的建筑以反射玻璃与白色金属组成的外墙，矩形与弧形组合的造型，和其他摩天楼大同小异。但是它顶部大尺度的弧形空格挑檐却异常瞩目，成为该城市天际线中引人注目亮点，不能不归功于其屋顶的局部原创。其他如对于大批量建造的住宅楼，局部创意也同样具有特别的意义。

局部创意的特点是易操作性，主要针对创作自由度小的建筑。在不改变平面布局，大的空间关系的前提下，进行局部创意。但易于模仿，常常成为因袭的对象。建筑师在局部创意中要做到画龙点睛而非画蛇添足；做到整体协调而非局部突出。

2. 建筑设计的整合创意

建筑的各个要素之间总是相互联系、相互作用的。因此，当其中的某一方面发生改变，很可能引起建筑的其他方面也随之变化。建筑设计创意也是如此。对建筑某一个方面的改进，很可能会引起与这个方面相关的其他方面的变化。从创意的成果来看，经常表现为上述几种单一创意中两种或两种以上的综合。

这一类型建筑设计创意成果中最为典型的例子莫过于伦敦的水晶宫。在结构、功能、形态上所渗透着的创意的设计理念促使建筑师们开始思考工业时代建筑的特性，所涉及的几乎每一个方面都有着划时代的意义。在建筑发展的重大变革期，这些创意实例还是屡见不鲜的。格罗皮乌斯设计的包豪斯校舍（1925—1926）其创意性第一是建筑的综合性功能。第二是以此为基础，对建筑的结构体系选择，即多种结构形式的组合。第三建筑形态以功能作为设计的出发点，进行建筑空间的组织与安排，决定其位置和体形，乃至建筑细部。第四，包豪斯校舍的建筑设计理念创意主要体现为实践中所折射出的思想。具体表现为两个方面：（1）提高了灵活不规则的构图手法的地位。（2）按照建筑材料和结构的特点，运用建筑本身要素取得建筑艺术效果。

总的来说，综合的建筑设计创新体现了建筑系统内各要素的联系和作用。因此，在建筑设计创意过程中，综合式创意是较为常见的类型。

（三）建筑设计创意的评价

在创意过程中，对建筑创意方案的抉择标准应该是：择优、异常、逆反、差异。“择优”就是选择最有新意、最准确的构想：“异常”“逆反”，就是选择异于恒常、逆于常规的奇思妙想：“差异”就是制造与众不同的表现方式和形式，引人关注。创意的思想原则就是多向发散并具有逻辑，异常而不荒唐，新颖而循于诉求。事实上绝大多数的设计都应切忌过度；建筑设计创意的精确性始终应放在首位，这个精确包括感觉、意趣和品位，以保证主诉体本身，丰富的想象和科学的分析能够孕育出伟大的创意。

科学是证明自然；艺术是阐释自然。这个阐释就包含着准确与不准确的多面，不存在对与错，只存在好与不好的差别。只能是标明一个方面，它并无法用“量化”的办法来区别的。被确认的是一个意念中的方向，用这个方向可以把握建筑设计创意的价值的理念，以推进用设计阐释自然的深度。

任何评价的问题都存在困难，因为评价而提出的标准往往有其局限。评价的问题在科学领域尚且如此，建筑设计领域的评价则更为复杂。在力图对其进行评价的过程中，评价证明了评与被评的双方。一方面竭力找寻认识的尺度，另一方面确认自身存在的理由。建筑设计创意的评价显示出对于它的几个大的方向的要求，是建筑设计创意活动中，用经验总结出数个方面。

1. 类型意识

建筑设计创意必须明晰它所面临的问题，它产生的成果是目的性的产物，这一点与纯艺术有着较大的差别，因而创意是试图通过设计过程来承担解决问题的任务。类型意识并不是建立在限制思维的基础上的，其手段往往是在同一类型内的充分发挥，以使得设计能在一个局限的空间内充分发挥。类型意识使创造力有了明确的方向性，是一种收敛思维，虽然跨越与混淆类型意识的建筑设计创意也时时出现，但类型意识有助于创意的速度和适用度的提高，在很多情形下，思绪的过度散漫影响创造性，富有创造力的作品是在思绪的梳理之下产生的。

2. 经济意识

建筑设计所体现出的经济性，一是实现设计本身所耗；二是设计实现后的建筑所具有的经济性，对这两者初步的估量亦是设计评价的一个方面。缺少经济意识或者全然不顾经济将会产生的制约作用，都会影响建筑设计创意的质量，甚至可行性。哪些创意是作为理想而存在，哪些创意必须成为现实或可能成为现实，它在经济上的可行度以及可以利用的资源等等都成为值得探讨的问题。通过初步的估量在设计中融入准确、简洁、协调的意识，而这一切均是有着经济作为背景的。风格的定型来自于成功的实践，建筑设计创意中的经济问题并非设计的困扰，实际上设计中的经济意识有助于建筑设计创意建立得更加牢固，并有助于还原设计的本质。建筑师可能从相反之处找到创意的突破点，任何局面都可能被打破，正是制约促生了创意。

3. 时间意识

事物的时间性贯穿于建筑设计创意，这不仅仅体现在建筑物的经久耐用上，还体现在建筑设计创意中所包涵的对使用者所出差错的宽容度上。当然，更大的时间性还在于它的影响、时代感以及它在历史中的位置。虽然历史上许多东西都是循环出现的，它反映出人的感觉局限。但时间的刻度使设计保持着自己的坐标，要有意识地将设计思想的影响投射在一定的位置上。一方面它只能在一定的位置上才能有所作用；另一方面设计者必须对相类的（时间的纵向横向）东西有所感悟，以期对价值有着自我意识。优秀的设计创意者总是敏感地把握着这些秘诀。在一个具体的设计内，时间意识往往体现在直接的时间效能（耐久性、持续性）上，要明白这是体现时间意识的起码要求。需要强化作品的环境意识，以期获得时间角度的典型性。时间意识即是溶解了的背景意识，虽然它常常并不显露出本身的特质，但它对于设计作品的潜在影响却是十分重要的。它不仅仅是对使用者个体的影响，它的存在即证实着事物的一个个的关联，这种关联也许比建筑设计创意成品本身更为重要。我们也许不会使用到具体创意产品，但却不能不接触到物与物之间的关联。

4. 责任意识

能够担负责任的建筑设计——“责任”除去一般意义上的责任外，更为注重的是建筑设计作品所承担的职能以外的东西。除了有明确的使用目的的实用、安全、美观诸方面，这是评价设计的一般概念性标准，责任意识尚有着在此基础上的较深的内容。在对人类行为进行反思的时期，责任意识即是在种种的利益的驱使之后，还能够检查一下设计将产生的后果，所有的建筑都在不断的变化过程中。需要思考的是：所设计的建筑在这些循环中，起的是什么作用，是促进或是阻碍这个循环，或者是产生出人类完全不能把握的东西。建筑师可以激励创造力而不可以放弃责任。责任意识既是设计的任务书，也是设计的检验师，这一相对的关系是无法消解的。设计是万事之始，面临着许多伦理上的问题，作为个体的建筑师可能很难自觉地维护处于内心深处的问题，但它毕竟是存在着的，且相当程度地影响着决策。建筑师应使责任沉潜于设计的工作之中，以使得设计能够担负它的责任。

5. 创新意识

所有创新都应该在以上四点中反映出来，都是围绕着创造而展开。以创造作为始点的设计，不应当也不会止步于陈旧的面孔。一无新意的设计是蔑视设计的行为，艺术设计是从感觉到感觉的工作，设计者们往往是非常“理性地”把感觉还原出来，由于这个最终的落点较一般的认识过程多一个环节，也就促使它的呈现复杂了许多。艺术的创造当然与感性和理性相关联，但感性的一面始终体现在上层，设计创意者甚至于要有意识地遮蔽理性的色彩，以使得作品更易被人们感知。因此，虽然人的感性与理性的呈现并无固定的模式，但在建筑设计创造的终极方向是一致的。理性支撑感性，并促进感觉的完善，此点当为艺术设计者所共识。之所以强调创造意识，是因为人的创造能力远未能解决自身的问题，世界的多数人依然是因循旧习惯。如果设计者不能够创造性地、从速地感觉问题与发现问题，从而获得解决问题的方法的话，人类未来的境遇则十分令人担忧。设计应首当其冲，设计首要的就是创造性。

（四）建筑设计创意的特征

1. 本质特征

建筑设计创意涉及建筑设计领域内方方面面的诸多问题，本质特征主要包括首创性和价值性。

建筑设计创意并不单单是表层意义上的形态之创造性。其首创性的意义在于形态背后所隐含的历史上从未有过的建筑设计的方法、手段、理念或思想等等。其中不仅包括“无中生有”，也包括“有中生新”，在设计的理念与方法上，新的变动、新的组合、新的改进都可称为建筑设计创意，其中的差别在于创新的程度不同而已。

建筑不仅仅是众多艺术形式中的一种，它作为人类生活的承载物，与人类社会的各个方面都息息相关。因此建筑设计创意的成果，即建筑设计创意作为建筑历史发展中的重要环节，应该对建筑本身的发展，或社会生活的某些方面起到一定的推动作用。具体体现为建筑设计创意中所实现的政治价值、经济价值、美学价值、文化价值等一个方面或几个方面内容的综合评价。

2. 其他特征

除了上面提到的两个本质特征以外，建筑设计创意还具有一些其他的特征。

时效性：建筑设计的创意是与它所处的时代紧密相连的，是在特定的时间范围内的活动。因此，当我们提到建筑设计创意时，必定与其相应的时代联系起来，在当时的社会、经济、文化的背景下，对其进行评论。

地域性：不同的地域有着不同的自然条件、经济水平和文化氛围等等。在同一时期内，各地的发展程度不同。一种建筑设计方法在某个地域内可被称为是创意的，在另一个地域内可能已经存在。此时，对于该建筑设计创意的评价则应立足于当地的具体情况，得出具体的判断。

风险性：设计创意由于包含了首创性元素，因而在设计过程中遇到困难和挫折在所难免，而且极有可能失败。即使设计方案顺利完成，建成后，风险也仍然存在。我们都知道，建筑作为一项产品，具有建设规模大，施工周期长，耗费资金庞大的特点。不可能先试验性地建设一次，看是否得到公众和舆论认同，是否确实具有价值意义。建筑一旦建设完成，在一段的时间内，如得不到认同，显示不出其价值意义，那么，创意就没有完成。因而它具有一定的风险性。

确定性与不确定性：建筑设计创意的确定性体现为建筑师的创意理念的实现。在设计开始之初，建筑师所制定的创意目标是明确的，它指导着整个的建筑设计创意思维过程。同时，建筑设计的各方面的条件也是确定的，因而整个建筑设计创意的过程具有可控性，建筑设计创意的实现就是建筑师的创意目标的实现。建筑设计创意的不确定性，体现在创意成果的最终表现形态上。在建筑设计初期确立的创意目标会随着设计过程的深入，逐渐明朗化、具体化，使建筑设计创意从一个概念向具体的形态转化。在这一过程中，由于新的技术、新的观念、新的方法或新的组合等的介入，使得复杂的建筑体系失去原有的平衡，造成许多具体实施中的问题和困难，而解决的途径有很多种，不同的选择将会影响到最终成果的表现形态。

系统性：在建筑设计创意系统内部，建筑设计创意由若干要素组成，这些要素内部发生作用的同时，还与系统的外环境发生着信息的交换，它涉及人们的生活方式、社会技术条件、社会心理、人文历史、设计思潮等多方面的内容。其中任何一个要素的变化都可能导致最终结果的不同。因而不能单纯关注创意过程中的某一个创新点，应该看到，系统内部与外部互相影响着的各种因素的变数，都是建筑设计创意中需要综合考虑的范畴。

建筑设计创意是一种具有首创性、价值性、时效性、地域性、系统性、风险性以及确定与不确定性的活动。虽然这种描述尚不够完善，建筑设计创意也不仅仅是以上几种特征的简单聚合，但从中，我们已可辨识出其内涵的丰富性与复杂性。这也是我们进一步对建筑设计创意进行认识的基础。

对建筑设计创意概念的正确把握是进行建筑设计创意相关研究的基础。本章通过对现有的、关于建筑设计创意研究的归纳与分析，结合创意学的理论观点，对这一概念加以界定，并概括出建筑设计创意的一系列特征，从多个角度入手，从概念上对建筑设计创意加以认识：从它所包含内容上讲，既包括建筑的形态创意、类型创意、材料创意、结构创意，也包括建筑师在设计过程中所具有的创造性的设计思想、设计手段等；从它所产生的社会影响角度来看，它属于人类实践中，推动建筑历史朝前进、上升方向发展的活动；具有破旧立新的性质；对建筑设计创意的研究应关注建筑创作中所显现出的创意元素，但主要还是针对那些首次出现的、在原来基础上有所突破的建筑形式、理念、方法等；建筑设计创意不一定是绝对的新的创造，它也可以是在已有成果基础上的进步和发展，它是整个建筑历史发展中的一环，联系着过去，指向未来。在此基础上，对建筑设计创意的概念有如下界定：建筑设计创意是指建筑师进行的，产生一定价值成果的首创性建筑设计活动。它可能体现为建筑的平面、空间、形态、结构、材料、设备、设计理念、设计手段等方面中的一个方面或几个方面的综合。它具有首创性、价值性、时效性、地域性、系统性、风险性、确定性与不确定性的特征。

第二节 建筑设计创意系统论

一、建筑设计创意的系统

简单地描述系统，可将其视为一个有机的整体，由互相联系的事物组成。20世纪40年代，奥地利学者贝塔朗菲（L. V. Bertalanffy）提出了综合研究一切系统的模式、原则和规律的理论体系，开创了“一般系统论”。一般系统论的思想构成了系统科学的核心，其在工程技术方面的应用形成了系统工程，是各类系统的规划、研究、设计、制造、试验和使用的科学方法。

作为系统科学中最重要的范畴，贝塔朗菲将系统定义为“处于一定的相互关系中并与环境发生关系的各组成部分的总体”。吴良镛先生在《人居环境科学导论》中这样阐述系统：“由若干相互作用和相互依赖的组成部分结合而成，具有特定功能的有机整体”。因而综合概括地说，系统是由相互联系并与环境发生关系的各要素组成的具有特定功能的有机体。系统的完整描述或表达包括了要素、结构、功能、行为、环境五方面的内容。系统的基本属性可以归纳为整体性（或称集合性）、关联性、功能性（或称目的性）、环境适应性（或称开放性）、层次性、动态性（或称历时性）等。贝塔朗菲早已指出过运用系统是为了在一切的知识系统中处理复杂性问题。因而系统论必然与复杂性思想密切关联。

法国当代著名的思想家埃德加·莫兰（Edgar Morin）在研究了人文科学和自然科学的诸多领域后，通过阐述现实的复杂性，全面论述了复杂性思想，在其著作《复杂思想：自觉的科学》中得到体现。莫兰认为不可能通过一个预先的定义来了解什么是复杂性，但它给我们指出了通向复杂性的八条途径，具体概括如下：1. 偶然性和无序性的不可消除性；2. 普遍意义的抽象化的反动：3. 错综化；4. 设想有序、无序、组织三个概念之间的互补但又不在逻辑上对位的奥秘关系；5. 组织问题的统一性和多样性；6. 全息的原则和回归的组织；7. 封闭的和清晰性的概念的危机；8. 在观察活动中向观察者回返。由此进一步表明了只有在通向复杂性的途径上行进时，才能理解作为复杂性思想内在的两个相连的核心：经验和逻辑。“经验的核心一方面包含着无序性和随机性，另一方面包含着错综性、层次颠倒和要素的激增。逻辑的核心一方面包含着我们必然面对的矛盾，另一方面包含着逻辑学上内在的不可判定性。”

西蒙的著作《人工科学》中阐明了一个观点，即人工性问题在关系到复杂环境中的复杂系统时，人工性便与复杂性交织在一起。书中研究了“复杂性的构造”，论及了复杂系统的层级结构、进化、近可分解性（Nearly Decomposable）和可理解性、复杂系统的描述等多方面内容，适应了对复杂性进行分析和综合的需要，从而满足了处理复杂性的知识体系或技术体系的发展要求。

关于建筑设计创意的定义强调了设计者的作用与创意的基础，综合前面所有观点，从创意过程出发，针对建筑系统方案给出了建筑系统方案创意设计的定义。定义如下：

建筑系统方案创意设计是指：以市场为导向，人的创造性思维的发挥为关键，和各种现代设计方法与现代工具的使用为手段的对人类已有知识进行耦合性聚变重构，设计出具有创新性的建筑系统方案的过程。

（一）以市场为导向

在市场经济社会，进行建筑创意，其创意源头之一为市场（包括现有市场与潜在市场故挖掘市场需求是创意起点的导向。

（二）以人的创造性思维的发挥为关键

创意离不开人的思维，任何先进的工具都不能代替人在设计创意中的作用。创造性思维是人脑特有的思维。人脑具有任何工具都比拟不了的处理知识的能力，在知识集成上具有广泛性、自适应性和快的更新速度；在知识结构上具有层次性与网状性；在知识的应用上，更具有无可比拟的跳跃性与关联性。所以说，人的创造性思维的发挥是进行建筑系统方案创意设计的关键。

（三）以各种现代设计方法与现代工具的使用为手段

设计方法凝聚了无数设计者们的心血，是对设计知识与经验的升华，其对设计者具有一般的指导作用，可减少设计者的试探工作。现代工具，尤其是计算机的使用可代替设计者的部分工作，将设计者从繁杂的计算、绘图等劳动中解脱出来，并可通过网络技术缩短人与人之间的距离，加强设计队伍的合作，扩展个体的知识结构。

（四）创意过程是对人类已有知识进行耦合性聚变重构的过程

创意不是对现有知识的简单组合，“综合就是创意，创意就是综合”的观点是片面的。创意是对已有知识的突破与耦合性聚变的过程。这也指出了创新的途径：一是单一学科或领域的新技术、新理论取代老技术、老理论，以获得创意突破；二是通过多学科、多领域的技术聚变，以获得创意突破。

二、建筑设计创意的构想原理

创意作为思维成果，是思维主体对事物间相互关系自由把握的结果，是主体目的与客体变化的统一。创意构想的过程就是创意对象的无穷性与合目标性的选择、对象属性的多样性与合目的性的选取、事物属性变化的多样性与适时性的截取、对象属性相干的多样性与有效性组合的过程。客体方面，要了解创意对象的多样性和复杂性。主体方面，则要求有一个创意的思维，即如何在多样复杂的对象中搜寻创意的亮点。

（一）合目标性对无穷性对象的选择

思考任何一种事物或现象都能够产生创意。为此创意思维活动都是围绕目标展开。面对众多的事物或观念，首先要围绕某一目标对它们进行筛选，选取与目标相关的若干对象进行深入细致的思考。以使原本无穷的可供思维的外界对象变成数量有限的对象。

从创意主体看，每个人在实践目的、价值模式、知识储备等方面不完全相同，因而对同一个创意每个人对一群对象的选取也是不同的，这也正是创意的独特性所在。

从创意对象看，事物现象间的因果关系以立体的链式网状结构存在着，以各种方式相互联系制约。因此，即使是面对同一个目的，不同的人所选择的对象也是不同的。面对如此众多的对象，由于切入点和创意视角的不同，所选择的对象也不一。

准确地选取与特定问题有关联的外界对象，从创意思维角度说，是获得新创意的基本前提，因为人们主观上认为与目标“无关”而被舍弃的无穷多的对象，却不一定与目标真的无关。因而应在一定情况下，打破常规扩大选取范围，把原先摒弃的对象重新纳入选取。

（二）合目的性对属性多样性的选取

如前所述，创意思维对象是无穷多的，由于可以从不同的角度考察一个具体思维对象的不同方面的属性，因此它所具有的属性也是多样的。

所谓“思维对象的属性”，也就是每一种事物或现象所具备的性质以及该事物与他事物间的相互关系。对象的属性有本质和非本质两种，对象的本质属性是指事物质的规定性，这种性质使得一个事物区别于其他的事物，当两个以上的事物在一起作比较的时候，它们各自不同的属性就能够充分地显示出来。

所有的事物和现象都具有无穷多的属性，给创意提供了广阔的思维空间，创意思维的逻辑切入点是由解决问题的目的性所决定的。或者说，对一个问题的解决从哪些属性着手（选取何种属性）是由解决问题的目的性所决定的。

（三）适时性对属性变化的多样性的截取

世界的组成并非事物而是过程，看似凝固不变的事物都是漫长变化过程当中一个小小片断，其自身也在不停地变动，思维要能正确反映对象的发展，就必须具有灵活性并从发展变化来思考对象。

创意是在发展中思维的，构成一个问题的事物及其关系一直处于变化中，问题就是矛盾，任何矛盾都只是事物关系转变的漫长过程中的一个短暂瞬间而已，随着构成矛盾的关系或因素的变化不断转化为新的矛盾。但人对外界事物现象的认识和把握是在事物现象从量变到质变过程中，处于相对稳定状态下进行的。即在无穷多的对象属性变化过程中，根据适时性的原则截取事物属性变化的相关状态，从一个或多个剖面来思考事物，从而把事物的无穷变化转化成了有限变化；把动态的事物凝固成了静态的事物，以方便思考。正是在事物相对稳定的前提下，根据实践的目的性，确定问题对象，产生创意。

变化就是机会，对于创意来说，变动意味着发展、机遇、成功。既可从容易认识的共同需要上发现，也可以有差异的不同需求入手，关注自然、科技、社会生活的变化以及不同人不同社会的需求特点。把握事物的变动，并进行适时性截取，也就把握了创意的机会。

（四）有效性对属性相干的多样性的组合

相干是不同系统之间，事物之间的相互联系作用，一个大系统整个宇宙，万事万物都处于一种相干作用之中，缺失某个环节都会带来一系列的问题。在创意思维中，这种相干是可以在人的有意识、有目的状态下进行的。因此，属性相干的多样性，为创意提供了极其丰富的思维材料和极其广阔的思维舞台。

从信息论的角度看，可以把不同对象以及对象的不同属性看作是不同的信息，而不同信息不同联系的交合则可以产生新的信息、新的联系。因此，对象属性相干，也可以看作是不同信息交合而产生的创意过程或方法。这种方法就是在确立一个问题点后，以该问题为中心辐射出许多不同方向的属性变量坐标，而每一变量坐标上的点又可以不断辐射出第二层次的变量坐标……依次而推，又可不断辐射出n层次的变量坐标，当然也就又多出变量坐标若干倍的坐标点（即对象或属性），然后通过点点相干，线线相干、点线相干的办法，以寻求最佳创意。

对象属性相干创意法的应用广泛。信息交合完全能打破固有的模式，使思维形式更新、突变，因此能更新、开发新产品。从新产品形成系列产品，再从产品各个不同的侧面进行分解，又产生出不同样式的新产品。如某种产品，可以有适合不同年龄层次的人使用，即使是同一个年龄层次，依据不同的职业、不同的场合、不同性别还可以有不同的系列。

一般地说，产生的创意越多，发现有待于开发的事物。就越可能出现盲点，产生大量的创意。理论上讲，由于对象、属性、变化、属性相干的无穷，因此创造是永无穷尽的，又不断出现。在对象相干产生的这些创意中，结合多方面的因素优选出满意的最佳创意。谁最先发现有创造价值和成功可能的空白点，谁就取得了创造的优先权。

三、建筑设计创意系统概述

如果将建筑设计创意看作一个系统，首先应对其系统内部构成进行分析，认清其系统的组成要素、各要素的特点和功能以及要素之间的相互关系和相互作用。对于建筑设计创意来说，其系统主要由四部分要素构成，即建筑设计创意人、创意对象、创意目标和创意手段。建筑设计创意的过程就是作为创意人的建筑师依据一定的目标。选择一定的手段对具体的对象进行创意的过程。

建筑设计创意人在整个系统内，以及在创意活动中是关键性要素。一般来说，主要指经过后天的教育、学习和培训，能从事建筑设计创意活动，具有创意能力的建筑师个人或群体。他是设计创意活动的承担者，决定着建筑设计创意过程中，创意对象的认知，创意目标的方向以及创意手段的选择。创意人自身的知识因素、人格因素以及思维方式都会对创意活动产生直接的、决定性的影响。

建筑设计创意对象包含在建筑设计的对象之中，涉及建筑设计对象中的一个或多个方面。具体来说，指的是建筑师在建筑设计创意过程中所涉及的与该拟建建筑体相关的所有内部空间、外部形式、交通组织、建筑技术、建筑风格、建筑环境等物质实体与思维理念中的一个或多个方面内容。建筑设计创意对象与一般的建筑设计对象的本质区别在于，它是介入到建筑设计创意主体的创意活动中来的，在主体的创意思维活动作用下的受控对象。而创意活动总面向对象。建筑创意的对象则是进入创意人创意活动的，与该拟建筑体相关的所有物质实体与思维理念中的一个或多个方面内容。在一定的条件下，只要是与建筑设计相关的内容，都是可以创意对象。

创意目标的确立是建筑设计创意人经过对各种创意需求的分析与选择，并结合自己的建筑观与设计观制定出的设计方向和任务。其中包含了对于建筑的物质创意需求与精神创意需求、社会整体目标与主体个人理念的归纳与整合，是合力作用的结果。目标是创意系统预期达到的结果和将要完成的任务。因此，创意目标的确立总的来看是基于一定的需要，是由一定问题引起的。确立目标首先要发现问题、分析问题，把问题与需要、与具体的条件对照起来，从而确定创意的方向。因而，建筑设计创意的目标就是建筑师基于人们对建筑的潜在创意需求的分析而制定出的设计方向和任务。

创意手段是创意主体作用于创意对象的中介。创意对象要变成创意成果，创意的目标要得以实现，都必须借助一定的媒介，运用一定的创意手段。对于建筑设计过程来说，在创意的目标，也就是整个的设计概念与设计方向确立之后，建筑师所面临的便是建筑设计的创意目标向创意成果的转化过程，它是一个创意思维整合的过程。因此，建筑设计创意的手段指的是创意主体为实现创意目标所运用的创造性地解决问题的方法。为了实现从目标到最终成果的转化，创意人需要运用一定的手段。创意的手段是创意人为实现创意目标所运用的解决问题的方法。一般来说，是主体通过将新要素引入建筑体系或体系内已有要素进行重组来实现的。

建筑设计的创意活动也是建筑设计活动，所不同的是，建筑设计创意的过程是一个充满选择、不断修正、反复循环、不断提高的过程。“选择”是创意过程中至关重要的一环，在设计过程中，“选择”与否，和怎样“选择”，都直接决定了创意的结果。这一过程体现在建筑设计创意的每个要素之中，使得诸要素具有创意性的特质。而正是这些特质使其区别于一般的建筑设计要素，促成建筑设计创意活动的实现。

（一）建筑设计创意主体——建筑设计创意人

建筑师是对具有建筑学这一专门知识技能的人的称呼，是从事建筑设计实践的主体，经历过现代建筑运动之后，建筑师角色的内涵和外延均发生了深刻的变化，更加社会化与人格化，更加强调创造力因素在职业角色中的发挥。在建筑师心目中，建筑首先是成就他或她创作理想的终身事业，这样，每一位建筑师通过学习和实践逐渐形成了对建筑的感情和认知，形成了自己的建筑创作观——建筑师思考和设计建筑的前提和结果。从更宏观的范畴来看，建筑还为建筑师的创作活动与社会提供了广阔的创造性活动的舞台，每一位建筑师通过表演的情境，完成自身的社会化和历史使命。除却综合性大而全的设计院型制，许多大设计院纷纷将大集团化整为零形成独立小实体。特别是集体、股份制及私有制的事务所纷纷诞生，注册建筑师制度的推广和执行，这也是中国建筑师国际化的条件之一，“品牌设计”“精品设计”促使至少中外建筑师在项目面前平等竞争。这既是中国建筑界发展的自身需要，更是中国建筑师国际化的需要。

1. 建筑师角色的社会学内涵

本世纪20年代，美国社会学家G. 米德把角色概念引入社会心理学和社会学领域，使之升华成为对于行为科学、管理科学等多科领域影响深远的一种科学方法论。角色分析现已成为分析人的社会行为和社会关系、社会结构的重要手段。

按照角色理论“建筑师”是一种社会角色，一旦成为建筑师，就必然被赋予相应于这个角色的一整套行为模式与规范。建筑师角色的规范性体现在以下两个方面：他拥有为人们设计建筑物的技能。这属于一种权力性规范；在设计中他应当严格执行国家的对建筑有关的法律、法规。努力创造既符合业主要求，又有社会和环境效益的建筑物。这属于一种义务性规范。这两种规范实际上反映了国家、社会、业主等各方面对“建筑师”角色的期待。角色的期待性规范并不针对具体的建筑师个人，都是指“建筑师”这个理想化的人生状态和价值。现实生活的个人所扮演的只是与“理想角色”在某种程度上接近的“实际角色”。两者之间存在着“角色距离”。这主要有两方面的原因：一是他人对于一个角色的期待可能产生分歧。另一是，随着社会的发展变化，角色期待也相应变化。

2. 建筑创意产业的角色丛

《中国大百科全书：建筑园林城市规划》对建筑师是这样定义的：“建筑师主要从事创造性的建筑设计工作。建筑师要精通建筑技术和艺术的各有关方面，负责制定建筑设计方案和施工图纸，作为施工依据，并监督工程的实现，现代建筑中的结构、供暖、空气调节、给水排水、机电设备和防火消防等工作则由各种专业工程师共同协作来完成，建筑师通常是这种协作的协调者和组织者。”为使建筑师成功地完成社会角色的扮演，建筑师本人要从自己的多种角色中选出合适的一种或几种的组合，以适应角色伴侣——业主的行为。同时，作为与建筑师各角色对应的角色伴侣也要选择一种与建筑师角色相对应的角色行为。例如：业主要尽可能地为建筑师提供所需资料；单位负责人要最大限度地为建筑师角色的扮演创造条件……，这样才有助于“角色创造”，完成角色扮演。

“建筑师”角色的作用就是将业主与建筑生产有关各方面联系起来，创造出既满足业主使用功能要求，又有物质和精神两方面价值的建筑作品。建筑师角色的责任是：随着社会发展变化，不断提高对角色的领悟，提高对角色的认知，不断缩减“理想角色”与“实际角色”之间的差距，为社会和人类创造建筑作品。

建筑师在社会上扮演的最重要的社会角色是他的职业，职业赋予建筑师以重大的历史使命，建筑师作为职业出现比较晚，现代意义上的建筑师在我国则出现于20世纪20年代。建筑设计从开始进行到完成，参与人员除了建筑师外涉及到委托者、承担者、协调者、监督者诸多方面背景完全不同的人，它们分别代表了设计活动中不同目的人群的利益，共同参与设计决策，完成设计的整个过程。下表列举出了参与建筑设计决策的六方面不同性质的群体（表4-2）。

表4-2 建筑设计决策的参与方

<table>
<tr><th>业主</th><th>建筑师</th><th>建筑官员</th><th>营造方</th><th>开发公司</th><th>咨询公司</th></tr>
<tr><td rowspan="2">物业
经理
住户
用户</td><td>设计院（所）长
项目经理
施工图主持人
设计人
制图人</td><td>消防部门
规划部门
建筑主管部门
政府监督官员
质检部门</td><td>总承包商
分承包商
工程督造人
采购人
工会</td><td>投资方
贷款机构
法律顾问
保险公司
租房代理人</td><td>工程咨询
室内咨询
工艺咨询
建材设备商
行为学家</td></tr>
<tr><td>施工规范编写人
设计监理
施工现场经理
市场经理</td><td>投资机构
环保部门</td><td></td><td>房产经纪人</td><td>估价师
监理工程师
施工组织师
观设计师</td></tr>
</table>

从根本上可以说建筑设计成果是所有参与人综合活动的产物。这些参与人共同构成了广义上的设计主体。在如此繁多的参与人之中，由于建筑设计是技术与艺术结合的专业创造性活动，决定了直接从事建筑设计的主体，是职业上所称的建筑设计师。建筑师以其专业知识和技能从事建筑设计工作。

3. 建筑设计创意人的工作范围与组织方式

除了已有的比较普遍认同的建筑师工作范围及组织方式外，世界贸易组织（WTO）的相关文件把建筑设计业归属于服务行业之中，从更为广阔的范畴上把建筑师的工作范围，从建筑设计扩大到建筑服务这个概念体系，根据其文件确定的建筑师的工作包括五种类型的建筑服务，概括如下：

（1）咨询和设计前期服务；设计技术咨询、可行性研究、建筑计划方案等。

（2）建筑设计服务：主要包括方案设计服务、扩大设计服务和最终设计服务。

（3）项目合同管理服务：具体包括现场管理，施工监督检查，质量、进度和费用控制等。

（4）组合服务；同时提供（1）～（3）项服务，也可包括建设后期评价和修正工作。

（5）其他建筑服务，需要建筑师经验的一切其他服务。

由此可以看出建筑师的工作范围涉及咨询、设计、管理和其他服务。是贯穿建设全过程的一种综合服务概念，其实这可以理解为对建筑设计工作的一种整体性要求。根据WTO文件确定的建筑师应该是面向市场的技术设计和技术管理结合型的智力咨询服务人员。

随着20世纪人类社会的大发展，建筑师涉及的设计领域日益拓展，从事的设计项目日益庞大，从而使自身的社会角色日益复杂，为了适应环境的要求，能更好地完成综合性的社会设计任务。建筑师逐渐以群体组合的形式进行工作，并充分发挥创造性在建筑创作活动中的作用，成为建筑创意人的组合方式成为能否高效优质完成设计任务的主要环节。

我国的建筑师组织方式与国外不尽相同。在我国的现行体制中，作为市场设计主体的是综合性的设计单位，将管理人员、各专业技术人员、后勤服务人员组合一起而形成的生产任务型的机构；建筑师并不是市场主体，只是作为设计单位的一类专业人员而存在，建筑设计只是作为设计工作的一个环节，整体组合方式基本上是平行的单一线性方式。国外除了少数大型的综合型事务所之外，大量存在的是建筑师事务所，建筑师是作为从事勘察设计咨询活动中的一个独立的市场主体而存在，工作方式是以建筑师为核心的社会性的项目管理组织实施方式，香港的建筑师组织方式沿袭英国的做法，与国外基本相同。

不同的组织方式造成了建筑师在建筑设计服务中作用的差异，对其工作范围也存在着影响。在国内，由于单位体制的原因，建筑师的工作范围多局限在技术型设计上（设计和施工文件的编制），较少涉及前期，因而相应地影响了建筑师对设计依据的探索和项目的理解，同时也缺乏后期的评价和反馈以及全过程的项目合同管理，制约了建筑师的创造力和权责空间。

目前，在我国加入世界贸易组织后，国际环境和市场竞争的要求使得我国的建筑设计组织体制处在转型期，逐渐出现了类似国外的建筑设计专业事务所，大型的综合设计单位也将一些建筑师组合成方案创作所，使得我国的建筑师组织方式呈现变化的趋势。建筑师采用不同组织方式的根本目的都是为了更有利于建筑设计工作的进行，但它们无法脱离建筑师所处的社会经济背景，并将在建筑设计市场中接受实践考验。

根据建筑师从事设计工作的方式和性质的不同，在建筑设计创意过程中设计主体可由几个层次组成，其中个体建筑创意人、建筑创意集体、创意支持体系建筑师是其主要组成部分。

在整个创意活动中个体建筑创意人单独从事建筑设计，或以某位大师为核心作为设计的协调者，这样的个体建筑创意人往往是基于个人品格的，具有广博的知识和非凡的创造性能力。虽然信息时代日益复杂的设计问题使得由一位建筑师单独从事建筑创意设计的机会愈来愈不多见了，但2002年普里茨建筑奖仍授予了一位单独从事建筑设计创造性工作的人——澳大利亚建筑师格伦·默科特，从构思到实现都由他个人以独有的特质和方式从事建筑设计，他设计的建筑虽然规模不大，但让人充分感受到了“小的是美好的”。

建筑创意集体通常有几位建筑师组合而成，集体从事建筑设计，通过合作、交流共同发展设计构思，以至最后实现设计，这是目前最为广泛实行的一种方式，在创意集体的组合中，除去项目管理上的核心之外，建筑创意人的工作应建立于一种平等的伙伴关系之上，只有这样，才能将每个人的创造性发挥出来，最后形成的设计成果是属于集体的。以工程项目分类的创意集体是当代许多设计公司的主要形式之一，如美国的SOM事务所、日本的佐藤综合设计等。建筑创意集体设计的优点在于：（1）集体知识综合起来可以超越个体的局限；（2）集体工作可以激励思维，激发创造力；（3）集体组合具有灵活性，可以适应不同项目需要。

创意支持体系建筑师主要的工作是进行建筑设计的综合研究，在此基础上制定规范、标准和各种设计准则，制作标准设计图集等。他们所从事的建筑设计工作是基于建筑的某方面共性而开展的，将通用性、重复性的工作归纳总结形成设计成果，以供其他建筑师在具体设计项目中运用，从而达到提高建筑设计工作整体效益的目的。也可以确保各类建筑在设计中的基本要求。如我国建筑科学研究院中的标准设计研究所、国外的一些专业技术服务公司中的建筑师等。

4. 创意主体与创意设计系统的关系

创意主体进行设计活动的目的、途径、策略、工具及其操作程序的选择系统如何有效表达出来，才是研究的中心所在。依据系统思想和理论形成的系统工程方法论。1969年美国贝尔公司工程师霍尔（A. D. Hall）总结了贝尔公司系统工程开发经验，在其著作《系统工程方法论》中提出了系统开发的三维结构图，这一结构由逻辑维、时间维和知识维组成，将系统开发的工作程序、工作阶段等组合成在建筑设计活动中的三维系统结构。运用系统工程的三维结构方法，

可以将建筑设计创意系统求解的结构看成由逻辑维、时间维和知识维组成，逻辑维指建筑设计创意活动中主体的思维程序，时间维指创意主体进行建筑设计创意的工作阶段，知识维是指主体进行建筑设计创意活动所需的知识结构。设计活动呈现螺旋式的复杂结构，主体的思维程序、工作阶段和不同性质的问题多维交织，设计问题难以准确定义和完全定量描述。在这种情况下，20世纪70年代，英国学者切克兰德（P. Checkland）针对诸如此类的“软科学”提出了一种系统工程方法论，即“软系统方法论”（表4-3）软系统方法论的核心是在系统模型的基础上，通过比较找出满意可行的解答。这种方法论是结合了人的价值观，综合考虑到多种社会因素，在讨论分析、比较评价的基础上再反馈至问题本身，使人们对问题实质的认识进一步加深，再

去寻求深层次的解答。

表 4-3 软系统方法论

思维方法	具体内容
问题现状说明	说明现状，目的是改善现状，确定问题本身的基本定义
↓ 问题的关联因素	寻找同改善有关的各种因素及因素之间的相互关系
↓ 概念模型	运用系统观点和系统思考描述系统活动的现状，可用结构模型和图示表达
↓ 比较	根据教学模型的理论和方法，改进概念模型，然后将概念模型和现状运行比较，逐步得出满意的可行解
↓ 实证	对改善问题予以实施

不同的专业学科知识通过三维结构的形式表达出来。借用这个模型，也可提出创意人这种方法论比较符合创意主体在解决作为复杂系统的建筑设计创意问题时的实际思路，根据建筑设计活动的本质，通过基础理论研究，可以明确的是：（1）设计创意主体的创造性思维活动贯穿建筑设计全过程；（2）建筑设计问题的复杂性要求创意人思维结构与其相适应；（3）建筑设计的创造性方法与创意人思维结构相整合。（4）建筑创意人的创造性思维是普遍性与特殊性的统一、共性与个性的统一，既具有某些共同的可以探寻的思维模式和规律，也表现出建筑设计创造性思维成果的特殊性模式。但以建筑设计的复杂系统观，仅仅在系统论、控制论和信息论的框架里其实并不能完全解决建筑设计问题。

建筑设计创意活动是一个复杂的系统问题。建筑设计的系统构成，是建立于活动-思维活动-环境三大分系统交互关系之上的有机体，其要素之间的关系是一种复杂的层级构造。根据建筑的内涵及其深层结构、系统理论、人工科学和复杂性思想，可以建立建筑设计创意的复杂系统观。系统具有整体性、关联性、开放性和动态性等特征。

创意人与创意系统之间的关系，通过创意人采取的设计思维方法表现出来，创造性思维活动贯穿整个设计过程。创意人对建筑问题的思考在某种程度上决定了其解决方法，因而在建筑设计的创造性思维方法与思维结构之间必然存在着内在的、深刻的关联，这也是矛盾得以创造性解决的关键所在。

5. 建筑设计创意人

（1）创意人的界定

目前对创意人还没有一个明确的定义，也没有一个统一的标准，但可以肯定的一点是，只要有思维能力的人都可以进行创意。所以，从广义上讲，创意人就是指提出富有创见性设想的人。从狭义讲，创意人是指专门从事创意活动，以创意为职业的人。

随着社会主义市场经济的建立，创意工作已逐步从某些行业中独立出来，形成一种特殊行业，职业创意人也相应出现。创意是无法垄断的，也不是少数人的专利，创意将被广泛推广，不断利用，每个人只要努力和学习，都可以成为一名创意人。

综上所述，所谓创意人，就是在社会生产活动中，在不断地认识世界、改造世界的过程中，运用思维，提供新颖的、独创的、具有社会意义的产物或活动的社会成员。创意人的条件：知识、创新意识、创新的个性品质（高成就动机、广泛而持久的兴趣）、坚强的创新意志、最佳的情绪情感状态、创意的性格品质（热情、勤奋、高度的责任感、自信心）、创意能力。

创意人的三个创新素质包括了创新个性品质（诸如面对事物的敏感、面对目标的执著、面对困难的坚韧等等个性品质，是创新者首先必备的重要因素。）创新思维品质（由创意性思维与创意性想象为内核的创新思维品质具有流畅性与广阔性、求异性与批判性、灵活性与独创性、深刻性与精细性以及丰富的联想、想象和对未来的预见性。）创新实践技能（创新实践品质，尤其是创新技能的掌握则可谓是创新的基本功，也是创新者不可或缺的基本素质。它主要是指个体后天所获得的思维品质和能力。）

（2）创意人的五种创意方程式

艺术家、建筑师、科学家和企业界人士在职场上创造突破，运用相同的创意工具。

筛选出的创意的五种共通原则：

灵视者：看见影像的能力——灵视者能够在他们脑海中看到影像，这些影像会成为激发富有创意的构想之原动力。有些人可以利用同样的技巧，在关键时刻想象出能左右大局的构想，想象力丰富的人利用灵视者的技巧来想象出新的构想。灵视者经由他们脑海中所看到的影像来引导，看得巨细靡迷，并能将这些影像的效用发挥得淋漓尽致，让构想源源不绝。莫扎特如此描述他灵视者的时刻：“当我完全浑然忘我，精神亢奋……若我不受到干扰，我的主旋律会自行放大，变得井然有序而且轮廓鲜明，而整首歌，虽然很长，在我脑中几乎是一气呵成，我可以一览无遗地加以检视，有如一幅精致的画作，或是一尊美丽的雕像。”这种影像导致突破。

观察者：明察秋毫的能力——观察者观察他们周围世界中的细节，并将这些细节整合之后构建成一个新构想。他们在环境中寻找饶富趣味的信息，并运用这资料来创造突破。观察者对他们周围的世界满怀虔敬，其间的美就是灵感的泉源。他们珍惜这些细节，也会受到他们强烈的好奇心所驱使。

炼金师：综合大成的能力——他们融合各个不同的领域、不同的构想、专业训练或思想系统——以一种独特的方式将它们合而为一，用以发展获得突破的构想。炼金师的慧眼是来自于向别人借甚至是盗用的构想。他们对各种五花八门的领域都兴趣盎然，并借以激发创意，他们过着将工作与游戏合而为一的生活。建筑师弗兰克·莱特运用炼金师的技巧，创造了美国历史上最富创意的建筑。他的天分就在于将建筑物的设计与当地的自然景观融为一体。他将两者结合得天衣无缝，也创造了突破。

愚者：赞扬缺失的能力——最复杂的创意方程式。愚者运用两种相关的技巧：反其道而行、在荒谬中领悟出道理。

智者：化繁为简的能力——智者将化繁为简的能力当成激发灵感的主要方式。他们将问题简化至其本质，在这过程中创造出富有创意的构想。化繁为简是他们的信条。此外，智者也由历史中寻求创意的来源。他们推崇过往，并在已发生过的往事中寻找新见解。美国摄影者的奠基者之一，亚佛烈·史提格立兹（Alfred Stieglitz）对三百年前的荷兰画家简·维梅尔（Jan Vermeer）深感着迷，并在维梅尔的风格中寻找灵感，以维梅尔的画作为师，拍摄出了别具新意的照片。

（3）建筑创意人的创作个人背景

建筑创作具有很强的社会性。建筑师不但要有相当的技术水平和艺术修养，而且要熟悉社会，熟悉人。建筑创意人的作品折射了所处时代所面临的追求与困惑、自信与彷徨、执著与漂泊不定。建筑创意人的生存本领就是在调和繁杂纷呈的矛盾因素中找到感觉，穿行于冲突、混杂和变异之间，利用各种相互依存又相互抵触的条件，创造创意空间。创意过程体现了建筑创意人与“全社会”的合作，表达了时代的社会发展和技术力量，是种超乎于纯艺术和纯技术的社会性劳动。更是设计者与投资者、经营者、建设者相互探究共识和诸环节创意的产物，在一定程度上是几个阶段的再创作。

①中轴意识——建筑师的创意服务

1993年美国社会学家贝尔发表了《后工业社会的来临》一书，它宣告美国已经率先进入后工业社会。按照贝尔的观点，后工业社会的政治、经济、文化这三个领域各受不同的轴心原则支配。这种“一切逻辑中作为首要逻辑的动能原理”称为“中轴原理”。支配经济领域的轴心原则是高效率、专门化和极度增长。其中之一是服务产业专门化。创意时代建筑作为服务行业，居于经济中轴的主导地位。因此，此时的建筑扬弃唯有物质和唯有精神，视人及建筑为机器的片面与谬误，达到新的综合。面临新的历史使命，创意时代的建筑师具有社会服务意识，采用大众文化语言从事建筑创作，乃是必然选择。其中，前期策划融会了公众参与的多价信息，优秀的建筑与良好的生活环境创造需要政府的支持与引导，集中各方面专家的智慧，形成共同的纲领，制定一系列的政策和一致的创意行动，使建筑策划有章可循，有法可依，避免权力部门或长官意志的行政干预给国家经济和环境带来不必要的损失。建筑师职业视野更应扩展到全社会参与，建筑学植根于人的需要，全社会的人在建筑艺术发展创造中具有能动作用：“……全体民众不再是艺术作品的消极的旁观者，而是多价信息（poly-valent message）中的积极参与者。”

②社会化教育——业主支持的创意文化

在建筑师走向国际舞台的同时，建筑创意人的社会地位和活动空间仍然受到种种限制，其角色尚不能真正到位。中国《园冶》中认为好的园林作品来于“三分匠人，七分主人”，建筑师被称为“匠人”，业主的修养和决策占了很大的成分。决策者的文化素质和对建筑的修养水平往往就成了设计优劣的关键因素。当代建筑史学家弗兰姆普敦（Kenneth Frampton）说：“在建筑界有实践经验的人都知道，业主对于建筑设计意图的成功实现绝对是至关重要的。如果没有敏锐、智慧而又负责的业主，我们行业的施展范围就会极其有限。因此应当在整个社会范围内，对环境设计方面的教育给予最高重视，应该从中学层次就开始普及。”

在当今建筑的商业化运作中，建筑作为一门艺术活动与生活的界限日趋消解，距离缩小，使传统的带有贵族精英色彩的建筑师角色黯然褪色。业主对建筑设计活动的介入，实际上不仅瓜分了许多原本属于建筑师传统角色的权利与责任而且阻碍了创意活动的进行。起决策作用的官员对建筑创作的影响，如上级领导审批方案以为效果图和模型为主，无疑地对建筑师的设计思想导向和价值取向的影响甚为深重。在相当程度上建筑创意人被业主从创意角色挤到制作角色作为名义上的设计者，从创造性生产者转变为次要的配角，变成市场流通中的一个环节，很大程度上创意活动在设计中的分量被削弱了。如果说在传统的政治导向封闭文化体制中，创意人的创作行为要受到意识形态及其规范伦理的控制的话，那么，在当前的文化环境中，建筑创意人的设计行为则受到流行的审美时尚及其体制化力量代表的业主的控制，他们过去奉为经典并引以为楷模的东西，那些曾作为评价文化乃至自我行为的根基，已不再是坚定不移的了，产生了动摇。它表明建筑创意人内心两种彼此对立的矛盾的冲突。一方面，他仍可感受到创造性的角色责任；另一方面，他那被剥夺和相对被动的现实处境，又使那种媚悦业主的“雇佣艺匠”道路具有强大的诱惑力。显而易见，在当前面临深刻转变的建筑文化困境中，面临两难选择：恪守建筑师的本色履行角色职责并发挥自己的创造性使得建筑设计中的创意活动充分展示出来，这种趋势却有进一步被剥夺或愈加贫困的危险。即在急功近利中进行建筑制作。

建筑师角色身份的被剥夺感和角色地位的相对贫困化，以及人们消费文化的需求和趣味转向，以其强有力的侵蚀力，一步步压抑着建筑创意活动的潜在目标。日本建筑师安藤忠雄说：“我不仅是用我的知识去创作。是用我的心去创作。”在创作期间，必须达成建筑师与业主的共识以及创作与内部合作、创作与外部合作。黑川纪章说：“建筑师容易犯下强行推销自己建筑理论的毛病，但结果差不多是失败的。个人的创意如果没有大家的支持与合作是很难成为现实的。设计组织内部的意识沟通，是设计工作的关键。建筑师在构思上要有更大的包容性和敏锐地分析能力。共识与合作不仅是搞好设计的重要手段，而且是培养人才的途径。在大力开展建筑评论的同时，专家们要以现代化的发展眼光实施全社会美育普及教育，特别是建筑美学和建筑艺术的普及教育，只有使建筑艺术家与公众相互促进，才能不断推动我国建筑艺术水平的提高。尤其是对于那些建筑的决策者、投资者和使用者来说，这方面的工作更显得重要而迫切。

（4）建筑设计创意人的思维特征

建筑师的创意思维是建筑设计创意活动的主导部分。它是建筑师在设计过程中，以所要解决的问题为出发点，以创意人格为导向的多种思维形式的综合运用，是能产生社会价值的、前所未有的新成果的思维活动。创意思维贯穿于整个创意活动的过程中，整合了思维的理性基础和感性基础，是理性思维与感性思维、形象思维与逻辑思维、发散思维与聚合思维、求同思维与求异思维的交织。建筑设计过程是主体思维不断活动的过程，建筑设计创意活动也不例外。在这一活动中，主体的思维具有以下几个典型的特征。

独立性。它是指建筑设计创意主体所具有的独立思考能力。它能使主体按事物本身的价值去判断，辨别出其中潜在的可能性，从而做出进一步的选择，而不是根据当时的主导观念进行思考。这“正如我们生活中清扫灰尘，如果只针对扫帚进行设计的话，结果无非是用更耐用的材料，设计出形式有所变化的新的扫帚而已，只有当我们认识到灰尘才是问题关键所在时，才有了吸尘器的诞生。”凡创意的建筑，其设计者的思维莫不具有这一特征。正像法国著名建筑师安德鲁形容的那样：“不想沿着可能性的大道前进，而想探索未知的、可能性小的途径。”

新颖性。指建筑设计中突破常规思维、习惯思维的旧程序，而采取新程序、新思路的超常性思维。认知心理学代表人物纽厄尔（A. Newell）将那些具有广泛概括性的认知策略称为“弱方法”，虽然它们具有广泛的适用性，但也不是强有力的。因此，对待特殊的问题，必然需要采用新的思维方式。而在建筑设计创意过程里，由于首创性因素的介入，用那些具有普遍适应性的思维方法无法解决所有的问题，此时，突破常规思维模式，另辟蹊径是建筑设计创意主体的必然选择。

综合性。它表现为各种思维方式的综合运用。正如前文所提到的，理性思维与感性思维、形象思维与逻辑思维、发散思维与聚合思维、求同思维与求异思维等等，它们作为思维的不同方式，对于最终思维的成果有着不同的作用，它们之间的互相补充和推进，促使建筑设计创意主体在创意的过程中收到较高的成效。

不可推导性。在这里主要指的是灵感在建筑设计创意的过程里所发挥的重要作用。大多数人都认为灵感是思维方式里的一种极为特殊的形式。钱学森曾把灵感（顿悟）思维作为形象思维的特例，认为这种形象思维跟抽象的逻辑思维不一样的地方是网络性的，并联处理的，而且这里面有一种模糊性。它从许多方面同时进行，开始的时候总是很模糊，而最终的结果则是在这个网络里的某一部分突然出现一个很清晰的形象。人的创造过程也就是这么一个过程。有时，建筑设计创意理念生成极有可能是建筑师一瞬间的灵感闪现，我们即使熟知这位建筑师的所有的理论及其他相关的背景，仍然无法推导出灵感的具体来源。因此，我们将这种特点称为不可推导性。正如建筑师包赞巴克在描述他的建筑设计过程时说：“如同呼吸一般自由地画草图，为我的建筑设计开辟道路，指明方向。之后，它们再将逐渐转化为建造所用。”事实上，灵感这种特殊的创意思维形式，正如他所说的“呼吸”一样，让人无法说清楚它的来龙去脉。

（5）建筑设计创意人的能力系统

建筑设计创意人是指经过后天的教育、学习和培训，能从事建筑设计创意活动，具有创意能力的建筑师个人或群体。在同样的设计条件下，建筑师的创意能力各异，这一点在建筑设计的竞赛、竞标等形式中体现得十分明显。建筑设计创意人的能力系统内主要包括四个方面的内容，即生理因素、知识因素、人格因素和思维因素。这些方面的综合作用将对创意设计的生成产生至关重要的影响。

建筑设计创意人的能力结构中的第一方面内容——生理因素，包含体力与智力两方面。体力是实现创新的生理基础。智力则是主体在掌握相关科学的基础上，通过常规思维活动，运用常规方法完成某项活动或任务，获得已知成果的能力。一般来说，生理因素是从事建筑设计的工作者都普遍具有的能力，它对于创意的生成起基础和保障的作用，是主体从事创意活动的必要条件。在这里就不再做过多的论述。以下对建筑设计主体能力结构中的其他三方面内容进行具体讨论。

①建筑设计创意人的知识构成

知识是主体通过实践和认识活动，处理外界信息并进行编码，在脑内和脑外媒介体中储存和积累起来的全部信息的总和。创意人要进行相应的创意实践，必须具备合理的知识结构。它是由不同的相关知识按一定的方式、比例层次组成的知识体系。作为建筑设计创意人的知识构成对建筑设计创意起关键性影响。这包括了“自选”知识对创意的影响和学科间的相互渗透。建筑设计相关知识以外的其他类型知识的获取，极大丰富了建筑师对建筑乃至生活的认识，其知识构成影响到对建筑的某些方面的关注程度，影响着建筑师的建筑思想，进而产生创意成果。约瑟夫·帕克斯顿早年曾有从事园艺师和风景画家的经历，并对金属预制配件结构有了深入的了解。发明了“屋脊与拱矢”型屋顶的金属预制配件结构。这些经历与知识都为水晶宫的设计打下良好基础。1851年世界博览会召开，创意的机遇降临这个有准备的人——水晶宫的设计无论从建筑尺度、建筑结构，还是在建筑施工、审美观念上，都表现出对传统的根本性的变革。随着社会的不断发展，哲学、社会学、环境学、城市学、行为心理学、生态学、人体工效学、市场经济学、系统工程学等都逐步渗入到建筑设计学科，使其广泛涉及到哲学知识、自然科学知识、社会科学知识、人文科学知识等诸多方面的内容。创意主体既有的建筑专业知识也因此而不断地丰富和拓展，各门学科与建筑交叉后，所形成的新风格、流派、新的设计理论与方法也层出不穷。知识的选择与储备是创意活动得以形成的至关重要的一环，在建筑专业知识与“自选”知识以及其他学科知识的共同作用下，更易形成创意的设计成果。

②建筑设计创意人人格特征

创意人格是其能力结构中十分重要的一个部分，它是“主体在后天学习活动中逐步养成，在创意活动中表现和发展起来，对促进创意成果的产生起导向和决定作用的优良理想、信息、意志、情感、情绪、道德等非智力因素的总和。”德国哲学家给人格下定义：“人格把我们本性的崇高性清楚显示在我们的眼前，人格是每个人的那种品质，那种品质使他有价值。”根据人格学理论，“人格”一般有三层含义：一层是心理学含义，指人的性格、气质、能力等特征的总和，简称人的性格；二层是伦理学的含义，指人的道德品质、伦理情操，简称人的品格；三层是法学含义，指人能作为权利义务主体的资格，简称人的资格。”人格的这三层含义，用得较多的是心理人格和伦理人格含义”。

a. 建筑创意人的心理人格

建筑创意人的心理人格——性格决定了一个人处世态度。建筑创意人性格刚强坚毅，才能战胜困难，完成复杂、艰巨的设计任务。为了自己肩上的重责，每个建筑师都应当发扬各自性格上积极的一面。人格构成中的能力，并非职业特征，而是指人的心理能力。建筑创意人有敏锐的观察能力，能发现生活中被人们忽视的问题，并通过自己的设计创意予以解决。组织能力也是建筑创意人格中应该加以强化的成分，建立起一个精干、高效的项目体是出色完成任务的前提，特别是保持愉快的工作情境。对建筑师来说，重要的还有思维能力、表达能力、应变能力等。

创意的意愿：从建筑设计开始之初，建筑师的求新、求变的愿望就内在地支配着其设计思想的走向。经常需要在设计方案和经济性、社会性、法规等问题上有所创意。正如前文提到过，创意是主体能动地改造客观世界的活动，主体的创意意愿是创意活动得以实施的先决条件。2004普里茨克建筑奖得主扎哈·哈迪德（ZahaHadid）就曾这样表述自己的创作观念："我自己也不晓得下一个建筑物将会是什么样子，我不断尝试各种媒体的变数，在每一次的设计里，重新发明每一件事物。"

坚韧的品格：创意的过程由于其中介入了新的内容，往往使得原有的思维模式和设计方法不能得以顺利进行，从而陷入胶着的状态。建筑师此时所表现出的良好的自控能力，以及持续探索的精神是创意活动得以继续进行的保证。

b. 建筑创意人的伦理人格

建筑创意人的伦理人格：建筑创意人应该具有高尚道德情操。建筑业是为他人、为社会的服务性行业。建筑师以"大庇天下寒士俱欢颜"为己任。树立了为社会大众服务的价值观，建筑设计创意才能摆脱急功近利的目的和粗制滥造的作品，才能抵御建筑市场不正之风的侵蚀。建筑创意人的伦理人格有时表现为民族情结、民族气节。正是这种高尚人格的驱动使新老建筑师们敢于批判历史遗产中陈腐的东西，把中国的建筑引入世界，与国际接轨。

职业道德也是建筑创意人最重要的伦理人格表现之一。职业道德包括敬业、守信、尊重客户、公平竞争以及职业责任感、使命感等等。"对人类社会何去何从，建筑师本人无能为力，但建筑师的本职工作是为人们提供适宜的生活环境，没有这一点谈不上职业道德和设计伦理。"建筑具有社会性，建筑师应提高自己的艺术素养、科技素质、文化素质和管理素质，义不容辞地承担起建筑为公众服务的社会责任以及更高层次的建筑艺术审美导向作用。

建筑创意人的伦理修养主要表现在群体共识与对象认同两个方面。建筑创意人的群体共识：建筑是集体创作的成果，它是由各专业工种人员配合完成的，因此各专业工种人员之间对整个建筑有关问题（包括技术性、审美性），必须达成共识，才能使建筑师的建造得到顺利进行，直至完成设计群体的共识、建筑师和施工者之间的共识。建筑创意人的对象认同：建筑创意工作的对象有两种，一种是创意设计对象，即任务书所规定的建筑、空间及环境；二是服务对象，及建筑的业主或者用户，深入理解并取得两者的认同是建筑师个人的重要修养。

③建筑设计创意人的思维基础

创造的理性方法的根基依然来自于感性。人的行为中感性的成分通常表现在事物的开始与结束，而由理性把握着时断时续的过程。设计创意也是这样：感性作为它的原因与结果，因此不仅需要理性思维的方法，还需要感性的各个方面与作用。

建筑创意人拒绝被习俗所缚，对建筑、城市、艺术、社会等投以极其关注的目光，独创性是他的方法，而看世界的个性化视角则是他灵感的源泉。可以看出，正是由于对这些创意人格因素的“选择”，才使得建筑师在建筑设计的过程中不断地超越自我，不断寻找并坚持创新的方向。建筑创意人具有着丰富的艺术情感和生活情感，当代著名哲学家海德格尔为了表达自己对于建筑本质的哲学思考，引用了德国诗人荷尔马林的诗句短语：“充满劳绩，但人诗意地居住在大地上。”他的结论是：“建筑、绘画、雕刻和音乐艺术，必须回归于这种诗意。”由此可见，负责营造这种给人的诗意的场所的建筑师属于情感丰富的一族。像诗人一样，他们热爱艺术，更热爱生活。创造性思维的基础相当程度地依赖于直观与想象力，这两者被认为是创造性人格的两大源泉，而敏捷的直观能力与丰富的想象能力的形成是需要一定的生成条件的，这些条件并非理性所能把持，亦非十分具体而客观，它们有着相当的感性成份，包含着相当的不确定性，这也是创造的理论研究的难点：企图用完全的理性来阐释感性是十分困难的。设计创意具有理性性质的方法也具有感性生成的基础与条件。

建筑创意人的感性基础除了建筑创意人所应具备的12种与本职业特点相对应的特性：1. 好奇心强；2. 挑战和冒险精神；3. 审美力强；4. 全神贯注；5. 想象无限；6. 抽象深刻；7. 坚忍不拔；8. 激情如火；9. 兴趣广泛；10. 珍视自由；11. 永不满足不随大流；12. 豁达幽默。

这里特别可以引为思考的是心理学家西尔瓦诺·阿瑞提的理论，有十个方面作为创造性能力建立的感性基础，他列举了孤独性、闲散状态、幻想、自由思维、准备捕捉相似性的状态、易受欺骗性、对以往创伤的回忆和内心重现、内心冲突、警觉、训练诸方面，这些论述虽不是十分完整和深入，但已为讨论此问题规划了形态与轮廓，其中：

孤独性——孤独性与人的创造性精神内倾性相关联，孤独者更易于集中心智（只要能排除寂寞的烦恼），更有可能倾听内心的自我，也更能接近于内在需要的本源。设计行为的创造性行动之初（创意）肯定是以个体为发端的，设计创意工作的群体性（包括讨论会）实质是在提供了一个刺激场，以激发出创造者的灵感。

闲散状态——能够把精神从过度的忙碌中脱离出来，把一定的时间用在批判眼光下的“无用的事情”上的情形。实际上闲散包含着与既定现实的脱离，也就包含着批判性，起码也反映出闲散者本人的兴趣点的多样性。这是一个创造与另一个创造的转折点，你拥有了暂时的精神上的释放，同时，兴趣又得到了实验的机会，闲散状态会储备种种寓于创意的想法，等待着适当的机会予以释放。

自由思维——这里的自由思维指仅涉及自己的不加限制不加组织地任意漂泊的思绪，因而它不同于幻想也不同于“自由联想”。在这种自由放任的状态下，人的知觉、幻觉、概念甚至系统化与抽象化之间会反复出现相似性作用，即把不同的或显然无关的成分结合在一起。这种相似按类型分类又分为自身的相似、直接的相似、符号的相似与幻想的相似，相似性对于创造力有着十分重要的意义，在造型艺术领域内，相性的荒诞被广泛利用而产生奇妙与警醒的作用。自由思维是连接与捕捉事物的相似性的一种状态，也是促使产生创造力的原发动力，能够保存自由思维的能力的人，相应地具备创造性的能力。

易受欺骗性——具有这种能力的人往往经过自由思维能将产生的相似性当作具有意义的事实来接受，这种“易受欺骗性”并非因为缺乏鉴别的能力，而在于一开始他就没把有些东西当成荒谬的东西给丢弃掉，应该说这种彼此混淆的能力在艺术创作中至为更要，与“易惑性”相对的是确定性，这就增加了非常多的理性的成分，正像艺术中写实主义统治多年一样，过多的理性色彩将扼制绝大多数的创造能力。

内心冲突——内心冲突被看作是“从事独创性活动的两个伟大的动力之一。另一个动力是人类的自我表现的欲望”（罗思语）。心理的冲突分为“非创伤性冲突”与“创伤性冲突”，那种使心理机能转为异常的冲突就称为“创伤性冲突”，“非创伤性冲突”，即是能够得到解决（或几乎得到解决）的冲突，那些正常范围内的内心冲突总是被描述为创造的动机和对于创造的追求。设计创意的过程中也存在着极度紧张的内心冲突活动，在比较与选择、精神价值的估计、思维的定位等方面都是苦费周折的，一个具有创造力的人丰富的内心活动保证了他的内心冲突的多样性，又为创造力开辟了新的源泉。

危机感——有句关于现代派先锋艺术的名言：“先锋来自于恐惧。”这个恐惧指的就是危机感，一种急迫的、无法排解的危机感压迫而来，这是一些“先知先觉者”（创造者）预先感受到的，在他们的心里对于时间的恐惧，对于滞后的恐惧与生俱来，于是他们似乎被危机感鞭策着前进，创造便产生了。先锋艺术的创造推动了20世纪的精神变迁，那种层出不穷的艺术革命影响了科学思想的变革，也影响了世俗生活的演化。建筑的潮变就彻底改变了人类的生活方式，进而迫使相关的艺术形式进行相适应的转变。

训练——事实上绝大多数的带有技能性质的艺术训练都是以感性的成熟作为最终目标的，是由感性到理性、又由理性到感性的过程。对艺术家训练由感性至理性再至感性，而对科学家的训练原则上是由感性到理性的单一过程。艺术教育越来越重视感性的特征与作用。一个专业者更应当注意自己在于感性上的培养，不要轻易忽略掉看似荒诞不经的念头，注意其创造上的价值，也注意能够使其得到适度的表现。

创造天天都在发生，这并非仅是职业的需要，因为创造是人类本质生存的需要，教育是使一个人由本能的人转向有意趣的人，再转向有意义的人的演进过程，理性与感性在教育中均有其重要的位置，激发出蓬勃的创造力，使得中国的设计能闪现出“中国创造”的灵光。

（二）建筑设计创意对象

建筑设计创意对象指的是建筑师在建筑设计创意过程中所涉及的与该拟建建筑体相关的所有内部空间、外部形式、交通组织、建筑技术、建筑风格、建筑环境等物质实体与思维理念中一个或多个方面内容。在保证一些建筑设计的基本原则（如适用、坚固、美观等）的前提下，建筑设计中所涉及的诸多因素均具有一定的弹性与可变性。从内部空间到外在形态，从结构形式到施工方法，从表现手法到审美观念等等，均在可改变的范围之内。在满足基本功能需要的前提下，建筑设计中的可变与弹性的因素都是潜在的创意对象。从一般建筑设计过程中涉及到的几个主要步骤，对建筑设计创意的对象加以认识和具体说明。

1. 背景信息的解读

一项设计的背景信息除了设计的具体任务之外，还包含了地段本身的形状、位置以及周围的自然条件，以及它所承载着的历史与文化。通过对背景信息的解读所得到的认知，将直接作用于整个设计的过程。背景信息传递出的内容是客观的。建筑师读取这些信息后，将会对它们进行筛选与综合，也就是所说的解读的过程。这与建筑师的能力构成有着密切的联系，其知识构成与思维的方式将会对得到的信息进行排列，从中选取出他认为对设计有所影响的方面。究竟这些背景信息如何影响设计，尤其是建筑设计创意，并没有固定的答案，这一点是由建筑师本人决定的。他必须在背景信息中选择一个立足点，这个立足点很可能就是导向创意产生的起点。如果不将建筑放入其背景环境，则很难解释某些奇特处理方法的缘由。通过在背景信息解读上的创意，建筑师得以确立在随后的建筑设计中遵循的设计理念，并对随后的建筑设计其他步骤产生影响。

2. 建筑功能的组织

每一个设计都必须对建筑所容纳的各项功能进行组织与安排，包括建筑中的各房间位置与相互关系、建筑内部的水平与垂直交通系统的布置等问题。组织与排序是基于建筑的功能需要，即满足人的行为及心理的要求。在进行组织排序时，建筑师运用的不仅是几何学方面的知识，还要考虑到人的各类行为习惯以及心理感受。如何确定组织排序原则，也是建筑设计中可以创新的方面。

建筑师赫茨伯格（Herman Hertzberger）在荷兰的桑特拉尔·贝希亚办公楼（Central Beheer Offices，1972）的设计试图通过对建筑与使用者之间的关系的重新诠释，对建筑各个部分的功能组织进行创新。整个大楼分成大约56个立方体，或称“工作岛”，这些“工作岛”由室内的“街道”及咖啡吧间组成水平网格串在一起，人们可从任一方向进入建筑。由于它在功能组织与安排方式上的创新，这座办公楼被认为是开敞的、反权威的建筑。

不同的建筑类型通常会有一些典型的功能组织模式，套用现有的模式虽然可以快速有效地解决问题，但是对于创新来说，则是一种阻碍。建筑的功能及组织方式与人类的活动相关联，在对人在建筑中的活动方式进行深入的认识和分析之后，完全可能将建筑的功能组织作为创新的立足点和突破口。还应注意的是，将建筑功能组织作为创新对象时，不能完全凭借设计者个人的主观意志。正如上文提到过的，建筑的功能与人类活动相关，对它的创新首先应保证满足建筑的使用。

3. 建筑形式的处理

建筑形式的生成与建筑构件、构件的组合方式、建筑细部与装饰等因素相关。每个建筑都可被分解成若干的组成部分，每个构件都承担着相应的功能，同时，其形式还需要满足建筑构图与审美的需求。建筑组成部分的命名的定型化，这样一种结果与标准化设计模式不无关系，并且古已有之。在一定程度上，这种定型化的处理束缚了创新的生成，本可以有不同处理方式和表现方法的建筑构件失去了变化与发展的机会。在条件允许的情况下，对建筑构件形态及其组合方式加以重新诠释，将给建筑设计带来创新的机会。在建筑形式处理的过程里，在满足使用以及审美等方面的要求的条件下，与建筑形式相关的元素的处理并无一定之规，因而它们中的任何一部分内容都可以成为建筑设计创新的对象。

4. 建筑技术的选择与表现

建筑设计与技术密切相关，它是建筑得以实施的最根本的途径。建筑技术涉及多方面内容，如结构、材料、设备、施工等等。其中，结构与材料的多样性与表现力，设备的布置方式，施工方法的可选择性等等，都可能是在技术的选择与表现的过程中通往创新的途径。

佛罗伦萨主教堂（Florence Cathedral）的穹顶设计运用了哥特式建筑中的尖拱，并在横向以若干根拱肋相连。同时，为了减轻结构重景，采用了一个双层壳体结构。虽然从技术本身来看，并不是创新，但对于这种在当时来讲是超大尺度的建筑来说，选择并加以改进现有的比较合理的结构，使得建造成为可能可以说是建筑技术上的创新。在当代，建筑技术在建筑设计中扮演着更加重要的角色。福斯特事务所（Foster Associates）一向十分重视对现成零部件的充分利用，并在使用中，以对工业化材料富有想象力的理解将这些零件进行组装。在香港汇丰银行（1986）的设计里，福斯特建造了一座非常与众不同的建筑，并为设计和建造过程准备了一整套的新方法。可以说，这座建筑无论是在整个结构体系方面，还是在结构与材料的表现力方面，或是在施工方法上，都有所创新。建筑师和工程师为这一方案设计了不计其数的各种建筑构件，不仅充分调动了当代各种先进的技术手段，而且这种对技术的理解也超出了工业时代，建筑组件批量生产组装的技术理念，这些构件完全是为这一座建筑度身定制的。

每个方面都存在许多的选择与变数，建筑师对于它们的理解和诠释决定了建筑能否实现创新。从另一个角度来看，创新的机遇潜藏在建筑设计对象的方方面面，建筑师能否抓住其中的某一个或几个方面进行深入的思考，也是创新能否实现的一个基本条件。

（三）建筑设计创意目标

1. 设计目标的本质

设计目标是设计者对所追求的设计成果状况极为概括性的描述。其本质是对设计问题的概括和抽象。设计目标的拟定是从发现问题开始的，是对影响因素的综合考虑，也是对设计问题的概括抽象。一般来说，问题开始于一种不满的直觉，这种直觉促成了建筑师对理想状况与客观状况之间矛盾的研究。研究思考的结果可能形成两种情况，一种是通过已有的方法和理论能够清楚地表述出该问题：另一种则是建筑师难以清楚地认清问题所在，从而有不确定或不知如何解决的情况。这时候，建筑师就需要通过思维潜力的挖掘来弄清问题。要发掘设计问题以形成目标不是件容易事。就单个制约条件而言，找出矛盾似乎不难，但是如何综合业主的要求、设计课题自身的要求、场地的现状等等来寻找主要矛盾，则要投入大量精力。

问题是设计活动的开端，建筑师应该对设计课题中所遇到的事情具有敏感性，否则忽视了某些问题，那么客观上由该问题所引导而出的解决问题的前提条件则不存在，从而可能导致设计中的片面性。建筑师只有充分正确地理解问题所在，才能为拟定正确的目标打下良好的基础，从而使设计顺利进行。这正如西萨·佩甲，认为每个案例中都有它自身的固有潜在因素，他的工作只是把这些潜在因素自然而适当地发掘、罗列、比较、选择、组织、整合并系统化为最优方案。所说的"固有潜在因素"正是需要确立的创意目标的出发点。他分析最基本的给予条件，包括法规、规划要求、设计课题、社会因素、预算、业主要求等等，以了解各项条件所含有的强弱程度，这里的分析过程就是概括和抽象的过程。如果没有佩里对问题的概括和抽象，他的"蓝鲸"及扩建过程，以及关西机场设计等等工程难以取得成功。从认识问题发展到形成设计目标，反映出设计者采用的不同方式，体现出不同的水准。

设计中问题所涉及的方面极其广阔，甚至可以说根本没有框定的边界。要认识所有问题是不可能也没有必要的，但是设计者如何从一定的角度切入，去认识问题、发掘问题，以获得较为独特的目标，是设计良好开端的重要条件。影响着设计的因素非常多，实质上每一种设计的影响因素都涉及一定的设计问题。人的大脑提供足够的智力，才能确保设计者在相当大的范围之间对设计中的种种问题与随时可能迸发出来的事情保持敏感和警惕，进而对它们作出反应。总之，问题是设计的开端，设计目标来源于问题，目标本质是设计问题的概括与抽象。

2.设计目标的分类

在一般设计项目中，设计目标都能被归纳到一个有限的普通范围内。有人将设计者应该关注的主要目标以形式、实用性、时间、造价、能源等范畴加以归类。有的研究则认为，三种设计目的，即经济观点、视觉或形象观点、实用观点在设计中占有优势。经济目标较为关注建筑的造价，或者对建设后成果的维护或保养较为关注；形象目标则明显地与象征性的东西和比例、均衡等视觉感受问题联系在一起，同时它也紧紧抓住了建筑物心理反应等问题。实用的目标涉及到空间的自然本性。如空间的大小、位置、功能布局的协调性、与环境的关系等。从上面的描述不难看出，以上设计目标的提出是对建筑成果的分析得来的，从另一个角度设计目标来源于影响因素，可以从对设计的影响因素的分析中提出设计目标。

设计过程的每一个环节都是设计成果的影响因素。它们在形成建筑形象过程中起到作用各不相同，有的可以忽略对创意的影响。类似的因素会产生类似的问题，为了对设计目标分类，我们需要对这些影响因素按照一定的标准进行归纳分类，以方便进行研究。建筑设计创意的目标是建筑师基于人们对建筑的潜在创意需求的分析而制定出的设计方向和任务。从建筑所承载的功能来看，建筑设计创意的目标体现为满足人们的物质需求与精神需求的提升与变化；从建筑所服务的对象而言，不同历史时期社会整体和个人又会对建筑提出不同要求。

柯布西耶的“聆听信徒祈祷的声音”的目标导致了“上帝的听觉器官”朗香教堂的诞生。赖特以“组织最佳展览路线”为目标设计了风格独特的古根海姆美术馆。汉斯·夏隆以“柏林的伟大纪念碑”及“每个人在参加音乐会时直接起着共同的创造作用”为目标，构思了柏林爱乐音乐厅。他们的创意设计目标的提出，是他们成功的基础。

（1）建筑设计创意的物质性目标与精神性目标

建筑作为人类日常生活的容器。承载着物质与精神两个方面的功能。我们所熟知的海德格尔所倡导的“诗意的栖居”，也正体现了人们在物质与精神两个方面对建筑所提出的要求。即建筑设计创意的物质性目标与精神性目标。

建筑的原初目的在“用”。如何提高建筑在建造与使用方面的效率，使之适应人类不断发展的物质上的需要，是建筑设计所面临的首要问题。针对这些变化与需求，建筑师必须在建筑设计中予以相应的改善或创建新的解决方案，因而此类需求便构成了建筑创新的物质性目标，事实上包含多方面的内容，如提高土地使用效率、加快建设速度、降低能源消耗、节省资金、提高空间的利用率、提高内部环境质量、增加建筑耐久度等等。

在满足使用功能的条件下，建筑还承担着满足人类精神上需求的重要使命。建筑设计创意的精神目标包含许多方面的内容，满足人类在历史文化、传统习俗、社会心理、美学观念等方面的不断变化的需求，便是属于这一范畴内。传统与创新问题，就是源于对建筑所承载的精神功能的思考。如何在更深层的文化意义上进行探索则涉及到传统建筑中有形的形式、装饰、构件以及无形的观念、信仰、情感、哲学等方方面面的问题。这类讨论与研究，目的就是在于发掘建筑中所承载的历史与文化内涵，体现各地不同的民族文化特点，实现个性化与可识别的地域性特征。这些都是人的社会文化心理需求在建筑上的体现，因而在这些方面的探索与尝试均有可能将设计引向创新。

人类社会的不断发展，使得人们在物质与精神方面不断地对建筑提出新的需求。建筑师在每一项建筑设计任务中，都有可能遇到这些需求上的变化，它们的存在恰好为建筑设计提供了创意的潜在可能。

（2）建筑设计创意的社会目标与个人目标

不同的历史时期，建筑的设计者和使用者都会对建筑有相应的要求。一种新的建筑风格、建筑形态、建筑理念的出现，与社会整体趋势以及建筑设计者个人的创意构思是分不开的。

建筑设计创意毕竟不是建筑师与业主单方面的任务和责任，它不可避免地会受到来自社会的各项因素，诸如政治的、经济的、现有技术水平、主导意识形态等等方面的影响，被称为创意的社会目标。它体现的主要是社会群体对于变化与发展的意志与要求，这也是各个时期的建筑设计的创意都不可回避的问题。例如在工业革命以后，社会现状对建筑也提出了诸多现实的要求，新时代要创造出自己的表现方式，许多建筑大师阐释了自己对于社会整体目标的认识。二战后，这些现代建筑的设计原则被广泛认同并应用于实践。建筑师对社会目标的清晰认识极大推动了建筑设计的创意实践。一定时期内，社会群体意志对于创意的促进和激发形成了该时期建筑设计创意的总体倾向。而建筑设计创意的个例，则是由具体建筑师的个人创意目标而决定的。

创意的个人目标主要是相对于社会目标而言的。主要体现为建筑师个人在某一时期内所秉持的设计理想。它与建筑师的家庭背景、教育背景、所持的理念、观点，以及感兴趣的诸多方面都有直接的关联。相对于创意的社会目标，建筑设计创意的个人目标显得更加具体，更加自由，并带有极强的个人色彩，而且呈现出多样化的特征。这也是建筑创意之所以层出不穷，风格迥异的重要原因所在。

创意的社会目标与个人目标是整个目标系统中的重要组成部分，在建筑设计中必须对两者同时考虑。20世纪初期的建筑，在当时社会目标的引领下，出现了相当一批创意的设计作品，进而确立了当时的设计原则与新的美学观念。但随即由于对创意的个人目标的淡漠，使得建筑的发展走入所谓“国际式”的怪圈。正如格雷夫斯（Michael Graves）所说：“对创新的重视是和20年代的现代主义建筑相一致的，它以当时的社会利益为基础，并因钢筋混凝土和电梯的发明而得以实施。以几何形体及抽象概念为趣味中心的美学思想盛极一时，而对机器的隐喻统治了现代建筑的形式，在本世纪剩余的时间内仍在继续的这种设计趣味直接导致了今天让我们感到生疏冷酷的建筑和城市。”反之，忽略整个社会的影响，一味追求个人的纪念碑式广告效应式的建筑亦不足取，二者的综合考虑，才有助于切实可行的建筑设计创意目标的确立。建筑设计创意的目标来源于创意主体个人意志；来源于主体对客观设计条件的认知；来源于主体对社会环境中潜在的创意需求的认知，并通过主体思维的整合而逐步形成。创意的目标是整个设计过程的方向，是创意成果的预期状态，它直接决定了下一步将采用何种设计手段。

（3）建筑设计创意的使用者需求目标、客观条件需求目标和建筑师需求目标在亚历山大的关于设计方法的早期名著《论形式的合成》中，区分了原始的、民间的建造过程与职业建筑师的设计活动，称前者为无意识设计，后者为有意识设计。在无意识设计中，有两部分组成：使用者和建筑。这种建造方式比较适合于设计问题多年不变的情况，它对客观物质条件的考虑是由使用者来完成的。在有意识设计中，由三部分组成：使用者、建筑师和建筑。在这个设计过程中，个人的主观因素有意识地介入了设计问题与设计结果之间。工匠式的无意识建造过程难以适应，不可避免地让位给职业建筑师的有意识设计。

因为亚历山大主要是在区分有意识设计和无意识设计，所以图示中没有涉及客观物质条件，实际上他的设计过程应该包含四个部分：使用者、客观条件、建筑师和建筑。建筑作为追求的结果，所以亚历山大提出的设计过程实际上是三个组成部分相互作用产生一个结果：使用者、客观条件和建筑师。

当建筑设计过程的图示和亚历山大有意识设计的图示重合，便可发现：亚历山大图示中的各个部分刚好概括了建筑设计过程提供的所有影响建筑设计的因素。影响因素被概括为三个方面：使用者的因素，客观条件的因素，建筑师的因素。这三方面因素对设计成果的影响不是直接的，而是通过对建筑师的影响来影响建筑设计。贝聿铭认为："建筑是一种实用艺术，它必须建立在需求的基础上才能成为艺术。"建筑师的设计目标就是对这三方面因素需求的满足，所以把设计目标分类为：使用者的需求的满足，客观条件需求的满足，建筑师自我需求的满足。这三个方向目标的合力就是设计目标。

①使用者需求目标

建筑使用者指与建筑发生了一定联系，或受到建筑一定影响的人。从广义上讲建筑师也是建筑使用者。建筑使用者包括了许多与建筑有关的人：使用建筑功能的人、观赏建筑的人、建筑的建造者等，他们是现实中感知建筑的主体。

再深入划分，其中每种人还可以再分成许多种类。可从不同的泛化视角进行划分，如在建筑功能使用者中，有公共功能（如商店、公共设施、办公等）使用者、私用功能（如公寓）使用者或长期使用及短期使用者之分等。在建造者中包括了开发商或业主、城市各管理部门人员、各施工部门人员等。建筑使用者的划分实际上不可能是绝对的，如功能使用者与观赏使用者合二为一的现象。

需求是有机体对客观事物需要的表现。使用者的需求有两类：物质需求和精神需求。人们从物质性方面来谈论建筑时，韩非子《五蠹》中："构木为巢，以避群害。"建筑的最朴素的出发点就是"以避群害"这种实用的物质需求。使用者对建筑空间、光、热、通风、工艺等等的物质需求都是建筑设计的目标。对这种目标的满足表现在设计结果上是客观存在的物质，和使用者的物质需求相对应的是使用者的精神需求。精神需求包括了心理、伦理、审美等方面。

②客观条件需求目标

从需求的定义来说，客观条件不是有机体是产生不了需求的。但在和建筑师沟通时，不妨把它拟人化，以方便研究的进行。

客观条件指的是在建筑设计中影响建筑师创作的一些客观存在的，不以人的意志为转移的限制条件，建筑师必须在对这些条件需求满足的基础上进行设计。这些客观条件包括：1）自然环境，包括气候、地形、水文、地质、日照、景观等。2）市政环境，包括交通、供水、排水、供电、供气、通信等各种条件和情况。3）城市规划对建筑的要求，包括用地范围、建筑红线、建筑物高度和密度的控制指标等。4）工程经济估算的限制，包括对资金、材料、施工技术和装备的提供等。5）其他相关的法律法规。6）拟建建筑所在区域历史文化特征和人文背景。概括地讲，客观条件就是建筑所处的广义环境。和使用者的需求类似，客观条件需求目标也分为物质需求目标和精神需求目标。上文提到的前五项均为物质需求目标，满足的结果以物质形式存在，有明确的评判标准。它们的特点是如果得不到很好地解决或是忽略了某个客观条件的制约，会给建筑创意形成一定的隐患。在客观需求的限制下，直接影响到了建筑创意。

前文所提精神需求目标也是通过建筑形象来满足，但由人的主观意识来评判，可以说还是和使用者的需求有关。之所以不把它作为使用者需求目标提出是因为在一定时间内一个地区的历史文化特征和人文背景相对固定，另外拟建建筑的不同性质使得和它们联系的紧密程度也不同，所以把此项作为客观条件提出。

③建筑师需求目标

建筑师对建筑成果的影响包含两个部分，一个是目标确立部分，一个是目标表达部分。

“需求是指人对某种目标的满足或欲望，它是一种能被自我意识到的欠缺的心理状态。”如果仅仅有使用者的需求和客观的需求，建筑设计就有可能成为一种单纯的求解过程，毕竟使用者不是建筑设计的主体，他的所有需求是通过建筑师来满足的。使用者需求和客观需求只有通过与建筑师需求的结合，目标才能真正体现蕴含于建筑中的人的积极性和个性，因为主观的需求是“人的积极性和源泉，是人的个性的核心”。需求和动机是联系在一起的，一个人的思想动机往往由他的需求决定。动机形成主要的心理要求、心理意向，是主体个性需要、具体需要的表现，动机还是目标形成的心理基础，目标的拟定受到了需求和动机的支配作用。建筑设计是将需要转化为目标，最终将自己的态度感受通过建筑实体与空间予以表达。

美国的心理学家马斯洛提出由低到高五个层次人类的需求，其中自我实现是人类最高层次的需要，是以自我实现为人生追求最高目标的内在价值论。即人的活动和行为的最基本的动力源泉来自于人先天的自我实现需要的连续趋向，这种趋向促使人的潜在能力得以实现。建筑师也存在各种层次的需求，其中自我实现的需求将推动他集中精力于建筑设计之中，通过作品的完成来实现主观需求的满足。可以说主观需求是设计目标形成的心理基础，对设计目标的方向起着决定性的调控作用。在构成设计目标的过程中，主观需求的表达找到了载体。建筑师的需求目标在建筑成果中的表现为建筑师通过建筑所表达的思想。

3. 创意目标的确立过程

这里的创意目标并不同于建筑的设计目标，而是指包含设计目标，为拟建建筑本身固有的，和别的同类建筑不重复的目标。虽然建筑项目类别繁多，各种影响因素也各有特点，但一般目标的确立都要经过以下过程。

（1）演绎的过程：这是从一般概念导出特殊概念的过程，其成立的条件是目标的可分性。即从一个总的目标分成树状结果的多个分枝。此过程一般是从某个总的目标分解成局部目标，进而再细分成更为局部的目标，直至各个局部目标之间不相关为止。这个过程在前文对目标分类的基础上根据建筑自身的特点制订，是很容易完成的。对于不能确定的目标，暂时不进行演绎。

（2）归类分级的过程：对演绎过程罗列的目标进行归类分级：第一级为在已有的技术方法经验上容易解决的物质性目标。第二级为没有现成解决方法的物质性目标。

第三级为容易确定的精神性目标。第四极为不确定的精神性目标。这个过程的作用是简化矛盾，把思维聚焦于主要矛盾。

（3）比较取舍过程：因为我们要得到建筑的原创性目标，所以有很多目标对我们来说不具备特殊性，一般也产生不了创意的结果。在这个过程中，我们要对各级目标进行比较，把和同类建筑类似的目标舍去保留和同类建筑不同的目标，作为创意目标确立的基础目标。不同的建筑性质，导致了目标的不同。综合来看这些基础的目标多体现在以下几方向：①使用者新的物质需求；②使用者的特殊精神需求；③建筑特殊的环境需求；④建筑师的需求。

（4）排序选择过程：这个过程建筑创意人对上个过程得到的基础目标按重要性进一步排序，综合考虑创作条件，自身条件选择一个适合自己的最能体现建筑特性的原创性目标顺序来进行发展。原创性可能产生于对一个目标的深化，也可能是其中几个目标的综合，但还是会有一定的侧重性。

在这个过程，建筑创意人的价值观对目标排序有很大影响。表现为建筑创意人根据目标不同的重要性将其进行排列，位置的不同反应出重要性的差别。在设计中往往表现出不同的设计目标顺序，这是因为建筑创意人的素质、阅历、文化素养以及由此形成的价值取向不同。有的以功能问题为重要取向，把解决功能问题作为首要目标；有的通过建筑来表达个人的哲学思想，平常意义上的建筑基本要求次之。建筑师的价值准则是多种多样的，相应设计目标排序也是多样的。有关建筑师的心理学研究表明，富有创造性的建筑师往往把美学价值看得更高于经济价值。不同的目标排序的差异，往往表现为目标的侧重性。而这种侧重性则是形成建筑特色的重要因素之一。伍重设计的悉尼歌剧院则是一个典型的例子，其独特手法的运用侧重于独特形态，由此带来的技术上、经济上、施工周期上的难度则置于次之。对它的肯定赞叹中也包含了对其独特的价值体系而形成了目标排序侧重性的认可。建筑创意人的价值观是影响设计目标排序的最为重要的因素之一。它也为建筑创意人不同的目标排序以及由此产生的各具特色的建筑设计创意埋下了伏笔。从以上得到的几个主要的基础目标，创意目标的确立难点聚焦于主要使用者的确立、建筑师和使用者的沟通等问题。

（四）建筑设计创意手段

1. 通过四个形象生成方式表达创意目标

分析了创意目标的产生之后，它的存在形式还是文字表述概念性的，对于不同的原创性目标适用于什么样的建筑，并用什么样的形象形成方法表达为具体的建筑形象，分别从四个原创性切入点展开。英国的建筑理论家勃罗德彭特曾经将建筑设计中的所有形象生成方式归纳为四种：第一种为实效性设计；第二种为象形性方法；第三种为类比方法；第四种为法则性方法。

在对待建筑创意对象解读的差异的问题中，如果把建筑作为语言符号，以指向某个意义，所必需的前提就是这种符号系统要为编码者（建筑师）和释码者（使用者）所共享。换句话说，二者首先要对建筑形象意指什么有一个基本的共识。但在实际过程中非专业公众和建筑师对建筑创意作品的解读是有一定差异的。在对已有建筑的解读尚且存在如此的差异，那么建筑师要通过建筑形象表达的和被使用者解读到的创意对象则可能差异更大。建筑师对不同形象形成方法的选择和差异的大小有一定的关系。

应用实效性方法形成的创意对象是根据实用的原则生成的，本身除了表达建筑自身真实功能外，没有被赋予太多的含义，所以创意对象的形象易于解读的。

象形性方法由于它依赖于直接的视觉交流，也是公众容易解读的。人们很容易想到埃罗·沙里宁的环球航空公司候机楼（一只飞翔的鸟）和约恩·伍重的悉尼歌剧院（一只帆船），通过他们传达的、易读懂的、易理解的图像，二者都找到自己进入公众意识的方式。

类比性方法因为是对关系的模仿，在解读时具有一定的难度。对具有一定相关知识背景的人容易理解，对没有相关体验的人容易误读。詹姆士·斯特林设计的在英格兰的奥利维地训练中心就是类比性方法形成建筑形象的例子，查尔斯·詹克斯对其隐喻也即斯特林的创意对象进行了分析。在人们对设计做出的反应中发现了一些隐喻，不论积极和消极的反应，都对应头脑中一个独特的意象。隐喻可能沿下面的思路暗含了诸个语义链，其中最恰当的隐喻可能如下：翼象一个由曲线塑料和节点连接成的一架奥利韦蒂设备。因为该建筑是为训练奥利韦蒂的销售商和技术员的，这就是建筑师想要人们看到的最后隐喻。其他消极解释诸如塑料垃圾罐等不仅由于文脉和次级符号（旋轴窗户像垃圾桶盖子），也由于来自个人体验的、詹克斯称之为观者的“次级编码”的东西。可以看出类比的成功与否不但在于类比的准确性，使用者的素质、经验、经历同样影响着类比性方法形成的建筑形象的解读效果。这就要求建筑师在进行建筑形象设计时，要对使用者的背景有一定了解，当使用者的精神需求为原创目标时这点更显得尤为重要。

法则性方法对公众乃至建筑业内人士的解读来说都是个很大的问题。主要原因在于有很多通过法则性方法建构形象的建筑师，根本就没有打算让大多数人读懂他的建筑创意目标。埃森曼就曾经说过这样的话：如果我们以喜闻乐见的程度来评价建筑，好比我们让20位年轻的中国学生到美国一家餐馆，问他们是喝可口可乐还是好的红酒，他们会选可口可乐。如果我们把建筑降到喜闻乐见的水平，就会得到可口可乐建筑。但在建筑设计创意时，还要考虑到使用者的解读能力和知识背景，以选择合适的创意形成方法。

2. 使用者物质需求目标表达

把使用者的物质需求目标作为建筑形象设计创意的出发点的建筑是有一定特征倾向的，它们的目标构成中往往对物质目标侧重一些，并且没有特殊的精神功能，往往是视觉愉悦上的美学需求。这种目标比较适用于实效性建筑。

实效性建筑，主要是满足内部工艺、功能组织为主的建筑，而且是大量需要，大量生产的。例如住宅、厂房，一部分办公楼、旅馆等公共建筑也属于此类型。它们的共同特点之一就是平面布局，交通组织等都已经很成系统，有成熟的理论框架，如果所处环境没有什么特殊性，那么使用者的精神需求目标相对较低，以住宅为例，生活效用、环境效用、社会效用、经济效用是住宅的核心，正如佩里所说："涉及低造价住宅时，住宅的环境和造价——因为直接影响租金——这两个因素是最重要的，所以在这种案例中，很明显，每月租金能降低$10，要比提供优美的造型和材料更为重要。另一方面，当设计艺术馆时，对其机能的研究和美感的考虑要比金钱的节省更为重要。"对这类建筑的使用者物质需求的深入挖掘，容易引向两种层次的创意作品，理论创意和类型创意。柯布西耶的"房屋是居住的机器"理论就是针对广大使用者在机器时代的物质需求目标提出的；而波特曼的"共享空间"也出于对宾馆使用者物质性的关怀。

当然，并不是说这个目标只能作用于以上所说的建筑类型，比如很多私人性质的建筑也存在很多个性化的物质需求。实际上每个建筑类型的重大进步都是从使用者的物质需求转变开始的，在其他的建筑类型中也不乏从这个目标出发的经典，如赖特设计的古根海姆美术馆。赖特的创意就是为使用者提供"最佳展览路线"。但由于展览建筑的性质，决定了他的理论的推广性很低。因为展览建筑的使用者是不固定的，对建筑的使用是一个短期的行为，使用者对建筑的物质需求很弱，不足以推动建筑物质功能的进步。通过对住宅的演变史和展览建筑的演变史对比，可以看到它们的发展是不同步的，甚至有理由认为物质目标更适用于和大多数人生活密切相关的建筑。形象形成的问题采用的往往是实效性方法，形象并不是副产品，而是创意性目标的正确表达，分析得到使用者的需求，对建筑师来说满足这些需求的空间形式并不难确定。

3. 使用者精神需求目标表达

以对使用者精神需求的满足为创意目标的建筑应该具有以下特点：使用者的物质需求相对来说是比较容易满足的；建筑的主题具有特殊性。适用建筑主要包括纪念性建筑、宗教性建筑和一部分私人建筑或具有特殊影响的建筑。例如名人纪念堂，专题性展览的建筑或艺术名人的居所工作室等。体现使用者个人的兴趣爱好、审美情趣对建筑物提出的精神需求；或建筑本身的影响广泛，其特殊性质为人们所关注，美国世贸大厦重建设计投标，其重建的意义，已经脱离了使用功能的需求，而更多的是要对世界表明的一种态度。在此项目中，精神使用者的范围可能是世界建筑史上空前的，使用者的精神需求一定是该建筑的主要目标。这种目标容易形成作品原创层次的建筑。人们能从一个金字塔的三角中感到稳定，从哥特式教堂高塔的三角形中感到崇高，从穆希娜《工农联盟》的三角形中感到豪迈，从克勒惠支《农民拉犁》的三角形中感到重压。在对使用者的精神需求满足的过程中，建筑师利用了人类的这种敏锐感觉通过建筑和使用者进行沟通的。这种感觉是在长期的生产实践和广泛的社会生活中逐渐形成和发展的。

在创意性目标的指导下，更多用到的是象形性方法和类比性方法，含义明确，一旦象形合理、类比适当，容易和接受者产生共鸣，使接受者的认知得到肯定，进而认可建筑师的设计。设计之初，建筑师对使用者们的态度进行推测并对结果做出种种的设想，在这个过程中，形式的选择受到建筑师素质的制约。建筑师可能很快确定最主要的使用者，并推测出他们的主要精神需求，但在形成形象的时候就必须用到其他介质，也就是语言的介质。我们再把目标向形象转化时必须把它诉诸文字，有时一个恰当的比喻就形成了所要的形象。当林樱把越战总结为在美国人心中的一个伤口时，她设计的建筑形象已经有了雏形。

4. 特殊环境需求目标

建筑所处的特殊环境，对建筑的设计成果有极大的影响和限制，并且环境的限制往往构成设计中矛盾的主要组成部分。这就要求建筑师在设计过程中必须对其进行考虑，加以协调。分自然环境和人为环境而言，自然环境特殊的建筑往往远离闹市，相对比来说，观赏使用者就少一些。而选址在如此特殊的自然环境下，使用者的精神需求也常包含很大的环境因素，所以对环境的尊重，也就是对使用者精神需求的满足。人为环境的特殊，引起的是建筑之间协调的问题，在协调的基础上还要具有创意性，是设计上的难点，用到的方法主要是对比协调。贝氏设计的巴黎罗浮宫扩建项目则成为这一方面的典型例子，从特殊环境需求目标来设计，可以对应得到的是理论创意和作品创意层次的建筑结果。这类目标的实现主要用到的形象形成方法是法则法。即对环境分析得到的法则，形象的形成已有的环境形象推理而得到的。对于特殊自然环境，主要用到的方法是环境融会。即将建筑融合于所依存的环境之中，充分保护与利用自然环境，因地就势，顾全整体，互相依存。有关流水别墅，赖特对学生说："流水别墅是一个伟大的祝福，是在这个世界上所有过的最伟大的祝福之一。……你倾听着流水别墅的声音，你就是在倾听着这个乡村的宁静与祥和。"

5. 建筑师需求目标表达

这种原创性目标所适用的建筑为其他需求方面都不高的建筑，业主对建筑师的创作水平比较认可，且可以提供足够的资金。另外在使用者的需求不明确的时候，建筑师也将有更大的自由度。这种类型的作品都需要特殊的外部条件才能实现，因为业主作为建筑使用者中最主要的部分，他们也需要对建筑进行理解，需要建筑能代表他们的观念，他们接受了以建筑师的需求为主要目标的建筑，并愿意为这样的作品进行投资，其中一定是有各方面原因的，这样的条件对于建筑师来说也是难得的机遇。受建筑师不同学术阅历和爱好的影响，以及建筑师所处的时代及地理因素的影响，建筑师们对建筑的认识表现出相当大的差异。这不仅体现在不同的认识角度上，而且即使在同一角度上，人们对建筑的理解也不是完全相同，一代代建筑师们不懈地致力于将其思想注入自己的理想创意之中，先锋的设计哲学带动建筑实践的发展，一旦有合适的机会，他们的需求目标就是更好地贯彻自己的设计哲学。在此目标的驱使下，他们形成建筑设计创意来表达自己的思想。

日本建筑师矶崎新许多作品中的个人观念就造成了这种效果，筑波中心大厦是典型的一例。"某种不存在之物的表现"或者说"主题虚无"的观念是这个设计中依据的唯一主线，建筑中运用了大量隐喻，在建筑的不同部位不断地以不同的形式重复。如在广场边的一棵月桂树雕塑讲述了关于河神之女达佛尼的故事，月桂树是达佛尼的象征。在古罗马神话中，达佛尼为了逃避来自阿波罗的追求，断然化作了一棵月桂树。矶崎新选用的由长尺英俊设计的这个雕塑描绘的是达佛尼刚刚变成树后的情景，树上依然缠绕着她身上的飘带。然而主角达佛尼本人的形象却并未在雕塑中出现，艺术品讲述了主人公的消失。雕塑重复了建筑的“虚无”主题。集中说明了“某种不存在之物”的观念。

建筑创意的形成除了包括建筑师的建筑设计创意，还要包括使用者的主观作用。通过对建筑师和非专业公众对形象解读的差异进行探讨，指出设计者对不同创意形成方法的选择会对公众的解读有所影响。建筑师对方法选择要考虑到使用者的解读能力。对应所提出的四个创意的切入点，分别探讨不同的创意目标适用于不同的建筑，并用相应的创意形成方法表达为具体的建筑形象，论述了在不同的创意目标下，建筑师如何选择创意的形成方法。

第三节　建筑设计的创意系统构成

一、建筑设计的相关要素

要素是构成事物的必要元素或因素。自古以来。建筑学家就没有停止过对建筑的要素和建筑设计的相关因素的探讨。行为学家J. Lang在其著作《创立建筑学的理论——环境设计中行为科学的作用》中，曾对自古以来一些建筑学家、社会学家、行为学家所确立的建筑要素以及建筑设计的主要关注点进行了比较。借助这种方式，在考察了具有代表性的建筑学家、建筑设计大师的相关理论和著述之后，可以列出一个关于建筑设计的相关要素和主要关注点的详细比较表（表4-3）。

从表4-3中的对比可以看到，建筑设计涉及到的相关要素是相当复杂的，不同的人虽然主要关注点有所区别，但还是能从中看出人们对建筑的要素和设计的关注点在很大程度上的一致性，即存在一些基本要素和关注点。随着时代的发展，要素的内涵不断丰富。当前我国的建筑设计方针是满足“适用、安全、经济、美观”，这四要素构成了中国式的建筑本体理论。

通过研究，建筑设计本体涉及的基本要素可以归纳为以下四类：

（一）功能——空间

建筑设计从本质上来讲是为人设计的，即从人的行为活动出发。研究合理的功能组合、适宜的空间生成，提供满足使用者需要的以下环境。

（二）材料——建造

涉及建筑设计中运用的材料、结构、构造、建造等技术经济问题。

（三）基地——环境

涉及建筑的基地及其关联的环境制约因素。

（四）美观——精神

涉及建筑的体量、外观、细部等形式和审美感受。

表4-3建筑设计的相关要素和主要关注点分析比较表

人物	维特鲁威	阿尔伯蒂	沃顿	拉斯金	舒尔茨	勃罗德彭特
建筑的要素	实用 坚固 美观	需要 便利 功效 愉悦	方便 愉悦 坚固	祭祀性 真实性 力量感 美感 生命感 纪念性 服从性	建筑任务 形式	适用 坚固 愉悦
人物	赖特	柯布西埃	格罗皮乌斯	密斯	阿尔托	路易·康
设计关注点	环境 空间 材料	造型 美学 精神	功能 经济 工艺	秩序 空间 比例	情感 环境 材料	哲思 原型 材料

二、建筑设计的复杂系统观

20世纪60年代，建筑理论家们将系统科学和系统工程的成果应用到建筑学中来，促进了建筑设计的系统化研究。根据复杂系统层级结构的近可分解性，在分析建筑设计中的创意系统构成时可采用分解与协调相结合的系统方法。系统的分解是把大系统按照不同的层次、序列或阶段分成许多简单的分系统，分别研究各个分系统的结构和功能。系统的协调是在分系统最优配合的基础上，全面处理分系统的相互作用，通过控制调节，达到系统整体的最佳。协调过程是分解的逆过程。分解与协调是基于大系统的总任务（目标与约束）的控制下，在各分系统中寻求分目标及其优化，对于复杂系统可以进行多级系统的分解，分系统之间、各级分系统与总系统之间相互关联，协调作用就是要达到动态平衡和满意的最佳控制。

建筑设计创意中的交互关系，即是建立在建筑设计创意活动——创意思维方法——创意环境三大系统相互关系的设想模型之上，因而可以将创意思维视为协调这三个系统之间关系的过程系统。这三个系统又可各自分为相互关联的分系统，分系统又可继续分为层级更低的子系统或组合环节。具体分析如下：

活动系统包括建筑设计创意主体（人），创意对象，创意目标，创意手段。

人的系统包括个人和社会分系统，其中个人分系统可分为机体的、感官的、精神的等子系统；社会分系统可分为使用方、投资方、公众团体、政府部门、监督机构等子系统。

建筑系统分解与协调的情况比较复杂，有时会出现分系统多层次的交叠状况。主要分系统有材料系统、结构系统、空间系统、设备系统、安装系统和建筑内部物理环境系统等。

环境系统从环境的不同层次上理解包括宏观环境、中观环境和微观环境等分系统，从环境的类型上又可理解为包括自然环境、人工环境和人文环境等。均以共时性与历时性发展的创意产业市场为系统主背景，创意思维方法系统在此总结出创意模板，三大系统以创造性思维贯穿始终。

这种分解分析并不是一种绝对化的划分，只是依据系统总目标之下不同性质的分类目标而形成的一种设想模型，划分出分系统、子系统、组合环节的目的是有利于控制处理相互之间的关系，以达到总系统目标分析的需要。在设计中应正确处理各方面信息，使有关因素能恰如其分地发挥作用。

建立方法/环境/活动/模型，环境系统与建筑设计创意活动不相容，则把创意思维方法作为协调矛盾的系统来设计。由此，形成了一个关于活动/思维方法/环境三大系统之间相互关系的设想模型。

活动/思维方法/环境三大系统、分系统、子系统、组合环节各自具有自身的目标，按照一定的结构，通过协调它们之间错综复杂的交互关系，最终构成了建筑设计创意总过程系统。

三、建筑设计创意的复杂系统观

（一）建筑设计的整体性原则

整体性是系统最基本的特性，建筑设计创意作为复杂系统性问题，必然应将整体性作为最基本的原则。在整体性原则的指导下，设计创意应从研究人与建筑空间及自然环境、建筑与环境的关系出发，整体地思考一切与建筑有关的事物。

（二）设计系统的制约性和关联性

设计就是寻找这些关联着的诸多矛盾的解答。面临如此复杂的情况，设计时不可能同时解决所有问题，只有将各种矛盾交错地进行解决，获得相应的解答，然后在多重协调下形成最后的综合成果。在这个过程中需要不断揭示设计要素、矛盾之间的关联，去研究问题的结构和本质。在建筑设计时存在两种主要的模式，一种是在诸多关联的矛盾中取得平衡，在各方案中根据满意原则求得问题的综合解决，可称为搜寻比较策略。另一种是找出设计时需要解决的主要矛盾，忽略次要矛盾，以求得到解答，可称为“大师”策略。在密斯作品中有所体现。

（三）建筑设计创意的开放性和动态性

任何系统都存在于一定的环境之中，具有环境适应性，是开放的；同时系统又具有随着时间的持续而变化的动态性，因而建筑设计创意的过程系统也具有开放性和动态性，要以“复合的时空观”来看待建筑设计，公众参与设计是建筑设计开放性的一种表现。荷兰SAR建筑体系创始人哈肯（H. John Habraken）基于“城市-建筑”层级系统的设计思想，形成了“支撑体住宅”（Support Housing）与“开放建筑”（Open Building）等新的建筑体系。

第五章　建筑的创意

第一节　创意经济时代下的建筑设计创意——产业的因子：来自创意产业的使者

一、创意产业：知识经济时代国际产业发展的新热点和新趋势

创意，是一切艺术发展的源头。

创意产业是世界进入以高新科学技术为基础的知识经济时代所形成的一个崭新的产业。自1997年创意产业的概念在英国提出之后，引起了世界的高度重视，并积极在理论研究的基础上运用创意才干和技能，通过知识产权的开拓和利用，进一步将社会经济发展与社会文化发展融合，成为能满足更高层面的物质需求和审美需求的新的社会进步文明；综合众多学科知识组成新的产业链，挖掘社会潜力，创造新的产品生产和消费需求，注重文化艺术的原创对社会经济的渗透，形成富有创造性为特征的社会财富。

现代创意学是对新兴的创意产业进行系统化的科学理论研究的全新学科。起源于产业，研究于产业，引导发展产业，并在理论研究的同时，开展应用拓展研究，结合众多学科特别是艺术学科知识，培养具有新型复合知识结构的、适合多种创意行业、多种层面的和具有理论与实践能力的专业人才。

创意产业，其概念主要来自英语Creative Industries或Creative Economy。创意产业是在后工业化时期信息经济蓬勃发展背景条件下产生的新兴产业，它通过创意活动将设计、技术、制造、商业、文化和艺术等活动融为一体，通过创造性地开发和利用，按照市场化运作模式，创造社会财富，拓展就业领域，成为发达国家和城市政府倡导的推动经济成长的新产业。对第一、第二和第三产业进行界限分明的分割被打破，强调文化产业、信息产业和传统产业三者间既相互区别有紧密联系的辩证关系，而在新三大产业的总体空间中，存在一以贯之的“创意产业”空间。

（一）作为一种国家产业政策和战略的创意产业理念的明确提出者是英国创意产

业特别工作小组

20世纪90年代，英国最早将“创造性”概念引入政策文件，1997年英国大选之后，首相布莱尔提出“新英国”构想，希望改变英国老工业帝国的陈旧落后的形象，作为“新英国”计划的一部分，工业设计、艺术设计等领域有着崇高的地位，为振兴英国经济，提议并推动成立了“创意产业负责小组（Creative Industry Task Force）”即创意产业特别工作小组，并亲自担任了主席，推进文化、个人原创力在经济中的贡献。这个小组于1998年和2001年分别两次发布研究报告，分析英国创意产业的现状并提出发展战略，这两份报告成功并快速地使创意产业成为英国经济发展的重要角色，也使世界各国纷纷重视起这些早已存在、却因一个名词的整合而促进其得到大翻身的产业。1998年，英国创意产业特别工作组在《英国创意产业路径文件》中明确提出“创意产业”:“所谓‘创意产业’是指那些源自个人的创造力、技能和天分中获取发展动力的企业，以及那些通过对知识产权的开发可创造潜在财富和就业机会的活动。它通常包括广告、建筑艺术、艺术和古董市场、手工艺品、时尚设计、电影与录像、交互式互动软件、音乐、表演艺术、出版业、软件及计算机服务、电视和广播等等。此外，还包括旅游、博物馆和美术馆、遗产和体育等”。发达国家的创意产业具体包括的行业主要集中在以上行业中，而新兴国家的创意产业则在参照上述分类的基础上，又具有各自国家发展阶段的产业特征。

创意产业这个观念被英国正式正名后，在几年内快速地被新加坡、澳洲、新西兰等国家和地区调整采用。我国的香港特别行政区则采用“创意工业”的说法，而且针对其具体内涵也随着时间的推移做出调整；我国的台湾地区则采用“文化创意产业”的说法。与以英国为主导的“创意产业”相对应的，早在1990年，美国国际知识产权联盟（简称IIPA）已利用“版权产业”的概念来计算这一特定产业对美国整体经济的贡献。澳大利亚、加拿大等国也多以“版权产业”来统计该产业对各国的经济等贡献。

（二）近年来，欧洲、美国、澳大利亚和其他国家发布的报告和研究成果大大丰富和推进了关于创意部门和创意产业的新观点

一些经济学家对创意产业进行了详细研究和调查，力图建立一门新的创意产业的文化经济学。文化经济理论家凯夫斯（Caves）对创意产业给出了以下定义：创意产业提供我们宽泛地与文化的、艺术的或仅仅是娱乐的价值相联系的产品和服务。它们包括书刊出版，视觉艺术（绘画与雕刻），表演艺术（戏剧，歌剧，音乐会，舞蹈），录音制品，电影电视，甚至时尚、玩具和游戏。

（三）国际著名的文化经济学家霍金斯（Howkins）定义创意产业为

从个人的创造力、技能和天分中获取发展动力，通过知识产权的开发和运用，创造潜在财富和就业机会的产业。它包括将新点子变成新产品的15个产业：广告、建筑、艺术、设计、时装、电影、音乐、表演艺术、出版、研发、软件、玩具、游戏、电视广播、视频游戏。霍金斯认为，创意经济的重要性不仅限于这15个产业，或者只限于某一产业群，创意经济基于某种运作模式，这种模式存在于所有产业中。创意产业生产的产品不再是过去时代的基本的物质性产品，而是精神性、文化性、娱乐性、心理性的产品。随着人们生活水平的提高，对这种精神性的产品的需求在总体上日益提升，需求量越来越大，这是创意产业发展的根本原因。

创意产业一个重要特征是创意产业被霍金斯界定为其产品都在知识产权法保护范围内的经济部门，在《创意经济》(The Creative Economy）一书中，他认为知识产权有四大类专利、版权、商标和设计，每一类都有自己的法律实体和管理机构，每一类都产生于保护不同种类的创造性产品的愿望。每种法律的保护力量粗略地与上述所列顺序相对应。霍金斯指出，知识产权法的每一形式都有庞大的工业与之相应，加在一起“这四种工业就组成了创造性产业和创造性经济”。在这个意义上，创意产业组成了资本主义经济中非常庞大的部门，有版权的产品（书籍、电影、音乐等）带来的出口收入超过了如汽车、服装等制造业。创造性——被知识产权法所支持——是个大生意。霍金斯说，专利和著作权已成为信息时代的货币。

霍金斯为创意经济所下的定义有不少优点。它为确定一种给出的活动是否属于创造性部门提供了一种有效而又一致的方式。创意产业依赖于知识产权的国家强力保护体系。通过界定创意部门，霍金斯避开了该职业的性质是否有创造性这一潜在难题。对霍金斯来说，“印刷书籍和摆放舞台布景的人与作者、舞台上的表演者一样都只不过是创造性经济的一部分”。霍金斯的定义将不同种类的创造性在同一个题目下放在了一起。

约翰·霍金斯先生2005年12月1日、15日两度造访上海，分别在“上海创意产业与知识产权保护论坛”、“联合国全球创意产业研讨会”上，阐述了他的论点“我们正在丧失我们富于创造的想象力，无论信息多么丰富，无论技术多么快速发展和神奇，它们终究不能创造出作品。”他列举文化排外程度相当高的法国，竟然乐于找国外的建筑师打造全国最伟大以及最具文化敏感度的建筑的事例，让世人看到了经典“创意”的巨大价值。贝聿铭大胆设计“玻璃金字塔”，成为连接卢浮宫正门与新建建筑的纽带。透明金字塔成为法国人的骄傲，每年700万游客从那里进出卢浮宫。透明金字塔和埃菲尔铁塔一样，成为巴黎的标志。

（四）发达国家创意产业可以定义为具有自主知识产权的创意性内容密集型产业，它有以下三方面含义。

1. 创意产业来自创造力和智力财产，因此又称作智力财产产业（IP产业，intellectual property industry)。

创意产业的精髓是人的创造力，广义的创造力可以存在于技术、经济和文化艺术三方面，即技术发明、企业家能力和艺术创造力。技术发明和艺术创造需要有企业家才能获得创新，也就是变成产品和实现价值。创造力必须有知识产权保护才能创造财富。20世纪末以来，IP产业在美国和英国成为增长最快的产业，与生物技术等高技术创新一道，那些具有版权的产品，包括书、电影和音乐的出口能够获得比服装和汽车等制造业出口更多的利润。

2. 创意产业来自技术、经济和文化的交融，因此创意产业又称为内容密集型产业（content intensive industry)，而且是具有自主知识产权的内容密集型产业。

创意产业包括新思想、新技术和新内容。创意产业提到政策层面上来，是数字技术和文化艺术交融和升华的反映，也是技术产业化和文化产业化深入发展的结果。数字艺术（或"数字内容"）依托数字化技术、网络化技术和信息化技术对媒体从形式到内容进行改造和创新。数字艺术产业以数字媒体内容设计和制作为中心，涵盖影视特效、电脑动画、游戏娱乐、广告设计、多媒体制作、网络应用、电子教育等领域。

3. 创意产业为创意人群发展创造力提供了根本的文化环境。

在发达国家，随工业化的发展和后工业化社会的进步，包括在教育和研发、文化、金融等众多领域的创意人群在人口中所占的比重正在增加。这些人喜欢到什么地方去工作就成为城市和区域发展所要考虑的首要问题。

美国卡耐基梅隆大学教授佛罗里达教授2002年用美国有创造力的人在区位选择方面的证据，说明过去是公司区位吸引了人，现在是有创造力的人吸引公司。公司将会搬到有创造力的人乐意居住的地方。他的研究表明，在美国有创造力的人喜欢住在对技术（technology)、人的才能（talent）和宽松愉悦的环境（tolerance）三因素（3T）排名很高的城市。工作的地理区位和旅游休闲的地理区位相结合的趋势，即在工作的地方附近旅游休闲，以及选择生活环境好的地方去工作，成为发展创意产业的机遇。创意人群喜爱有创意产业的城市和区域，而从创意产业定义出发，从事创意产业的人又只是创意人群的一部分。从这个意义上说，城市和区域的行为主体就不仅是企业，而且是企业中的人。经济活动的区位就是人所喜爱的区位，企业的战略和城市、区域的战略就是人的战略。

二、创意经济时代

创意经济是知识经济的核心内容，是新经济的重要表现形式，没有创意，就没有新经济。早在1986年，著名经济学家罗默（P. Romer）就曾撰文指出，新创意会衍生出无穷的新产品、新市场和财富创造的新机会，所以新创意才是推动一国经济成长的原动力。1912年著名德国经济学家熊彼特就明确指出，现代经济发展的根本动力不是资本和劳动力，而是创新，而创新的关键就是知识和信息的生产、传播、使用。1990年，著名经济学家玻特（M. Porter）提出了经济发展四阶段论。这四个阶段是："要素驱动阶段"，经济发展的主要驱动力来自廉价的劳力、土地、矿产等资源；"投资驱动阶段"，以大规模投资和巨大规模生产驱动经济发展；"创新驱动阶段"，以技术创新为经济发展主要驱动力；"财富驱动阶段"，追求个性的全面发展，追求文学艺术、体育保健、休闲旅游等等生活享受，成为经济发展的新的主动力。阿特金森（Atkinson）和科特（Court）1998年明确指出，美国新经济的本质，就是以知识及创意为本的经济（The New Economy is a knowledge and idea based economy)，新经济往往被视为知识经济的同义词，这两位学者再将知识经济等同于创意经济。今天投资驱动型（investment driven）经济已经走到尽头，必须走向创新驱动型（innovation driven）经济的领域。它需要新思维、新知识来推动。

创意经济时代的创意经济发展六个条件：

创造力已经取代工业生产力和信息生产力，成为世界财富评价和分配的核心。由于有了信息资源（包括信息技术）作为创意产品流动的铺垫和承载力，创意产业可以瞬时在全球范围爆发出亮点。

创意产业形成的竞争力就是通过“越界”促成不同行业、不同领域的重组与合作。通过越界，寻找新的增长点，推动文化发展与经济发展，并且通过在全社会推动创造性发展，来促进社会机制的改革创新。创意产业提供我们宽泛地与文化的、艺术的或仅仅是娱乐的价值相联系的产品和服务。

对于当代都市经营来说，一种更具实践意义的创意产业的考察方式将创意产业与雇佣人员数量的平均值和标准差联系起来。在这里，创意产业有三个基点，一是它与文化、艺术、设计、体育和传媒行业相关，二是它是新创业的，有新的文化创意和运作方式的企业，三是从事创意工作的雇员超过先前同类行业10%，后一条甚至成了划分是否成为创意产业的实际操作标准。

在当今世界，创意产业已不再仅仅是一个理论，而是有着巨大经济效益的直接现实。据不完全统计，全世界创意产业每天创造的产值达220亿美元，并以5%左右的速度递增。2001年全球创意经济的总产值为2.2万亿美元，2005年达到2.9万亿美元（约占世界贸易量的7.8%），预计2010年将达到4.1万亿美元。

（一）创意经济发展的第一个条件：创意经济时代的保护效应（环境）

有人推测未来的财富霸主会出自创意产业，他（她）很可能不是一个企业家，而仅仅是一个天才的创造者。而发展创意经济必须重视财富示范效应和保护效应，为创意者营造培育环境，更重要的是保护效应。创意的生产有个特性：要依靠人才，依靠机遇，依靠许多偶发性的东西和创造者的努力，财富示范效应和保护效应是创意经济和创意城市发展的前提。这也被称为创意时代的“贝壳效应”：一粒尘埃进入贝壳会形成珍珠。这颗珍珠是很多天才的努力和很多机制的作用聚合而成的。

（二）创意经济发展的第二个条件：集聚效应

如同工业国强大的工业生产力像吸管一样抽空了其他国家发展工业的潜力，这种吸管效应的原动力来自于产业集聚效应。产业集聚效应所带来的高效率有像吸管一样把其他国家和地区的企业吸引到它的周围倾向。因此，产业集聚一旦形成就会产生一种“集聚吸引集聚”的循环。这种循环使产业集聚的规模不断膨胀，内容不断丰富。人才的集聚和创意产业的集聚是继保护效应之后，创意产业发展的第二个重要条件。各类背景的人才的碰撞和合作形成了最好的知识经济产业链和人才链，创造了创意时代的辉煌。好莱坞巨大的娱乐产业集聚，硅谷巨大的高新技术产业集聚，以硅谷为代表的美国IT产业这些年的飞速发展为好莱坞的娱乐创作开拓出了更大的腾挪空间，发挥创意经济时代复合型的产业集聚的联动优势。好莱坞的演员、音乐家、剧作家、导演、硅谷的电脑技术人才、最优秀的风险投资家，这些集聚在好莱坞和硅谷的人才们组成了创意经济最好的产业链和人才链。

（三）创意经济发展的第三个条件：评价体系

人不再成为机器生产的延伸，不同知识背景的人们，具有独创性精神的人们进行碰撞，才能产生知识火花创新精神。只有能够对天才的创造进行公平评价的环境，才能有创意经济的长足发展，即必须有一套对创新进行正确评价的融资机制。发展创意经济需要知识创新评价机制的支撑。提供各种各样的配套资源才能将创意转换成商品。《哈利·波特》小说并非创意最终产品，资本投入的跟进，汇集了大量的人才进行了一系列的衍生产品的再创作，从而产生一连串经济效益，这里每个环节都存在着对知识创新的评价。评价本身是创意经济的重要环节。

（四）创意经济发展的第四个条件：国际分工的人脉

在今天的世界分工体系中，人脉是维系分工体制的关键。例如，无论是台湾地区OEM的发展，还是印度软件出口产业的发展，都和这些地区和国家与硅谷之间有着紧密的人脉关系是分不开的。台湾地区的OEM厂商根据硅谷传来的设计图能够迅速地生产各种各样的半导体和其他电子产品。值得注意的是，建立这种分工合作关系的关键在于人脉。只有通过人脉的信赖关系才能建立起知识经济时代的国际分工合作关系。

（五）创意经济发展的第五个条件：专业化环境和宽容多样性空间

创意经济有着强烈的“交流经济效应”。“交流经济效应”有两个特性，一个是作为信息载体的人的知识背景个性以及思维方式的差距越大，他们接触交流所产生的经济效益越大。另一个是交流的速度越快、越频繁所产生的经济效应越大。实现“交流经济效应”最大化的最佳途径就是促使各种各样的信息载体尽可能大量集聚在同一个空间，这样可以便捷地进行相互交流，实现高速的信息生产。硅谷成功有两个要素：一是有一个促进信息载体相互接触、碰撞产生新信息的优良环境；二是创造出的新信息和新知识能及时转换成经济效益，因为硅谷存在着完善的专业化环境。由一大批投资家、法律专家、企业经营家、咨询业者等组成的专家群体。可以迅速地组织全世界的资源将信息创新的亮点变成信息内涵产品。实际上，世界性的创意产品生产地都是国际性的大都市。正是在这种国际的大都市，各种各样思维模式的人才们进行碰撞、交流和相互刺激，才能高效率地创造出世界的创意产品。

（六）征服世界的创意产品

在创意经济时代，存在着如何将创意产品推向世界的问题。创意产业爆发亮点需要的第六个条件是产业的世界性和世界的宽容性。征服世界的创意产品的特征是要能引起不同文化背景的人们的共鸣。在这个方面《哈利·波特》以及其衍生产品体现了人类的共性，引起了拥有不同文化背景的人的共鸣。文化本位的体现是需要各种文化背景的人才共同参与的多样性制作过程，所谓世界级的创作既要有强烈的民族文化本位，又能引起世界性的共鸣的人才。中国文化资源正有待被创作成世界能接收的创意产品。

三、建筑创意产业：建筑设计创意——作为市场开发的一种财富

（一）建筑创意产业的特征

创意产业的兴起是产业发展演变的新趋势，它既具备知识服务业的业态，又有如下特征作为其标志：

1. 创意产业是高附加价值产业，具有很强的渗透性

创意产业的核心生产要素是信息、知识特别是文化和技术等无形资产，是具有自主知识产权的高附加价值产业。创意在这里是技术、经济和文化等相互交融的产物，创意产品是新思想、新技术、新内容的物化形式，特别是数字技术和文化、艺术交融和升华，技术产业化和文化产业化交互发展的结果，可以渗透到许多产业部门。正因为如此，创意产业很难从传统产业类型中完全分离开来。

2. 创意企业人员主要是知识型劳动者，拥有能激发出创意灵感的设计师和特殊专才

创意产业从业人员的工作有其特殊性和不可替代性，他们不断创造新观念、新技术核心的创造性内容，职业能力既来自于个人经验积累，也来自于个人灵感的迸发。生产方式是以脑力与体力、手工与信息化等现代化手段相结合，实现智能生产与实时敏捷生产。在发达国家，随着工业化的发展和后工业化社会的进步，教育和研发、文化、金融等众多领域的创意人群在人口中所占的比重正在增加。

3. 创意产品是与技术文化相互交融、集成创新的产物，呈现智能化、特色化、个性化、艺术化特点

创意产品有其相同的特征，即是以创意为核心，运用知识和技术，产生出新的价值，是创意灵感在特定行业的物化表现。电影、电视广播、录音带、音乐产业、出版业、视觉艺术产业等文化产业，是与新科技和传媒相结合的产品，达到大量生产并掀起全球性商品流动与竞争，而传统工艺或创意设计产品，可能为手工的、少量生产的产品，它们都呈现出智能化、特色化、个性化、艺术化的特点，它们的价值并非局限于产品本身的价值，还在于它们所衍生的附加价值。如那些具有版权的产品，包括书、电影和音乐的出口能够比服装和汽车等制造业产品出口获得更多的利润。

4. 产业技术向数字化、知识化、可视化、柔性化方向发展

从世界范围来看，现代科技的发展尤其是信息技术、传播技术、自动化技术和激光技术等高科技广泛运用，给创意产业带来了革命性的影响，产业应用的技术正向数字化、知识化、可视化、柔性化方向发展。

5. 产业组织呈现集群化、网络化、企业组织呈现小型化、扁平化、个体化、灵活化的特点

当今社会，创意产业已不再仅仅指个体设计师、艺术家灵感突发，而是知识和社会文化传播构成与产业发展形态及社会运作方式的创新。创意产业的发展并不仅是个人和单个企业的行为，而是需要集体的互动和企业的地理集聚，形成集群化的环境。

创意产业集群的特征是生活和工作结合、知识文化产品生产和消费的结合、有多样化的宽松环境、有独特的本地特征，而且与世界各地有密切联系。

创意产业的企业则呈现出小型化、扁平化、个体化、灵活化的特点，"少量的大企业、大量的小企业"成为普遍现象。一个小的设计公司虽然只有几个到十几、二十人，但其设计创意人员占据主导地位，处于产业价值链的高端，对周边制造业能起到重要的带动作用。

6. 企业管理向信息化、网络化、知识化管理的方向发展

创意通常是个人的灵感体现，往往是凌乱的、不系统的，因此，创意企业需要利用信息化、网络化的手段，通过知识管理来整合和集成。只有通过现代管理手段，整合从研发到营销环节的各种资源，才有可能针对消费者的需求，更快更好地创造出市场需要的产品和企业的最大效益。

（二）建筑创意行为的基本经济特点

创意产业实际上有两个部分，一个是创意，一个是产业。创意应该说自古就有，但是产业问题一直没有明晰化，核心是要构筑创意产业的产业链和产业的延伸。创意的产品和服务，它们的形成过程，以及创意人员和艺术家们的经济行为，与社会上普通人的经济行为具有很大的区别：

1. 消费者需求的不确定性

没有人能够确定消费者如何评价新推出的创意产品，新产品可能会得到消费者的认可，带来比生产成本高得多的巨额财富；也可能找不到认可的消费者；况且创意产品的成功与否，很少能够根据过去的经济发展形势判断是否会满足现在的需求。

2. 建筑创意人员关注自己原创的产品

经济学家们通常认为，雇佣人员并不关心他们所生产产品的特点和性能，他们所考虑的只有工资、工作条件及所需花费的精力，而不会考虑产品的式样、颜色或是特性。然而，在创意行为中，创造者（艺术家、演员、作家、设计人员等）却非常注重产品的原创性以及艺术与技术的和谐统一。创意人员可能不会特意去迎合客户的口味而对自己原创产品做出改变。

3. 创意产品要求生产者具有多种技能

有些创意产品的生产只有个人就足够了，如油画画家。然而建筑作为创意产品需要各种不同技能的专业人员，都可以把个人技能倾注于产品的质量与形态中，甚至包括艺术、动漫设计等方面人员的共同努力。

4. 产品的差异性大

建筑设计创意性产品不管是产品本身还是与其他产品都有很大的差异。这就是创意产品种类的多样性。人们用这种特性来激发创意人员从各种可能中做出选择，以满足消费者对真正具有创意性的多种产品的需求。诸如工业设计、工艺品、广告、时装等产品亦如此。

5. 产品纵向区别明显

用经济学的术语来说，建筑创意性产品在纵向上是有区别的，即等级特性。等级之所以重要，主要涉及创意产品的价值和消费者的需求层次问题。以文化产品为例，其质量有很多不同层次，消费者对此的看法也是难以预测的。创意设计人员在技巧性、原创性以及熟练程度上也有很大不同。但是训练有素的创意设计人员及其产品所达到的品位和艺术境界总是适应市场需求的，往往体现出其中价值的差异。

6. 持久产品与长期盈利

交响乐表演本身并不是持久的，随着乐曲在演奏厅内最后一声回荡，表演也随之结束。但是，已经出版的交响乐乐谱、由某一乐团和指挥的表演录像却是持久的。当持久性创意产品刚刚问世，如何就此签订合同也是版权所有者所要面临的问题。艺术永恒性引起的另外一个问题涉及到艺术产品的存放及具有艺术价值的产品的重新获得问题。一些艺术产品被存放在公共场所或者非营利组织如博物馆或图书馆。很多建筑创意性产品都是持久的，可以成为城市文化的财富，长期盈利。如布宜偌斯埃利斯的桥、悉尼歌剧院等，创意产品无形中为所在的地区带来了巨额财富。

四、我国城市发展创意产业的背景和条件

我国发展创意产业具有不同于发达国家的三个背景。第一，中国人教育水平和生活水平的提高，创意人群增多，对创意产品提出了更多的需求。第二，地方产业升级迫切需要创意设计支持。中国未来应该跻身制造业强国行列，而非加工工厂。第三，中国一些城市丧失了发展大规模制造业的优势，面临就业岗位流失和产业结构转型的压力，需要寻找新的增长点。在全球化的背景下，创意产业仍然高度依赖本地人的创造力和本地独特的发展环境。但是，并非各个城市都具备发展创意产业的足够条件。

（一）城市要提供创意产业最基本的投入

人的创造力，以及激发人的创造潜能的各种社会因素，尤其是宽容的社会环境，这些是城市要提供创意产业最基本的投入。创造力是人类与生俱来的能力，虽有高低，但都有待于后天的继续培育。我国北京、上海、广州、深圳、杭州、苏州等很多城市都有大批创意人才，但是在长期的计划经济和官本位环境下，发掘创造性思维的氛围还有待改善，人们的创造力还远远没有得到发挥。城市在从幼儿教育开始的多级教育中，以及企业和政府各级管理和各类工作过程中还存在很多问题，影响到城市对创意产业的基本投入。

（二）城市要有足够的技术基础、艺术创造力和企业家能力

创意产业的发展并不仅是个人和单个企业的行为，而是需要集体的互动和企业的地理集聚，这就是集群的环境。从理论上说，创意产业集群是产业集群“家族”的新成员，与其他产业活动一样，城市要为发挥创意活动的商业价值提供完善的外部条件，例如专业化的培训教育和灵活的人才市场、多样化的市场需求和相关产业支撑，以及频繁的信息交流。创意产业及其相关产业在城市的某些地方（例如在艺术场所、科学园或媒体中心附近）集聚，文化企业、非营利机构和个体艺术家集聚和互动，形

成独特的集群发展环境。创意产业集群的特征是生活和工作结合、文化产品生产和消费结合、有多样化的宽松的环境、有独特的本地特征，而且与世界各地有密切的联系。如在上海卢湾、黄浦、长宁、静安等区初现的四个创意产业商圈都可以看作创意产业集群的雏形，在其中可以觉察到个人和企业联系的脉络。

（三）城市需要从效率城市提升到创新城市

即不仅要提供效率基础结构（公共服务、运输、电讯、建设园区、制定规则），而且要提供创意基础结构（包括研发设施、风险投资、知识产权法和吸引有创造力的人的愉悦宜人而充满文化享受的生活环境）。创意基础结构的充足是城市或区域能够发展高新技术产业和吸引来自世界各国各地充满创造力的企业家和知识人才的重要因素，也是知识流动和知识创造的关键因素。高效的城市能够提供良好的公共服务、通信设施、交通系统、法律秩序、公共卫生、危机准备、灾难管理、有效的管制框架、系统化的城市功能分区，和省时省力的电子政务系统。创意经济需要的特殊基础设施包括高品质的大学、研发设施、文化社会亲和力等来吸引知识型工人，并且需要推动风险资本、强化知识产权保护、全球联系、信息的自由流动、对多样性的包容，以及政府管理的透明度。

创意产业的发展是发达城市的内在要求。对于发达城市来说，一方面，城市通过文化创造与商品经济的结合，不断制造和输出反映艺术时尚、意识形态和生活方式等文化符号的产品和服务，获得更高的经济效益；另一方面，作为控制大范围生产系统的枢纽，城市的集聚效应给创新的产生、扩散和商业化提供了发展空间。

五、创意产业提高上海城市综合竞争力

（一）上海创意产业发展面临的主要问题和困难

国际竞争日趋激烈。中国加入WTO后，按照国民待遇和市场准入原则，逐步放宽了外国产品和企业进入中国市场的限制。就创意产业来看，国际上一些著名的文化、传媒、影视业更是携资本、品牌、渠道等优势开始大规模进入中国市场，这对我国创意产业的发展既是一次良好的机遇，同时更是严峻的挑战。同国际上一些发达的国家和城市相比，上海创意产业的发展总体上还处在起步阶段，差距还比较明显，这不仅仅简单地表现在一些具体的指标如创意产业占GDP的比重、创意产业就业人数及比例、创意产业产品的出口等方面，同时，在发展创意产业的观念、体制、机制、政策、人才等多方面，上海还面临着一些问题和困难，这主要表现在以下几个方面：

1. 进一步加深对发展创意产业的重要性和迫切性的认识，把创意产业作为上海新一轮发展中的战略性支柱产业。

大力发展创意产业是提高上海城市综合竞争力的必由之路。

国际大都市的地位与创意产业的繁荣联系如此紧密，是创意产业最集中和最发达的地区，主要基于以下两点原因：第一，进入经济全球化时代后，基于创造力的创意产业正符合了当今国际大都市之间激烈竞争的特性，“只有创造力是无法模仿的，创

造力也是最高端的宝贵资源”，唯一的办法是在任何一种技术、工艺、商业模式的不断创新。第二，国际大都市往往土地资源有限，商务成本很高，高成本要求高产出，国际大都市真正的优势在于人的活力，集中了各种有创造力、有才华的人，并且通过工业制造、金融体系、政策扶持、市场传播等配套体系，把人的创意转化成巨大的社会财富。因此，创意产业作为源于个人创造力、技能与才华的活动，是大城市特别是国际大都市真正拥有的比较优势，也是一个城市综合竞争力的精髓所在。上海要真正成为世界级城市，就必须进一步提高和完善城市功能，增强上海作为长江三角洲城市带中心城市的集聚和辐射作用，而创意产业在其中扮演极其重要的角色。

其中世博会的举办对于上海的城市功能再造、产业结构升级以及国际形象的塑造和国际地位的提升等都具有深远意义。世博会展示非同寻常的创新能力和成果，是新思想、新理念、新文化、新创造、新产品的伟大聚会。源源不断的创意和发达繁荣的创意产业对于世博会举办具有特别重要的意义。从国际经验来看，每一次世博会的成功举办，都会大大推进主办国特别是主办城市创意产业的发展。2010上海世博会的举办，将使上海和周边长江三角洲城市一起成为亚洲最大的会展城市群，并以会展业为核心，带动娱乐、传媒、印刷、广告、设计、软件等相关的创意产业群的发展。大力发展上海创意产业不仅可以为2010年上海世博会的成功举办提供有力支持，也可以使上海真正分享举办世博会所带来的巨大发展机遇。

2. 缺乏长远和整体规划；政策支持和相关的配套手段不到位。

借鉴发达国家和地区的先进经验和做法，建立和完善有利于上海创意产业快速、健康发展的制度性、政策性的支持体系和框架：

上海目前还缺乏一个全面、系统的政策支持体系和长远的战略规划来推动创意产业的发展。在国家和城市间创意产业竞争中尽快制订和落实相关政策措施势在必行。如由政府牵头，建立创意产业发展基金，同时在投融资、税收、进出口、人才培训等方面对创意产业的发展予以适当的优惠或政策扶持等。

（1）建立由文化、经济、高校和研究机构等部门相关政府官员、专家学者组成的统一规划、指导、协调和组织上海创意产业发展的跨部门、跨行业的政府机构，在深入、细致调查研究的基础上，确立上海创意产业发展的近期目标和长远规划，制订《2004—2010年上海创意产业发展战略》。由相关政府部门牵头，吸纳众多社会民间资本加入，建立上海创意产业发展基金，对符合要求的重点项目进行扶持。

（2）尽快建立相关的统计评估体系，准确把握本市创意产业的发展现状、结构比重和变化趋势等，开展与国际和国内其他城市之间的比较研究。建立创意产业的评估标准其中包括给予一定的优惠政策、建立健全对创意产品与企业资质的认定体系、设立创意产业基金等等。建立健全创意产业评估体系，其中包括产品的标准化、知识产权和专利的保护、统计口径和配套政策法规制定。

（3）定期或不定期举办以“创意产业”为主题的高层论坛、专家研讨会、博览会和设计比赛等，加强上海创意产业与国际的交流与合作，提高上海创意产业的影响力和辐射力。建立创意协会、建立由从事创意产业的企事业单位及个人组成的跨行业和跨所有制的创意产业协会，另外通过建立创意产业测评体系，促进知识产权保护、专利申请和资质认定等工作来维护会员合法权益。政府有关部门提出相关的配套政策，在融资、税收、进出口等方面对创意产业发展予以适当的优惠和支持，形成创意产业的政府采购机制。实行政府采购和政府订单，引导社会消费市场，引进入才和头脑的竞争机制，带动创意——内容产业链良性循环，既能提高项目整体质量，启动高附加值经济；又能使文化和经济互相融合，协调发展。

3. 加大知识产权保护力度，同时为上海创意产业的发展营造有利的法律和市场环境

对知识产权的保护实际上就是对人的创造力和创新能力是对创意产业的保护，健全和完善知识产权立法的同时，把重点放在对知识产权保护的执法力度，营造一个规范、健康、有序的创意产业发展的外部环境。发展文化创意产业还需要在全社会营造和提倡一种宽容、宽松的舆论环境，在法律许可的范围内积极、大胆地鼓励各种文化创意和创新活动，软化传统社会习俗和观念的阻滞突破传统框架。

4. 加快创意产业人才引进和培养步伐，加强对创意产业的研究

上海目前不仅在创意产业人才的总体数量上相对偏少，而且在层次和结构上存在较大的差距，这将是制约上海创意产业发展的主要因素之一。充分利用上海的科技和教育优势，在有条件的高校设立专门的创意产业学院，以培养创意产业人才为核心内容，教学与科研相结合，以文化、工程、营销等复合知识传授为教学模式，以文、工、理科等门类交叉研究为办学特色。加强与海外一些相关的高校和研究机构的交流与合作，培养具有中国特色和上海特点的高层次的创意产业的设计、策划和制作人才。设立相关的研究机构，加强对创意产业的跟踪和研究，为上海创意产业的发展提供理论和实践指导。

5. 从上海创意产业的实际情况出发，有重点地扶持若干行业优先发展

创意产业涉及多个行业和部门，而各个行业在上海的发展又相对不平衡，为了更好地提高上海创意产业在海内外的知名度和影响力，提高创意产业在上海经济发展中的贡献度，上海应从实际情况出发，尽快确定重点行业并采取多种措施予以扶持，力求在较短的时间里形成上海的优势行业。根据综合评估，我们认为上海目前应该重点推动以下几个创意产业的发展：A、影视业。B、演出业。C、艺术品经营业。D、网络游戏业。

6. 统一规划，探索建立上海创意产业发展园区，充分发挥其示范、集聚、辐射和推动作用

形成高端创意策划人才、创意作品汇集及人才思想交流的中心，结合技术、资本、市场等要素，整合产业链，对于推动整个创意产业发展起着至关重要的作用。创意产业园区是近年来世界各国在加快现代服务业发展步伐中出现的一种新的组织形式。创意产业园区要以市场化运行为模式，以各参与单位的利益一致性为原则进行设计，通过设立园区发展的主体：创意产业发展中心的方式，实施综合各方资源的园区基础平台建设。创意产业园区不仅仅是传统的旧厂房与艺术家的简单组合，也不同于

一般科技创业园区的招商引资运作方法，园区作为政府建设内容产业源头的一个载体，具有创意策划产品交易、产业研究、作品展示、人才培训及交流咨询等多项功能。

哈佛大学商学院著名学者迈克·波特教授（Michael Porter）曾经指出，一个国家是否具有国际竞争优势，与该国的优势产业是否形成所谓“产业集聚”（Cluster）有很大的关联性。英国谢菲尔德市（Sheffield）曾在20世纪80年代，尝试建立“文化工业特区”，将设计、印刷、知识科技及软件、音乐及灌录、广播、摄影、电影、录像和电视制作、新媒体、演艺、建筑及测量等制作和服务集中于同一地区，各个行业、企业之间相互刺激和支持，取得了很好的效果。

最近几年在一批海内外艺术界和文化界知名人士的积极推动和倡导下，上海利用市中心区旧区改造和产业结构调整的有利时机，借鉴一些国外大城市的先进经验和发展模式，建立了几个各有鲜明特色而且具有一定规模和集聚效应的创意产业发展基地，以下为代表：A. 位于普陀区莫干山路50号的以画廊和艺术家工作室为主要特色的春明都市工业园区；B. 位于静安区昌平路990号和1000号的上海市新型广告动漫影视图片产业基地；C. 位于黄浦区福佑路335号豫园商城内的上海市工艺品旅游纪念品设计展示交易基地；D. 位于卢湾区泰康路的以创意设计产业为主的创意产业基地。同时，一批海内外艺术界人士在苏州河两岸利用一些旧厂房和旧仓库建成了若干创意产业集聚地，分别从区域经济、社会和文化发展的历史、现状及未来发展定位出发，提出建立“知识创新区”“多媒体产业园”“时尚产业园”等，并出台了一系列政策和措施，从整体性、功能性和前瞻性视角来看，这些基地需要进一步拓展和完善：以调研为基础，借鉴国际先进经验和做法，以现有的几个创意产业集聚地为基础，结合中心城区产业结构调整、旧区改造和历史建筑风貌保护，按照上海创意产业发展的总体规划和部署，对上海的创意产业集聚地进行统一规划和整合，并探索建立几个功能定位合理、具有明显特色的创意产业发展园区，对入驻园区的单位和企业给予相应的优惠政策，同时完善园区管理和运作机制。创意产业发展园区的建立，对上海创意产业的未来发展起到良好的示范、集聚、辐射和推动作用。

六、建筑设计新类型——创意产业园区

（一）上海创意产业基地的发展特征

1. 依托大学，发展创意产业园区

创意产业的发展需要特殊的基础设施，其中高品质的大学、研发机构是不容忽视的因素。因此，依托大学发展创意产业园区是创意产业发展的重要途径之一。在上海已有的创意产业基地中，长宁区天山路以时尚艺术、服装设计、品牌发布为主要特色的时尚产业园是依托附近的上海市服装研究所、东华大学和上海工程技术大学服装学院而成立的，分别位于天山路和乐山路的天山软件园和乐山软件园也是借助了上海交通大学的技术和人才优势而发展起来的。赤峰路建筑设计一条街是上海形成最早、规

模最大、发展最好的创意产业基地。目前聚集了500多家建筑设计及相关产业，年产值超过十亿元，吸纳各类就业人员近万人。赤峰路经济发展，与同济大学密切相关。首先，赤峰路现代设计街是从校园经济演变而来，其入驻的企业中有80%由同济大学的师生创办，他们利用自身的专业优势和同济大学的学校资源迅速打开了市场。其次，同济大学为现代设计产业提供了丰富的优秀人才资源。在赤峰路上，很多创意人才都是同济人。再次，同济大学为现代设计提供了巨大的市场。因此，赤峰路上设计企业所接受的设计任务80%来自上海以外地区，分布之广、覆盖面之大，都是全国独一无二的。

2. 改造旧厂房及仓库，创立创意产业基地

创意产业是新兴的业界，创业者大多年纪较轻，他们往往把城市中的逐渐被废弃的旧厂房和仓库作为创业的基地，将其改造成充满性格的创意基地，为城市的老厂房、老仓库带来了新的生命力。昌平路990号和1000号原是上海窗钩厂和上海航空设备厂，现在是上海新型广告动漫影视图片产业基地；建国中路八号桥原是上海制动器厂厂房，现为时尚创作中心；东大名艺术中心原为上海储运公司，最初是德令洋行仓库，建于1925年，如今艺术中心内圆柱顶端的编号还清晰可辨仓库的痕迹。这些由旧厂房和旧仓库改造而成的创意基地，有些经由商业公司的包装，如建国中路八号桥，被设计公司租用，略显奢华；有些则纯粹是追求一种LOFT生活方式，如东大名艺术中心，虽张力十足，但有些青涩。从产业集聚的角度上看，这些创意基地所依靠的是单独的厂房和仓库，在地理空间上延伸扩大的余地有限，因此很难形成更大的规模。它们零星散落在城市的中心地带，各具特色，通过历史与未来、传统与现代、东方与西洋、经典与流行在这里的交叉融会，为城市增添了历史与现代交融的文化景观。

3. 利用旧厂区，培育创意产业园区

旧式建筑，保留着城市人文遗存。把城市旧区改造成充满活力和个性的文化创意园区，是对人文、对历史的召唤，有弥足珍贵的社会意义。创意产业集聚区不仅利用了现有建筑创造了创意产业发展的平台，而且还保护了历史文化遗产。工业老厂房、老仓库运用新的模式设计和改造，为历史的留存注入了时尚、创意的元素，使保留的旧厂房成为现代城市景观的新景象，也促进了文化创意产业的产业链的形成，是城市历史与未来承接的良好典范。与上述零星的厂房和仓库不同，由于原来工业生产的集约性和系统性，上海市内也有衰落或废弃的连片的厂房和集中的库房，它们形成了城市的旧区，为创意产业园区的发展提供了良好的地理条件。国际上很多重要的创意产业区都和旧区重建有关，如英国泰晤士河南岸，柏林的哈克欣区，温哥华哥兰桂岛，日本北海道小樽运河，纽约的苏荷等。在上海，泰康路210弄这片老厂房建筑原是轻工业食品机械厂，春明都市园区原是一家建于1932年的老纺织厂，而杨树浦滨江七幢产业园原本集中了中国最早的几家工业化厂家。由于这些旧厂区占地面积相对较大，因此产业集聚的效应也比较显著。泰康路艺术街如今就云集了与视听艺术相关的中外小企业160多家，集聚区经济发展也比较成熟。春明都市工业园区入驻了60多家画廊和艺术家工作室，目前已成为上海最具规模的现代艺术创作中心，也培育出了上海一

个有影响力的现代艺术品交易市场。

4. 依靠传统布局，建立创意产业基地

依靠传统的布局，在现有产业结构的基础上建立相应的创意产业基地，也是上海发展创意产业的途径之一。黄浦区河南南路33号的上海城市广场，最近已经辟为上海市旅游纪念品产业发展中心。首期有15家专门从事旅游纪念品设计的公司进驻。这些公司大多是业内的知名企业，汇集了一批优秀的旅游纪念品设计师该中心所处的豫园商圈，历来是上海旅游中心和小商品、旅游纪念品的展示及交易中心。有了这样的周边环境，该创意产业基地不仅可以提升上海旅游纪念品的层次和质量，而且其设计创意可以迅速走向市场，同时增强自身的影响力和辐射力，进而形成创意与交易的良性循环。

5. 开辟新区，创立创意产业基地

旧厂房、旧仓库或传统社区为创意产业基地的发展提供了有利的外部条件，但却不是必要条件。位于浦东张江高科技园区内的文化科技创意产业基地便是利用开发区的优势，全新打造的创意园区。该基地以影视制作、游戏软件、动漫制作等为主要产业导向，并建立相关的中介、展示及版权交易平台。此外，中国美术学院上海设计分院、上海电影艺术学院、上海戏剧学院创意分院等文化艺术类院校的进驻，也为该创意基地带来了源源不断的创意和人才。与其他创意产业集聚地相比，该基地不仅地域广阔、空间延伸的余地很大，而且还有大学及科研机构的支撑，因此产业集聚发展的优势非常明显。

（二）创意产业基地发展的集群优势

集群化是产业发展的新特征及趋势：在世界经济全球化、信息化、市场化的大背景下，产业的发展也呈现了新的特征，产业的集群化是当今产业发展的趋势之一。《2001年世界投资报告》便指出：产业集群已超越低成本优势，成为吸引国际资本的主导力量。集群化是产业呈现区域集聚发展的态势，所谓产业集群是指某个特定产业中相互关联的、在地理位置上相对集中的若干企业和机构的集合。产业集群的崛起是产业发展适应经济全球化和竞争日益激烈的新趋势，是为创造竞争优势而形成的一种产业空间组织形式，它具有的群体竞争优势和集聚发展的规模效益是其他形式难以相比的。近几年产业集群化的趋势已引起我国政府和业界的关注，各地都涌现出一批产业集群，有政府规划扶持的各种产业园区，也有民间自发形成的产业集群。作为新兴产业的文化创意产业，其集群化趋势也非常明显。目前，我国北京、上海、广州等大城市都已出现了一些创意产业集聚区。如上海已有18个创意产业基地，为创意产业的发展创造了良好的外部条件，形成了一定的规模效应。这些创意产业基地以其灵活的运作机制、强大的集聚和辐射功能、多样化的经营业态等特色而成为上海创意产业发展的亮点。

1. 集聚区内产业业态完整，竞争力提高

集聚区内一般汇集了众多的相关企业，它们形成了完整的产业业态，构成了产业链。泰康路艺术街云集了与视听艺术相关的中外小企业160多家，涉及视觉创意设计的各个领域：建筑设计、服装设计、产品设计、室内设计、广告设计、礼品设计、广告摄影、陶艺设计、环境设计、动漫画设计、家具设计、图案设计等，并通过展示来吸引客户和公众，每天都有各类展览和表演，包括各类书画、收藏、摄影、造型展示和时装、音乐、歌舞表演等。另外赤峰路现代建筑设计一条街已经形成了以科技建筑设计为主体的经济带。集聚区内的企业由于聚集在一起可以大大提高产业的竞争力。一方面，产业集群内众多的企业在产业上具有关联性，能共享诸多产业要素，一些互补产业则可以产生共生效应，集群内的企业因此获得规模经济和外部经济的双重效益。另一方面，产业集群内的企业既有竞争又有合作，既有分工又有协作，彼此间形成一种互动的关联，由这种互动形成的竞争压力、潜在压力有利于构成集群内企业持续的创新动力。此外，产业集群内高度聚集的资源和经济要素处于随时可以利用的状态，为集群内的企业提供了极大的便利，降低了企业的交易成本，同时也提高了资源和经济要素的配置效率，达到了效益的最大化。

2. 促进信息和人员的交流及创意商品化

创意产业以文化为主要内容，以创意为核心，而创意的土壤便是多元文化的共生。在集聚区内，来自不同国家、不同文化、不同行业的艺术家互相交流，各个门类的创意设计和信息互相渗透，互相提供机会，形成了互动共生和竞争。创意产业发展的最重要资源是人，而且是开放的、流动的、具有多元化视角和思维的人。人的多样性带来文化的多样性，而创意正是在这种不同文化间的交流、碰撞中产生的，这也为创意产业的发展带来活力和动力。创意产业集聚区为人员交流提供了平台，艺术家们可以聚集在一起，相互交流启发、共享信息。文化产业集聚地大都分布在中心区域，既是创意生产的核心区域，同时也是市场交易中心。这里的工作室功能已经超越了艺术创作，既是一个个规模不小的艺术工厂，又是各种艺术活动登台亮相的展览与交易场所。由于靠近市场，而且企业间互补性强，具有信息密集、技术创新、基础设施共享等便利。例如，随着创意产业的发展，泰康路的商业气氛与日俱增，文化市场日臻活跃。艺术家从事艺术创作，而艺术展示机构又为他们提供了展示、交流以及交易的平台。各门类的艺术设计和配套的服务性设施，又为来宾和内部艺术家提供了良好的生活环境，从而形成了比较完善的艺术社区和活跃的文化市场。

3. 集聚和辐射功能强大

创意产业园区大都位于旧厂区，外部环境宽松、可塑性强，企业运营成本低，产业集聚地具有很强的吸引同类企业入驻的能力和良好的成长性。同时，创意产业基地成为影响和带动周边地区发展的重要因素。随着赤峰路经济带的形成，越来越多的新办企业看好这一区域，其他区域的建筑设计企业也不断涌入。建筑设计产业带动了周边的文化娱乐、餐饮、房地产等产业的发展，目前赤峰路上有超过10%的企业为服务性产业。同样的效应存在泰康路上。泰康路首先吸引了画廊、工作室、文化中心等艺术机构，紧随其后的是商业产业如餐饮、服务业及文化娱乐产业，并且推动旅游、租赁业、房地产业等行业联动发展。如今，泰康路早已不仅是单纯的艺术街，它已经成为闻名上海的具有融合历史与现代、中西方多元文化交汇特色的都市时尚和旅游休闲场所，街内茶室、酒吧、咖啡馆、服装店比比皆是，泰康路已经成为一个集学习、创新、制作、交流、展示、营销、休闲于一体的创意产业园区。

（三）上海创意产业基地存在的问题及对策思考

1. 加大集群规模效应

上海的创意产业群刚刚起步，其渗透和辐射力有待增强。从业者大多是艺术家、文化人、设计师、工艺师和拥有各种才能的自由职业者。他们具有创作的独立性、活动的自由性、工作的灵活性以及领域的广泛性。更由于文化艺术的创作和业务活动一般是独立的个体活动，有时又要前后工艺的配合或群体协作，不像一般生产及科学技术工作那样有规律和有秩序，带有随意和松散的特点。许多文化创意产业的初创，往往又带有探索、试验、目标不鲜明的情况，从业者多不拥有雄厚的资本。因此，需要加强园区建设，从而将创意人员吸引到园区中来，如促进生活和工作相结合、文化产品生产和消费结合，创造多样化的宽松的环境，不仅有独特的本地特征，而且要有国际化的特点。

2. 保护开发工业建筑遗产

上海的一些创意产业基地，特别是那些以旧厂房和旧仓库为基础的，虽然初具规模，但前面并非一片坦途，它们或多或少面临着商务性房地产开发的危险。全国大多数城市的旧城改造，几乎无一例外地破旧立新，不加选择地对目标地块实施商务性、市场性整体开发，以求经济效益和数字政绩的大幅提升，缺乏文化追求。商务性、市场性开发容易实现，而人文性、传统性遗存却是后天难求的。另外，人们一般认为只有那些大型的历史性建筑或是特色民居才应该去保护，而产业建筑等是不值得留存的。因此，建立在旧工业基地上的创意园区很有可能成为旧城改造及商务性开发的牺牲品。北京的798艺术区正处于风雨飘摇的境地，而广州的小谷围艺术村已经消失在隆隆的推土机声中。从目前上海的创意基地来看，最有前景的发展之路应该是打造创意产业，而不是实施一般的房地产开发。捕捉那些创意产业群落已经生成的区域，它的运作模式已基本与国际上通行的做法接轨，因此在这里大力发展创意产业具有不容怀疑的意义。假如另起炉灶，进行商务性房地产开发，则很有可能破坏已经成型的产业，得不偿失。

3. 大力培养文化经纪和经营人才，促进创意成果转化为经营资源

在创意园区内，产业的形成，不但需要设计师、工艺美术家、创意策划人，还需要擅长将其创意作品“产业化”和“市场化”的产业经营管理人才和市场营销人才，即所谓的“新媒介人”阶层（比如艺术经纪人、传媒中介人、制作人、书商、文化公司经理等），他们对艺术熟悉，又有很强的商业运作能力，不仅能够直接将艺术品推向市场，而且还能够促使创意向传统产业等多方面渗透，进而将艺术家的创意成果转化为企业家的经营资源，提升产业的附加值和竞争力。如美国的米老鼠，已向日用品、服装、玩具、文具等行业渗透，形成了十多亿美元的产业。同样，日本凯蒂猫、

韩国流氓兔等也都发展了相当规模的产业。而我国大多数创意成果都未能形成规模化的产业。究其原因：一是未能集聚创意力量，不断地去发展“故事”，积累这特定的“文化资本”。二是缺乏运作创意成果的经营人才和联系文化与产业的文化经纪人。因此，加快培养和引进从事文化创意产业的各类专门人才，尤其是高级人才，是十分必要的。

4. 倡导主流文化，发展亚文化

为了促进文化创意产业朝着健康有序的方向发展，政府部门要加强宏观调控和政策导向，倡导主流文化，提倡两个文明。对创意产业基地内的亚文化精神，要抱有宽容的态度，促进其发展。所谓亚文化，是相对于主流文化而言的，是处于发展变化过程中的文化现象。创意产业园区的艺术家经常追求先锋前卫的艺术风格，而创意园区通常也是城市中最具备亚文化精神的场所，这也与LOFT生活方式密切相关。对此，允许其存在，引导其发展，创造多元文化的氛围、激发创意。

5. 打造自我品牌，注重创意产业发展本土化

分析上海现有创意产业基地的产业业态可以发现，来自国外的资本，特别是跨国公司投资占据着重要的地位。泰康路视觉创意设计基地，由英国女设计师克莱尔对老厂房进行了重新设计，目前已进驻了十多个国家和地区的近百家视觉创意设计机构。春明都市工业园区，入驻了来自瑞士、加拿大、法国、挪威、意大利等数十家画廊和艺术家工作室。建国中路八号桥，更是由国际上顶尖的设计公司占据了大半壁江山。发达国家的文化产业化历史较长，机制完善，从创意策划、可行性研究到制作成品、批量生产再到广告宣传、市场营销等，已形成一套体系完整的市场运作程序；因此，他们往往能较好地把握市场动态，制作精良的文化产品以适应市场的需求。此外，从发达国家与发展中国家文化企业生产经营的合作过程看，由于发达国家凭仗资金、技术优势和市场经验优势，往往能控制合作的方向和进程，这种合作实际上仍是加大或延伸其文化产品市场消费份额的全球行动。相反，发展中国家由于受经济条件的制约，对文化产品投入相对不足，再加上缺乏文化产业化生产经验等各种主客观因素，其产品市场竞争力普遍不高，难以有效地吸引生产者。在发展文化创意产业的过程中，要注意打造自我品牌，注重创意产业的本土化保护，避免出现由国外大公司引领、控制的局面。虽然创意产业领域的外商投资对于推进产业结构优化升级、企业管理水平的提高和先进制造技术的扩散具有积极意义，但因创意产业具有居于价值链高端的地位和主导产业结构升级的作用，一旦创意产业领域形成了由跨国公司占据垄断地位的情况，将对中国的国际分工地位形成十分不利的局面。因此，创意产业的本土化保护至关重要。

（四）中国创造——创意产业的真正效应

创意产业基地蜂起，“资金和技术主宰一切的时代已经过去，创意的时代已经来临。”这句从美国硅谷到华尔街的流行语，已经引起世界各国的共鸣。中国创意产业的萌芽出现在2002年，当时，经营不善的原杭州蓝孔雀化纤厂停产并将旧厂房对外出

租，低廉的房租和巨大的空间随后吸引了一大批设计师和艺术家入驻。这个破旧厂房于是也有了一个时尚的新名字：LOFT49。LOFT原意是建筑中的阁楼，现已逐步演变为利用工业旧厂房和旧仓库开阔、宽敞的空间，来形成充满个性、富有感染力的新型文化和创意型产业的聚集地。LOFT作为一种城市旧工业向新经济转变的新理念、新途径、被西方各大都市纷纷采用，并成为现代都市创新经济、创意产业的代名词。

事实上，中国的创意产业并不如想象中的乐观。联合国教科文组织自由顾问波尼·阿斯科鲁德曾说过"中国创造"面临的症结："有的时候，政府并没有意识到创意产业作为整体的存在，因此不能够正确做出政策和投资的决定，就无法切实地得到落实此外，中国的创意产业还面临着经济结构限制创意产业发展，整体职业结构存在缺陷，城市发展规划思维定式，知识产权缺乏有效保护，传统教育无法提供创意土壤，创意产品消费需求不足等问题。

从杭州LOFT49发展状况来看，中国的创意产业似乎离人们对其本身的预期相距甚远。LOFT49内规模最大的朱仁民艺术沙龙会所，除了以艺术会友及少部分区域布置了个人作品之外，绝大多数空间让给了落魄甚至流浪的艺术创作者，这里要支付场地租金和招待费用，却没有经济产出，不少入驻者经济捉襟见肘，甚至靠借钱度日，人们不禁怀疑，赋予一些建筑物"创意"的概念，就支撑得起一个产业吗？

在本已废弃的老工业建筑注入新的产业元素，为老建筑的开发和保护寻觅到了一条可以借鉴的新路，也为一个全新产业提供了发展的空间。但是厉无畏指出，改造几个老厂房，吸引几十、几百家创意工作室入驻，并不意味着创意产业就此诞生，创意产业集聚区本身只是提供了一个概念，要真正形成集聚效应，个性定位很重要。

美国创意产业的特点：（1）重视教育，积极提高国民创意性；（2）拥有丰富的人才；（3）通过法律法规和政策杠杆，鼓励各州、各企业集团以及全社会支持文化艺术；（4）注重加大科技投入；（5）实行商业运作，按市场规律经营；（6）投资主体多样化；（7）政府充分利用其国际政治经济优势，支持文化商品占领国际市场；（8）注重知识产权保护。

日本创意产业的特点：（1）将保护知识产权作为国策，作为发展的坚强后盾；（2）注重人才的培养和挖掘；（4）基础比较扎实；（4）呈阶梯形发展。

意大利创意产业的特点：（1）意大利南部以传统特点为主，是民间艺术品的集散地；（2）北部以时尚、设计为主；（3）会展成为时尚展示的主要形式；（4）在创意产业人才的培养上做了大量的工作。

在中国，传媒人、策划人、出版人、设计人、广告人、经纪人等创意人群正进行自身的角色转型，中国创意产业领域已经形成小企业与大公司各自占据文化创意和制造创意两端的局面，但有了各种创意产业园的"壳"，如何吸引世界一流的"内容"来填充？"从最根本上讲，中国创意产业发展的瓶颈是创意人才的极端匮乏，大批创意人才的教育与培养是中国未来创意产业获得大发展的前提。"金元浦教授分析指出，因为创意出自人，因此培养一流的创意人才，增强创意产业高端人才与团队集聚，是培育创意产业的关键。

如果说，创意时代的到来，呼唤着创意资本的汇聚。那么，创意产业园区的实践，则呼唤着新的社会组织结构。它应该是一种连接过去（丰厚的文化遗产）、未来（创意的文化产业）、现在（社会共享的多元文化），而以个人创意和产业化的组织形态作为核心的一种族群结构，是一种远比一般城市和村镇生活更能聚居创意资源的优良社会结构。

从许多国家和城市的实践看，所谓“创意产业园区”似乎没有一定之规，规模可大可小，其中，有像加拿大渥太华-卡尔顿地区那样，以大学为基础而连接信息、软件、游戏等产业的科技型园区，充满了科技和研发的攻关气息；有像中国台北市的华山艺文特区那样，以“第三部门”主办为主，洋溢着自由创造的气息，吸引大批文化人、艺术家、会展工作者、设计师等，来这里举办各种创作、会展和交流活动的“艺文之家”，也有像已经启动的深圳文化创意产业园那样，在中国加入WTO和实施CEPA，推动深港经济一体化和战略性重组的大背景下，以“孵化+投资”成为基本模式，按照“企业运作，政府支持，行业集中，功能完善”的基本原则，吸引活跃的创业投资，形成具有研发、投资、制作和培训的产业基地；还有像英国的许多中型创意园区，比如英国中部的雪菲尔德市（Sheffield），为英国第四大城市，人口约有50万，在火车站对面有一个名声很大的文化产业区（Cultural Industries Quarter），它并没有巨大的空间面积，而是以“族群效果”或者说是“群聚效益”（Cluster）为主，包括了31栋文化和创意建筑，比如千禧年博物馆、大学科学区、图书馆、BBC电台、Site画廊、艺术家村、油画陈列馆、艺术工作室、投资机构、中介代理、电影院和娱乐中心、咖啡厅等，他们组合在一起，形成相互聚合、渗透激活的“引爆效果”。

1. 创意产业园区发展模式

随着创意产业的发展，世界各地创意产业园区也随之兴起。纵观各地的创意产业园区的发展，绝大多数创意产业园区基本都是在原来工业大发展阶段留下的废弃旧厂房的基础上建成的。这些创意产业园区的发展模式基本有两种：一种是市场导向模式。由于旧建筑、旧厂房独特的结构及其低廉的租金，以及市场对创意产品的需求，吸引了大量的设计和艺术工作者自发形成的创意产业园区。同时，这些创意工作者的到来也带动了餐饮、娱乐等相关产业的发展。比较典型的有位于伦敦东部的Hoxton和Shoreditch这两个社区，其形成就是因为位于伦敦中西部的SOHO区房价居高不下，从而促使一些艺术家们纷纷东迁，寻求低廉的租金。

另外一种则是政府主导模式。这种发展模式也是随后创意产业发展过程中绝大多数国家或地区所采纳的创意产业园区发展模式，即由政府带动社会相关力量以发展创意产业和旧城区改造为目的，有计划地对一些旧建筑、旧厂房的重新开发利用，或建设新的创意产业集聚区。由于是政府推动的有计划的开发，所以相关配套设施比较齐全。此类创意产业园区比较多，如旧金山欧巴布也那花园（Yerba Buena Gardens）、日本金泽市民艺术村等。

2. 创意产业园区的族群结构

从这些创意园区的经验看，最值得上海借鉴的是：

第一，创意园区的基础，在于寻求准确的市场定位。发展任何创意产业，都必须紧紧抓住市场，有明确的创意市场定位、营销策略、整合计划，以及专业的营销人才。上海的创意产业到底是面对中国市场，还是面对华语市场，或者东南亚市场，甚至全球市场，假如没有明晰的定位，竞争就难以取胜。英国的创意产业园区，起步比较早，而且具有清晰的市场定位，首先是面对全球英语文化市场包括美国、加拿大、澳大利亚等市场，接着是面对欧洲大陆市场包括非英语作为母语的国家市场。近年来，英国的创意产品，“哈里·波特”“古墓奇兵”和长盛不衰的“007系列电影”等，都能与美国流行文化的消费轨道和市场网络接轨，进而畅行全球成为赢家。

第二，创意园区的生命活力，在于上下左右“贯通”，不但政府、企业、非政府组织、私人项目要上下贯通，没有歧视，相互配合，而且在投资、服务、营销、中介、物业等各个环节，也要左右贯通，还有内容研发、加工生产、发行营销、中介代理等各个环节，都要畅通合作。对于创意园区，关键是人和各种软硬资源如土地、建筑物等的默契合作，整合流动。但现在有人把创意园区，变成了变相炒作房地产，以图坐享厚利。巴黎塞纳河左岸的许多艺术家工作室、创意坊和文化社区，则自称为繁忙的“蜂房”，把丰富的产出作为勤奋工作的基本目的。这样一个“蜂巢”，真正的动力来自成千上万个小单位，蜂王的使命，不过是鼓励和协调，勤奋智慧的蜜蜂们自然会有巨大的创造力。而一旦形成了贯通的机制，仅仅是不同环节之间的相互启发，也能产生巨大的创造活力。“哈里·波特热”，是由许多出版商、杂志社、电影公司、音像制品公司、玩具公司等共同发动起来的，随着产业链的流动，使一个作品被开发成其他的衍生品，其版权价值被多形式、多途径开发，得到释放，才能实现了飞跃式的提升，美国微软公司也迅速地接受了这样一个流行文化的创意，并且与自己的软件开发结合起来。

第三，创意园区的发展机制，在于多学科人才和多样化组织的有机整合，不但有专业化的分工，而且有文与理、设计与操作、创意与营销等交叉经营的良好氛围，这才能刺激人们的创意，让他们在不同思想和学科的碰撞中产生智慧和热情。Richard Florida曾经指出一个意味深长的现象：在最富于创意活力的地区，也是科技研发人员和文化艺术人才，都能各得其所的地方。其中包括了各种各样文化背景的移民群体，带来了形形色色的文化信息。多种人才和文化背景的整合，带来了文与理、严谨与浪漫、理念与操作的碰撞，形成了各种各样的头脑风暴，这就需要创意园区具有更为和谐宽容的氛围。富于创意活力的人群，常常把工作、审美和生活融合在一起，他们在生活中发现创意的乐趣，在工作中发现生活的惊喜，按照人的理想来锻炼身体也让他们获得创造和美的快乐，因为人体的视觉信息也许是激发他们创意灵感的最好触媒之一。在许多创意产业园区，都有比较完善的健身和休闲设施，而且普遍有良好的生态环境，让创意一族在“紧张”与“放松”、“压力”与“兴奋”的交替中，激发最大的创造热情，却是不争的事实。

（五）工业历史建筑为创意产业提供空间

1. 工业历史建筑为上海创意产业发展提供空间

创意是产业之魂，产业是创意之根。作为近代工业的发源地，上海将广告、设计、建筑、工艺品、时装、软件、电视广播、艺术与文物交易等定位为创意产业。经过几年的保护开发，以工业历史建筑为基础的上海创意产业发展有了一定基础。这些创意产业园区各具特色，形成创意产业与工业历史建筑保护、文化旅游相结合的发展模式，做到建筑价值、历史价值、艺术价值和经济价值相结合。为此设立上海创意产业中心，并整合当前创意产业园区资源，制定创意产业园区的发展目标及策略，协调相关事宜，逐步形成以上海创意产业中心为平台、各个创意产业园区为支撑的现代产业体系架构。

已开发利用的上海工业优秀历史建筑约100余处，体现了上海工业在不同时期的独特风格、艺术特色和科学价值。这些老厂房、老仓库等拥有相当的历史文化价值，又适宜进行内部改建，为上海发展创意产业可提供得天独厚的优势资源。努力注入新产业元素，使它们特有的历史底蕴、想象空间和文化内涵，成为激发创意灵感、吸引创意人才、集聚创意产业的新载体。老厂房、老仓库、旧厂区被赋予了新内涵，同时这些园区，集聚了少则十多家、多则上百家的创意企业。其中绝大多数新锐民营企业运用它们的灵活机制和创造能力，吸引专才，孕育设计，创造出巨大的社会财富。

创意不止于园区，陈逸飞是最早入住泰康路田子坊的艺术家，曾一再在公开场合表示，现在发展创意产业，不是靠制造多少园区，“我们需要的是全民办文化，并让民营企业在其中发挥作用”。同济大学创新思维研究中心王健教授也指出，大众对产业本身认识的不足，是产业发展最大的阻力，“从前人们认为设计是工业附加品，很多时候设计费不计入投资。现在我们的创意比不过国外，是因为从前的忽视”。

目前以独资或合资形式企业化运作的技术创新，已经在产业组织层面构成了对创意产业发展的微观产业组织支撑体系。目前上海创意产业领域已形成小企业与大公司各自占据文化创意和制造创意两端的局面。

下列创意产业地图中列举的创意园区，大都是前些年利用老厂房旧厂区改建而成的。

（1）老厂房“创意”成新产业——“八号桥”时尚创意新天地

项目信息项目名称：8号桥：项目地址：上海建国中路8号；项目用地面积：7000m²；项目建筑面积：9000m²；项目性质：工厂改造；项目完工日期：2004年11月；开发用途：创意园、办公、餐饮；业主：时尚生活中心：建造商：南通四建；设计团队：万谷健志、东英树、广川成一、友寄隆仁：设计公司：HMA建筑设计事务所

作为上海时尚创意产业基地的建国中路8号“八号桥”位于上海市中心城区靠近建国中路、成都路的交叉口。上海设计创意中心于2004年12月18日正式挂牌揭幕。“八号桥”原为法租界时期留下来的老厂房，原先是上汽集团下的一个制动器生产厂，破旧的砖木结构厂房已经有半个多世纪的历史。而这里建筑面积达1.2万平方米的老式厂房，已经按照现代理念进行了改造。

在上海市经委的支持下，由上海（国际）产业转移咨询服务中心和曾成功打造“新天地”的黄瀚泓先生共同斥资4000余万元改造。在保留其原有建筑架构的基础

上，融入新的建筑概念，建成面积达1万余平方米的时尚创意中心。首先映入眼帘的是一扇高高的绿色大门，门框的底部呈竹节状，而上部则演变为挺拔向上现代感极强的大门。这个独特的设计出于一位法国艺术家之手，寓意中国如拔节的青竹。老工厂厂房原来的柱子和钢结构被保留了下来，但它们都已穿上了时尚的“外衣”。原本厂房的内部空间非常大，层高达十几米，因此改造时应用了多层次的空间设计理念。引起了国内外知名设计创意公司的关注。设计金茂大厦的“SOM”公司、负责中法文化年“F2004艺术展”的Emotion设计室等已经落户于此。

建国中路8号发生的变化，是中城创意产业崛起的一个缩影。像“八号桥”上海时尚创作中心这样的设计创意产业聚集区，在申城已经不下十处。莫干山路上原来的春明粗纺厂，如今已经变成了春明艺术园，有100多家建筑设计、平面设计企业入驻；天山路上有时尚园，东华大学和日本时装艺术学院联合兴办的学校已经入驻；泰康路上原来的食品机械厂如今变成了田字坊；共和新路彭浦机器厂里诞生了工业设计院：而在绍兴路上，“广告湾”汇聚了上海总共18家4A级广告公司中的8家。

（2）上海X2创意空间

项目信息：项目名称：上海X2创意空间；项目地址：茶陵北路20号（近斜土路)；项目用地面积：4643m^2；项目建筑面积：13000m^2；项目性质：工厂改造项目：项目完工日期：2006年7月；项目投资额：RMB2000万元；开发用途：商业、办公：业主：力山投资等；建造商：上海申奥工程有限公司设计团队：HMA建筑设计事务所东英树、福田裕理、张颢。

X2创意空间位于徐汇区，其前身为国内印刷机械行业首家合资企业——亚华印刷机械有限公司。项目由四层至六层六栋建筑围合成U字型，占地4178平方米，建筑面积13000平方米，其中商业建筑面积2000平方米，办公建筑面积10000平方米，配套服务面积1000平方米。按照计划，X2创意空间将主要吸纳数字内容相关企业、建筑设计类企业、媒体及艺术类企业，其中，数字内容相关企业包括软件设计公司、动漫设计公司、游戏设计公司、手机软件设计公司、门户网站公司、商务交易专业网站、搜索引擎网站、VC等；建筑设计类包括建筑公司、室内设计、园林景观设计公司、灯光设计等；媒体及艺术类包括传媒、公关、广告、摄影、出版等。针对这些企业，X2创意空间推出了相应的优惠政策，由四层至七层六栋建筑围合成U形，底层为商业、二至七层是LOFT与大开间挑高空间办公室。多种商业配套业态：港式茶餐厅、东南亚餐厅、日式简餐、咖啡、便利店、西式糕点、游戏体验中心、美容身体护理、艺术廊。

办公租户组合。40%：IT数码，如软件设计公司、动漫设计公司、游戏设计公司、手机软件设计公司、门户网站公司、商务交易专业网站、搜索引擎网站、VC等。35%：建筑设计，如建筑公司、室内设计、园林景观设计公司、灯光设计等。25%：媒体及艺术，如传媒、公关、广告、摄影、出版等；

①30m^{2}精致小户型LOFT（3.3m+3.3m）下层工作室上层居住功能；

②120～1000m^{2}挑高3.3m至5.4m的平层办公，可自由设计分割夹层；

③200～250m^2挑高5.7m，自行设计分层使用面积翻倍。

商业配套业态：港式茶餐厅、东南亚餐厅、日式简餐、咖啡、便利店、西式糕点、游戏体验中心、美容身体护理、艺术廊。

其他配套服务功能：多功能展示厅、会议中心、屋顶花园、创意作品展示区、停车、储藏室、公共休息区。

（3）上海滨江创意产业园

项目信息；项目名称：上海滨江创意产业园；项目地址：上海市杨树浦路2218号；项目用地面积：17600m^2（一期）；项目建筑面积：9600 m^2（一期）；项目设计时间：2004年7月；项目完工时间：2006年12月；项目业主（委托方）：上海滨江创意产业园：设计单位：大样环境设计有限公司；总设计师：登琨艳；设计团队：登琨艳建筑设计工作室；工程造价：RMB2000万元。

位于杨树浦路2200号的上海滨江创意产业园园区企业老厂房达100多万平方米，曾是上海传统工业的重镇，辉煌时期有门类齐全的国有大中型企业近千家，联合国教科文组织专家认为，黄浦江沿岸大规模的滨江工业带世界罕见，很可能是世界上仅存的最大的滨江工业地带。杨树浦路2200号废弃已久的上海电站辅机厂区时，现只见钢筋铁架灰瓦白墙的烟囱砖楼群，20世纪20年代、30年代、50年代、80年代，整修出各自鲜明的风格，掩映于绿树丛中，别有意韵，饱经沧桑的工业老厂房被设计为前卫的露天聚会中庭、创意书店、学术交流所等。立足保护滨江工业地带的老建筑、体现其文化历史价值，建成集环境设计、建筑设计、工业设计、音像设计、服装设计、软件设计、原创设计等等于一体的现代服务业集聚的基地。

这里是设计产业的天堂。随意而优雅。老旧的青砖、灰瓦经过解构和重组，现在被赋予了新的生命力。室内外大大小小的仿古窑、圆形围墙和刻意设计的墙洞以现代的方式呈现古典的风格。这里没有什么是纯粹古典的，也没有什么是纯粹现代的，所有的东西都是一种奇妙而浑然天成的组合。它们蕴涵了一种对高雅、时尚和情趣的精微把握，营造出一个质朴而自由的创意空间。

上海师范大学美术学院2004年6月将位于徐汇区的虹漕南路9号原上海面包厂改建成集产、学、研为一体的“设计工厂”。改造后的基地包括总计2700多平方米的艺术设计专用教室，500多平方米的工业造型设计专业车间，200多平方米的版画车间和工作室。除了这些艺术设计专业设施外，这里还有一个城市形象设计及遗产保护研究所，一个学生设计创意产业创业孵化器，并有数家颇具实力的设计公司入驻。

创意产业学生创业孵化器是特殊的人才培育理念和模式：设计工厂学生创业孵化器是上海师大美术学院在建设创意产业园区的过程中，着力推进产学研一体人才培育模式的一种尝试。学院试图根据创意产业本身对人才培养的特殊需求，借助这样一个特殊的人才培育平台，改变传统单一的人才培育模式，让一部分有创业能力和愿望的学生在大学学习阶段，有机会从事自主创业的实践。学院允许大学四年级的学生以商业计划的形式向设计工厂学生创业孵化器管理部门提出申请，经批准后，设计工厂负责向学生提供工作室场地和办公设施，并为其提供专业和商业方面的指导，以及项目与宣传方面的支持。两年后，学生将离开孵化器而以正式公司的名义加入园区的创意产业行列。

这是目前国内第一家也是唯一一家产、学、研融为一体的艺术设计教学试验基地。此项工程的总体策划和总体设计是由美术学院常务副院长魏劭农先生主持并由上海师范大学美术学院设计中心设计的。

此外，还有位于闸北区的共和新路上海工业设计园，位于长宁区的天山路上海时尚产业园等一批工业历史建筑与创意产业结合的园区，吸引了国内外著名的创意产业机构，不仅利用现有建筑创造了创意产业发展的平台，又保护了历史文化财产。工业老厂房、老仓库运用新的设计和模式改造，为历史的留存注入时尚、创意的元素，使保留的旧厂房成为现代城市景观的新景象，也促进了设计创意产业的产业链的形成，是城市历史与未来承接的良好典范。

第二节 建筑设计创意的自然本源及其演变对策

设计领域无时无刻不从自然界获得启发而进行有益的创造。建筑设计工作的一个历史性主题就是希望确保给人类提供一个和谐的人工环境。建筑设计创意与自然因素的关系最为直接密切，也最具根本性。它要求建筑师善于发挥类推联想的能力，运用观察、思维和设计能力，分析自然生命体、自然现象和自然规律对建筑设计创意的启示，作为创作的素材，再以此与建筑技术结合，创造独特的建筑景观。

建筑设计创意是为本源的智慧，自然环境是人类社会和生命物质发展的根本基础，是一切事物发展的最根本的源头。19世纪后期法国人文地理学家V. 巴拉什的学生布吕纳继承师说在《人地学原理》中阐述了人地相关的原理，明确指出地理环境提供了各种可能性，人类则根据自己的意志来选择利用这种可能性。自然环境是设计创意首要的、最早的要素和力。作为建筑创意的自然环境本源在不同的发展时期起到不同程度的作用和影响，经历了被动地适应自然——主动地适应和利用自然——主动地改造自然，以至与自然有机相融的过程。

建筑和城市包含了“人对自然以及自身总的生存状态的理解”，以此为线索的建筑设计创意，作为人类的一种生存智慧的发展，可以追溯到久远的年代……原始社会时期的创意是以自然崇拜和模仿为中心的智慧萌发；封建宗教时期的创意，以人与自然的契合为目标的智慧成长；工业社会时期的创意，以自然物质和能源为代价的智慧扭曲：信息社会时期的创意，以自然规律和观念为精髓的智慧回归。到创意产业时期的建筑，以自然规律和观念为创造力的智慧开发。

从埃及太阳神庙中的石柱，古希腊罗马神庙中的梁柱体系，以及哥特式拱顶的排列，到意大利文艺复兴时期把鸡蛋的外形创造性地使用到圣玛利亚教堂顶部，还有俄罗斯乡村教堂的攒尖顶对冷杉坚果形式的模仿，印度建筑的“洋葱头”，中国古建筑屋顶构件“悬鱼”“惹草”“仙人走兽”无不留下模仿自然的痕迹。19世纪末20世纪初，英国工艺美术运动和随后的新艺术运动、青年派，自然界的构成原理进一步运用到建筑形式中，并形成“风格派”的新艺术特征。20世纪50年代后，建筑师和工程师开始系统地研究自然界本身的规律。从形象化地反映自然的外显特征，到通过对自然的理解并在社会意识和文化架构的支持下上升为象征化，此中一种不断增长趋势即设计和自然在更高层次上的融合。柯布西埃指出：“要使我们与自然法则一致，达到和谐。”

1999年提出的《北京宪章》指出，21世纪建筑发展的两大趋势是：人与自然和谐共生和科学技术与人文结合。人们认识到自然界有它固有的运行规律和演化方式，自觉地按照自然演化的规律进行建设，把建筑设计逐步推向自然美学与科技美学互相触合，原始智慧和科技智慧相互渗透的境界。

日趋激烈的国际市场竞争和创意产业的发展对技术产品的竞争力提出了很高的要求。决定产品竞争力的一个关键因素是其创新性。因此，如何帮助企业快速地实现产品创新，对提高产品竞争力，进而帮助企业在激烈的国际竞争中赢得主动具有至关重要的意义。产品的创新性基本上在设计阶段就已被决定。工程设计学界得到广泛认可的系统化设计理论把设计进程分为概念设计（也叫方案设计），技术设计和详细设计（也叫施工设计）三个阶段。其中，概念设计从根本上或基本上决定了产品的功能、质量、成本和开发时间，尤其是从根本上或基本上决定了产品的创新性。然而，概念设计是一种知识密集型（Knowledge Intensive）过程，涉及大量复杂知识的表达和推理。日本学者界屋太一在其《知识价值革命》中指出，人们将不再追求对资源、能源和农产品的更大消费，而追求时间与智慧的价值，即“知识价值”的大量消费。同时，对时间与智慧价值的追求，很明显产生了两种不同的消费指向——未来与过去——既追求高产值的高科技时代，也追求高产值的手工艺时代。而创意产业则恰如其分满足了怀旧与创新在现实中的连接和融合。

宝贵的、古老的生存智慧进入创意时代受到后人应有的尊重，成为知识密集型过程中怀旧与创新的源泉。建筑界对自然和建筑关系的研究涌现大量设计创意，从中形成理论和实践作品。建筑师依靠个人创意、技能和天才，挖掘和开发自然本源的生存智慧而进行创造物质和精神财富的设计活动，如赫尔佐格、杨经文、福斯特、皮阿诺等。源于自然的构思必然成为一种主要的宏观层面建筑设计创意思维的生成基础，其意义在建筑创意产业中使建筑成为生命系统和环境系统之间的纽带；满足人类回归自然的需求。

一、生命性——以自然生命体为本源的建筑设计创意核心

作为宇宙间最复杂的一种存在形式，生命用了几十亿年的时间来诞生，又用了几十亿年来进化完善自身的结构形态以适应自然环境，通过动态的演化及适者生存的淘汰过程，与自然界建立了一种基本的对话与和谐共生的关系。这种关系在某种意义上是当今人工世界远未能实现的。人类的历史在其中只不过是短暂一瞬。自然界这些生物由于生命力本身无意识的坚持不懈的活动，通过自身内部或外部的设计来构筑自己的生存结构的行为，遵照自然界的“设计”准则——灵活性、适应性，创造出令人叹

为观止的“建筑”。人类研究生物自身及进化规律，并通过具体或抽象的语言体现在人造物体（产品和建筑）的历史上。

（一）以自然生命体为本源的建筑设计创意

1. 生命体形态本源

在建筑设计中对自然形态的模仿分为表现性抽象和再现性抽象两种方法。抽象的过程是从简单的可认知到复杂的高级形态转化的过程。抽象的建筑语言具有含蓄和多层次的特点，既有确定性又有随机性，使建筑形象表现了对象所具有的形态含义。并且留给人们更多的想象和品位的空间。这类创意基于人类美学的出发点，通过对生物体形态的模仿，使建筑形象生动、有趣；或者根据提取自生物的符号，来表达某种具体的象征意向。抽象并不仅仅是发现形态的轮廓，而是进一步探求形态生成的本质特征，即自然的内在秩序。建筑形态作为一种抽象的艺术语言，以自然形态的有序法则为基础，体现着建筑形态的进化。

（1）外观具象和外观抽象创意：在人类初级创造阶段，所有的创造和生活方式的选择都是从对自然中存在的物质及某种构成方式的直接模拟。是当今仿生设计的起源和雏形，是设计得以发展的基础。用准确的外形模仿是该类创意的原始手法。另外，设计师通过对生物体或者生物行为产品进行概括和抽象，进行意象模仿。比较多地运用在小型建筑物、服务设施或者构筑物中，在风景旅游区更为常见。在大型建筑中运用常会取得惊人的效果，一个成功的形态仿生建筑会成为当地旅游和参观的标志性建筑物。

（2）形态逻辑创意：在亿万年的进化过程中，生物机体功能种群关系以及生存方式都已与现有环境相协调，现有生物形态能在残酷的自然选择中被保存下来，具有内在深层的合理性，通过挖掘这些隐藏在背后的形态逻辑和原理为理性建造提供取之不尽的创作源泉。以色列建筑师泽维·霍克（Zvi Hecker）就借鉴了植物叶序的原理，匠心独具地建造出一座呈螺旋状跌落的楼房，它以每层22.5°错开成圆形。在这里错开的部位又做成敞开式的露台。每一层的露台都可得到最充足的阳光。

2. 生命体功能本源

生物体在生命活动中，在新陈代谢和运动的过程中所要调动肌体各个系统运行的原理成为创意来源，在生命体本源的建筑设计创意系统中属于较高层次，它要求建筑师对于生命的原理具有比较深层次的认识，通常建筑师很难单独完成功能仿生的任务，只有同科学家协作才能取得成果，但同时通过深入细致的研究、理解自然界的设计方式以及原理，对于建筑设计具有很大的启发。

利用高新技术和材料，结合建筑自身特点，在技术材料层面上模拟生物在不断完善自身性能与组织的进化过程中，获得的高效低耗、自觉应变、肌体完整的保障系统的内在机理以及生态规律，赋予建筑物某些“生物特性”，使之成为整个自然生态系统的有机组成部分，从而有效地实现高技术建筑的生态化与可持续性。生态建筑并不一定是仿生的，但是功能材料仿生的建筑必定是生态的。向日葵、竹节、螺旋、翅、海绵体等的功能研究都成为建筑设计中的技术创意来源。

生物体的组织或器官功能原理也提供了建筑材料的创意源泉。赫尔佐格从生物学家的研究成果中得到启发，模仿北极熊皮肤设计出一种墙体，即以有较高热阻的管状半透明材料夹在玻璃中间，放在表面涂以黑色的墙体外面。如同北极熊皮毛的外墙，冬天吸收太阳辐射热，将热量存储并慢慢辐射到室内。为避免夏天阳光照射带来大量热量，设计师在建筑体外采用遮阳设施，以降低室内温度。

3. 生命体结构本源

工程力学原理成为这类创意思维的理性基础，通过研究生物体不同层次的结构以获得灵感，进而对材料、结构、系统进行模拟。涉及生物学、材料科学、结构设计、控制科学、空气动力学和系统工程等工程科学，属于跨学科研究领域。其中以生命体结构本源的建筑结构功能创意和智能结构创意为主。

（1）生命体结构本源的建筑结构功能创意

长期以来使用水平和垂直的二维框架系统作为支撑结构已成为一种习惯和惰性。日本建筑师增田-真认为，无论哪个时代和职业，都应该拒绝机械的或条件反射式的生活方式。同样在结构设计中，要经常向新的空间构成的可能性进行挑战。通过分析生物体结构的受力特征和排列特征，对建筑结构和构件进行改造，从某种意义上来说，建筑的空间结构是对生命体的结构模仿，它们比平面结构更美观、经济和高效。如生物骨骼构成、分叉的侧干和空间网架、树状结构对人类空间网架结构的启示；鳞片和翅膀的钻石结构表皮对建筑表皮结构的启示：开合结构原型有蚌壳、鸟类如蝙蝠的翼翅或是花朵的绽开过程，建筑的开合方式有多种，都在自然界有其原型，主要根据不同用途、不同平面形状和不同尺寸来确定。

（2）生命体结构本源的建筑智能结构创意

智能结构系统的构想来源于仿生学，模拟生物的方式感知结构系统内部的状态和外部的环境，并及时作出判断和响应。精髓是集成，即知识集成、技术继承、结构集成、系统集成。智能结构具有“神经系统”，感知结构整体形变与动态响应、局部应力应变和受损伤的情况；它们具有“肌肉”，能自动改变或调节结构的形状、位置、强度、刚度、阻尼、或振动频率；它们也具有“大脑”，能实时地监测结构健康状态，迅速地处理突发事故，并自动调节和控制，以便使整个结构系统始终处于最佳工作状态；它们还具有生存和康复能力（自补偿），在危险发生时能够自我保护，继续“生存”。天气变化或外界刺激常常会引起植物叶和花细胞中的气压和液压变化。如海玫瑰（sea rose）、含羞草。人们根据这些原理，利用现代自动控制技术，结合现代开合屋盖结构技术，设计出能感知外界变化，并自动反映的智能室内空间。现代智能结构建筑就是越来越多地与机械、自动控制、光电通信等多学科知识相结合的产物。

4. 生命体行为产品本源

长期以来对自然界生命体行为的观察，为人类的建筑设计创意提供了可用的素材。多数动物都具有构筑行为，为了保护自己和进行生命活动的需要会建造巢穴甚至陷阱，这些凝结了动物劳动的产品从它们的角度讲是当之无愧的建筑，有一些功能非常复杂和先进。如巢穴向住宅的演变、基于蛛网张力原理的创意设计在屋顶结构中的应用、生物辅助建造等等。

以巢穴的构筑原则为起点："巢穴"二字指的是两种空间模式。

以河狸和蜂等动物为例，作为"动物界的建筑师"，擅长构建自己的庇护所，在各自的演化过程中学会了构筑各种各样千奇百怪的巢穴，它们总是差别很大，甚至亲缘关系很近的物种也是如此。但是无论其外观差别多大，都会严格遵循实用原则、经济原则、坚固原则和美观原则。这四点要通过权衡利弊，决定最终的形制和材料分配。而动物总是会非常完美地找到一个平衡点。成为在人类社会中千百年来建筑行为的主要参考，可说是永远不会变更。

定居房屋的出现是建筑历史的重要里程碑。追本溯源，这些最早的房屋是从对自然物的模仿中发生的，由于人的创造，他们与自然物相比已有了显著变化。据文献和考古资料，至迟在新石器时代中、晚期，中国的史前建筑发展为两大体系，即长江流域的干阑系列和黄河流域的穴居系列。这完全是南、北自然条件的不同和两种建筑自身的物理性能决定了它们发展的不同模仿物。

巢——巢居住宅：树居——巢居于阑，是干阑系列的发展线索。通过建筑材料在空间中围合出一个体积进行加法构筑。干阑隔绝性能较差，但较少潮湿之虞，可用在夏天、较炎热潮湿地带或沼泽低洼之处。古代文献对此颇有追述。

穴——穴居住宅：穴居隔绝性能较好，但"润湿伤民"，宜用在冬天、寒冷地带和陵阜高处。穴是用减法构筑从已有的实体中挖掘一个体积。穴居系列建筑的发展，剖面的演化：穴居——半穴居——地面建筑——由台基的地面建筑，居住面逐渐升高；平面的演化：圆形——圆角方形或方形——长方形；室数的演化：单室——吕字形平面（前后双室，或分间并连的长方形多室）。同时，也从不规则到规则，从无到有的使用装饰。

从以上演变情况可以看到，人类最初的创造活动大多数与自然的启示有关，从已有的经验中获取模式。按照各种物质生活和精神生活的"尺度"来构想和创造的，这一点不同于动物在营造巢穴时的本能活动，人的活动则是一种主动的不断开拓的创意过程，体现着人的愿望、智慧和热情，洋溢着人的创造欢乐。

鸟巢——2008年北京奥运会主体育场，中国国家体育馆的中标方案"鸟巢"从某种层次上反映了人们回归自然的倾向。这个中瑞两国建筑师合作的建筑，一切因其功能而产生形象，建筑形式与结构细部自然统一。在所有方案中，它是唯一把整个体育场室外地形部分隆起了4米高的方案，很多附属空间置于地形之下，从而使得体育场空间非常纯净，又避免了下挖土方所耗的巨大投资，而隆起的坡地在室外广场的边缘缓缓降落，依势设置热身场地的露天座席，再次节省了投资，并形成纯粹自然的环境，可谓巢穴二源的天然合一。

梦屋——悬挂着的建筑，便携式的避难所，或是便携式的监狱，这取决于你……建筑师的设计现状可解读为：构思一个内部的空间用来自我反省，梦屋（Dream House）表达了城市树木和交互式的敏感思绪间的一种关联，它把自然因素转换成用来自我反省的人类避难所。该挂在树上的避难所看上去像是一个明亮的蚕茧，折射出一种人类以及他所建造的东西与自然环境的一种关系，也反映了一种占用和想象空间的新思路。它还提出充分利用大自然，在自然、人类生命和人工制造的空间之间创造一个对话的平台。

5. 生命体生存法则本源

自然界遵循着某种秩序，存在着生命体的生存法则。因为这些秩序和法则的存在使得宇宙得以形成，物种得以进化，人类得以发展。电子显微镜下的铁锈的柳角形几何形状表达出材料本身固有的原子排列结构。自然界无数的秩序和法则等着人类去总结和学习。菌落、结晶体、放射虫和阿米巴虫的形态给建筑师的创作提供了很多素材。生命体生存法则中警戒色、保护色和变态等已作为创意来源广泛应用于建筑设计。

正是现代建筑对于结构的开放性的追求，导致了其建筑空间的开放性和生长性，可以说，开放式的结构和空间来自对生态系统的认识。生态系统是一个多等级的高度有序的开放系统，对建筑而言，系统的有序性表现为有规则的空间结构和时间上有规则的运动秩序。很显然，这首先要求建筑结构系统的开放性。结构系统由大大小小的结构构件，按照一定的等级和次序装配而成，随着建筑的维护、更新和扩建，允许其内部空间和外在形象的转变，允许各种性质不同的变化，使建筑像生命一样新陈代谢，长久发挥其作用，提高建筑的灵活性和适应性。在开放型结构上的探索可以归纳为三点：

（1）充分利用工业生产方式和用预制标准化构件组成结构单元，再由结构单元拼接成整个结构系统，以门、窗、墙板、屋面板等维护结构维护分割或覆盖整个结构，或是将一个整盒子室内插入结构，共同承受建筑自身重量及内力和外力的作用。在结构上考虑其重复和更新，以便扩展之用。

（2）建筑的交通、设备尽可能与结构系统分离，使结构系统更加灵活易变，各系统又有机关联地组合在一起，为建筑维修、改建和扩建提供可能性；为室内外空间灵活划分提供可能性；为空间使用性质和设备安装变化提供可能性；使建筑成为一个多级多序的动态开放结构系统，各级系统内部之间以及与外界环境之间，均可进行物质与能量的交流，包括营造材料、能源、土地以及自然生态的交流，构成有生命的建筑。

（3）结构采用轻质高强材料，高度工业化和集成化，标准预制构件可装可卸，在大量性生产的同时追求其多样性，在现代高技术条件之下，构件设计千差万别，构件组合千变万化，再加之设计者的匠心独运，使开放式结构建筑异彩纷呈。

20世纪60年代的许多作品都体现了开放式结构的思想，如丹下的梨山文化馆和1970年大阪国际博览会宝美馆。英国建筑师J. 斯特林1969年为秘鲁利马设计的低造价住宅，也尝试了开放式结构的做法。由承包商实施的“首次制造”只完成基本构件的生产采用预制混凝土墙体和大型地板的箱体，隔墙和外墙是复合墙体，在现场预制好，安装门窗和栏板后，由地面起吊、安装。屋面（楼）板构件是轻质钢筋混凝土梁上置填充多孔板，这些可由用户人力完成。首次建造后，就由用户根据各家人口在底层或二层扩建。

随着建筑结构智能化程度的日益提高，建筑创造开始模仿生态系统中的行为，通过动力装置、服务系统、光纤传感和其他组件对环境和结构应力作出反应。智慧型材料及成熟的电脑程序的发展可以使建筑成为极为活跃的人造物。这样的目标一旦实现，动物和机器之间的区别将不再明显。运用显微技术和基因、分子工程，也许将来建筑和城市将成为真正的生命体——某种高达数英里的类植物体，如同巨大的菩提树或珊瑚礁一般。这种有机建筑的生长将由感应敏锐的向性所引导，形成洞穴、平台、湖泊和高塔。所谓有生命的建筑和真正可持续的文化应该让人类对地球起到有益的、协助的作用，而非形成破坏性的力量。通过发展新的、革命性的形式，人类甚至可以开始到海洋或外空间居住。生态设计即建立这样一种文明社会：它将以阳光和氢气为动力，人口得到合理控制，生物群系丰富，具有能够自我制约的工业形态和一个不受自然因素影响的经济体系的生态设计。同时，人造景观乡土建筑能够和自然景观天衣无缝地结合在一起，这一点即使感官最麻木的人都可以发现。地貌、自然特征、地方材料和建造习惯是传统形式的创造者。在现代社会中，这种地域的真实感虽然多半已经无处寻觅，但仍旧是一种理想的目标。也许我们可以建构一种更为“审慎的城市”，利用地形学上的折叠、伪装、模仿等美学和技术手段来仿效生态系统。

仿生建筑作为仿生学的一个分支，研究生物系统的结构和性质为工程技术提供新的设计思想及工作原理的科学。它吸取动植物的生长机理以及一切自然生态的规律，倾向于在建筑技术与形式方面对生命原理和生命形式的模仿，同时也暗示建筑设计、城市规划中对自然规律的遵循和应用，结合建筑自身特点而适应新环境的一种创作方法，它无疑是最具生命力和可持续发展的。建筑领域有创见的仿生实践在近几十年中不断发展，其研究意义即是应用类比的方法从自然界吸取灵感获得创意，同时也是为了使建筑与自然生态环境相协调，保持生态平衡。

建筑物以及城市的发展方向，并非继续局限于地面和空中，而是向更适合的方向发展，比如向水面、水下、地下发展。水上城市是一项围绕OTEC系统（即海洋热能转化系统）建造悬浮城市的构思，它利用海洋表面和海底之间的温差，来驱动涡轮机发电。在夏威夷有数个OTEC系统示范工程，这些工程验证了这一构思的可行性。仿生建筑生物工艺学也提供了一个极为有力的工具。DNA的优化过程经历了40亿年的时间，用有机技术代替机器有着巨大的优越性。例如，对被污染地区进行的生物疗法、无需破地开矿而进行的金属提炼法、利用细菌制造的无污染能源等等。为何不去追求一个有生命力的活体城市？由它自身萌发新的邻里、修复破坏的社区、循环利用废品、让它跟随太阳运转、生长御冬的毛发、并且随机膨胀、蠕动、甚至漂游。

建筑的类生命性观点认为，虽然建筑不是生物科学严格意义上的活生生的生命体，但它是具有生命性的，它的生命性是人类本身的生命属性的外延，它的生命性来源人，来源于人类和其他生命体的活动。建筑具有生命体拥有的众多生命特征，例如：化学成分的同一性（1. 不同建筑的构配件组成具有同一性；2. 建筑设计和使用的基本要求具有同一性；3. 不同城市的基本结构和功能具有同一性）、严整有序的结构（1. 建筑构造层次严整有序；2. 人们对建筑的审美具有秩序的要求）、新陈代谢和负“熵”（建筑和城市通过人的活动进行物质、能量、信息的传递加工完成物质、能量、信息还有经济价值的代谢并保持建筑和城市的有序运营）、应激性（1. 通过人对环境变化的感知对建筑进行有益于人们生活的调整；2. 建筑中的自动化和智能化设备在有些条件下没有人的参与可以直接对建筑进行维护和调整）、适应（1. 建筑的形式和结构适应它的使用功能要求；2. 建筑的形式和功能必须适应其自然环境和社会环境；3. 从建筑的发展演变来看对于某种持续的环境或者功能的要求，它的适应性会逐步加强）、稳态（建筑需要营造适合人们生活的稳定的生理环境和心理环境）、生长发育（1. 建筑存在一个兴建、使用、改造和废弃拆除的生命周期；2. 城市存在一个形成、扩张和结构调整的演变过程）、进化（人们在新的建筑建设中对已有建筑的继承导致了建筑的遗传，在新建筑中的发展创新导致了建筑的变异）等等；抑或具有和生命体的某些特征类似的属性，例如：构成要素的同一性、传承和创新等等。在其中，新陈代谢和负“熵”还有进化是最显著的特征，也是建筑最具有生命活力的特性。

新陈代谢和负“熵”，不论建筑还是城市都可以被看作具有生命属性的耗散结构，新陈代谢和负“熵”是耗散结构得以维系和发展的两个本质属性，建筑和城市的新陈代谢就是和建筑与城市相关的由人的活动主使的所有动态因素，建筑和城市的负“熵”就是在这些动态因素作用下建筑和城市有序性增强的趋势。以黑川纪章为代表的建筑师极力主张的新陈代谢论与共生思想即以类生命性为创意出发点的建筑哲学，从具体建筑上对生命形象的模仿随着对生命现象的理解提升到哲学高度应用于建筑设计和文化研究。

建筑的演变符合成为进化的条件，从而得出结论建筑的演变发展可以被称作建筑进化。另外，生命的进化和建筑的进化还具有很多相同或者类似的特征。对比进化的条件：1. 变化来源，进化系统内部必须有变化或变异，为系统的进化提供“材料”。2. 信息存储与传递机制，进化系统内的变化或变异必须以某种形式存储、传递和延续，才能完成进化过程。3. 进化动因与导向，进化的动因和进化方向的控制。4. 进化的适应方式。综上所述，无论生命体还是建筑总的进化趋势是从简单到复杂。对于环境以及某些其他必要的适应性倾向于逐渐加强；对资源的使用倾向于愈加高效。复杂、有序、高效、适应不仅仅是生命进化的趋势，也是建筑进化和演变的总体趋势。

进化建筑：以美籍华人建筑师崔悦君博士为代表提出进化式建筑理论：“进化式建筑严格地研究、分析和综合经过亿万年演变的自然界的进化实践和内在规律，并将这种基本原理运用于当前需要、环境现状以及建筑形式、功能和用途中。”按照该理论设计建造的建筑，其创意打破常规。他认为，进化的手段允许我们运用这些经过自然界长时间逐渐形成的原理，通过回顾历史和大众文化的主流态势我们可以学到许多这方面的知识。形象与习惯及它们肤浅的感知力，使我们看不到自身活动的长远影响。外部与内部环境的不断变化，始终与自然界保持着相互联系，进化式设计就是由这种关系而开始的……在人工的构筑物世界和自然界之间建立起了一种相互的和适配的关系，它们是协作的实体，互相加强和补充。技术是进化观点的组成部分之一。人类并不是与生俱来就有建造智慧住所的能力。自然是各方面才智的源泉，如材料的充分利用、有效的形式和构造、能源功效、牢固性，等等。多年的研究表明，自然界运用着一些放之四海而皆准的实用原理：

①最小限度地使用材料；②通过选用合适的形式来分散和有侧重地分布内力，最大限度地发挥材料的强度；③用最小的表面积来创造最大的容量；④联系构造的目的用途来选择颜色、尺度和质感；⑤在所有细部保持形式的连续来达到均匀分布内力的目的，并创造出尽可能高的强度质量比；⑥形态中的空气动力学原理极大地辅助了其自身的冷却、升温和温度调节；⑦形式与外界环境的自然力和居住者的需要直接相连，并且以大体上使栖居地和环境同时收益的方法共生。

比较我们的人造建筑物，它们在各个方面都缺少对于以上原理的有效运用。

以下14条原则构成了进化式建筑的基础：

①实行自给自足的循环系统、净化系统和动力系统；②在任何可能的地方使用再生材料；③使用无毒性的材料，并在建筑内消除污染；④高标准地进行防火、防水、防震和防虫害设计；⑤选择有效的结构体系来均匀分布和传递内力；⑥让建筑表达其居住者自然的循环模式；⑦去除所有多余的构件和构造措施；⑧不断探寻科学和技术上的先进方法，并将其贯彻到建筑和基地中；⑨将建筑视为一个能对气候及其内部变化做出反应的活的有机体；⑩将建筑的“脚印”减少到最低程度，跨越在基地上方或在竖直方向建筑，从而保护自然环境；⑪结构特征统一，而且其表达方式应与设计合一；⑫认识并表达结构、形式和材料的效率；⑬将空间视为多层次的、有活力的、运动的连续体，而不再有静止的平面网格；⑭尝试发现新的可能性，并对你的假设、预期和状况提出疑问，敢于揭示未知事物，使那些看起来似乎不可能的变为可能。

进化式建筑并非一种风格，是一种大胆创新的生活方式，它试图给年代久远而又顽固不化的教育和社会状况、环境破坏、低效的建筑及受传统支配的千篇一律提供解决的方法。它为领悟自然界的智慧提供了一个基础，并使这种理解以有益于我们周边的人工和自然环境的方式得到实行，同时，还与科学技术的高速发展保持一致。进化式建筑的理论涉及到建筑生命性的众多方面，例如：高效性、适应性、应激性、新陈代谢等等。

自然物质现象和生物的构筑行为是无意识的，但建立在结构和功能的秩序性之上。建筑设计与自然界生命体一样，秩序通过一系列不断增长的复杂性和层次性的特点的结构和综合功能表现出来。F. 奥托认为：“了解存在于自然中的生成过程，人工地完成这种过程，乃是设计之道，高度完善的技术发展能够很好地认知这种自然中的非技术构成。自然不应被简单地复制，而是通过技术进步被更好地理解。对于工业化革命以来人类征服自然能力的增强，奥托表示担忧：“过去曾为技术发展提供灵感的自然构造越来越被忽视，而被人们习惯的人工构筑物已被理解为自然的、生态的一员，这是非常危险的”。他认为人们至少应该利用技术的发展，使技术与产品的反自然性得到柔化与调和，使人类能与自然和平共处。以上来自自然生命体的创意已被反应在建筑设计理论和实践中，自然界所具有的规律原理在设计中同样适用。

（二）类生命性的建筑设计创意应用与研究

类生命性的建筑设计创意提示解决问题的答案，拓宽创意思考的源泉，设计与自然界的现象是息息相关的，更多生物与生物间，生物与周围环境间的相关议题均可为设计领域提供更多的思考方向。

1. 确定类生命性的建筑设计创意的具体方法

（1）设计创意方法的类型选用需要解决以下几个问题：

①局部创意与整体创意的选用。

②确定创意的来源于哪种类型的生命体。

③确定创意来源的生物特征（形态、功能、装饰或结构）。

④具象创意与抽象创意的选择。

⑤可否采用动态仿生创意。

⑥有没有必要运用组合创意。

（2）提取相关元素进行细化设计

确定了生命体本源的创意设计的具体方法后，就应罗列出一定的创意对象，并根据产品的功能、用途、目标群体等信息，提取出能传达设计意图、实现预期效果的元素，以进行设计的展开与细化。

（3）进行设计评价设计

评价其目的是判断设计方案的实际可行性，以便进行有针对性的修改。根据相关理论在评价中应从美学性、加工性、经济性、环保性、文化、精神性及创新性等方面给以综合考虑。

2. 研究方法

（1）创造生命体模型

首先从自然中选取研究对象，然后依此对象建立各种实体模型或虚拟模型，用各种技术手段（包括材料、工艺、计算机等）对它们进行研究，做出定量的数学依据：通过对生命体和模型定性的、定量的分析，把生命体的形态、结构转化为可以利用在技术领域的抽象功能，并考虑用不同的物质材料和工艺手段创造新的形态和结构。从功能出发、研究生命体结构形态——制造生命体模型。

找到研究对象的生物原理，通过对生命体的感知，形成对其的感性认识。从功能出发，研究生命体的结构形态，在感性认识的基础上，除去无关因素，并加以简化，提出一个生命体模型。对照生命体原型进行定性的分析，用模型模拟生物结构原理。目的是研究生物体本身的结构原理。

（2）创造技术模型

从结构形态出发，达到抽象功能——制造技术模型根据对生物体的分析，做出定量的数学依据，用各种技术手段（包括材料、工艺等）制造出可以在产品上进行实验的技术模型。掌握量的尺度，从具象的形态和结构中，抽象出功能原理。目的是研究和发展技术模型本身。

（3）可行性分析与研究

建立好模型后，开始对它们进行各种可行性的分析与研究——功能性分析：找到研究对象的生物原理，通过对生物的感知，形成对生物体的感性认识。从功能出发，对照生物原型进行定性的分析。

外部形态分析：对生物体的外部形态分析，可以是抽象的，也可以是具象的。在此过程中重点考虑的是人机工学、寓意、材料与加工工艺等方面的问题。

色彩分析：进行色彩的分析同时，亦要对生物的生活环境进行分析，如需要研究为什么是这种色彩，在这一环境下这种色彩有什么功能。

内部结构分析：研究生物的结构形态，在感性认识的基础上，除去无关因素，并加以简化，通过分析，找出其在设计中值得借鉴和利用的地方。

运动规律分析：利用现有的高科技手段，对生物体的运动规律进行研究，找出其运动的原理，有针对性地解决设计工程中的问题。

当然，我们还可以就生物体的其他方面进行各种可行性分析。类生命建筑在某种程度上满足人们在文化与精神方面的高级需求。因此，建筑的类生命性在建筑设计创意产业中具有非常广阔的开拓应用前景。

二、以自然环境为本源——拟自然环境的建筑设计创意系统

原始建筑中构成“简易建筑环境”的基本要素：地理、地形、气候、阳光、及建筑材料，都是自然因素，包括受力和支撑的体系均离不开“自然”这个基础。不论东方和西方，还是远古时代和现代，自然中的地形地貌、气候因素、自然材料对建筑创意的源起与发展起到最基本和直接的影响。通过各要素在创意本源过程中所起的历史性作用可以进行诠释。建筑材料对建筑设计创意的生成有着独特的作用和影响。它是最基本的建筑要素。最终，人们在毁坏的建筑废墟中发现的只有它们。它们承担着建筑学的非常重要和根本的物质层面。既是其他自然环境因素的结果，也是建筑物质的起点，成为两者之间的物质界面。

远古时代建筑材料本身兼具一定的“科技职能”，如材料的强度、刚度。新型建筑材料的制造、发明和产生，极大地拓展了众多新的建筑类型、形态和构筑方式。建筑设计的自由度更加宽广，注重探索技术的人文主义内涵，强调地方性、现代性和人的感受，向人类原始思维回归，自然材料作为建筑材料中最基本的层面愈加受到关注。远古时代所兼具的“科技职能”，构成了建造理性逻辑的物质层面，成为建筑设计创意系统的源动力之一。直至今天，自然材料仍然在不断激发着人类的创造力。因为它们本身拥有最原始最深刻的内涵。

（一）逻辑生成创意——自然材料、构造方式、建筑形式

建筑设计创意的最终实现必须通过建筑师用一定的手法精心组织材料构筑建筑，建造和材料有着本体的、必然的联系，无论是建筑的形式、空间都是材料组织的结

果，而不是单纯的图形物质化的结果。因而自然材料的内在特性限定了创意的成就，同时也促使新的创意产生。建造的过程同时也是不断对创意产生各种限制和不断产生新的创意突破限制的过程。

建筑物从其物质本质来说，可以理解为各种材料按照一定的法则组织到一起形成的一种构筑物。建筑依靠对材料的逻辑化组织来解释自己的存在，反映与世界的关系。建筑是“它自身的绝对的表达”。材料的内在特性影响到建筑物的外在形式，限制了它的成就。

人类早先在地球上生活的时候物资资源极度贫乏，生物体成为他们的生活材料和建筑材料，直到今天木材还扮演着十分重要的角色。但是在缺少木材的史前时期，动物体也拿来盖房子。旧石器时代的定居点使用动物皮毛和骨头作为结构。在乌克兰发现的公元前8000年前后的用385根猛犸骨建造的无盖的棚屋。当木材和石材确立了建材的地位后动物就逐渐被淡忘了。但是现在的技术可以再度对它们进行利用。动物体材料、草、竹、木、石、土成为被限定和促进建筑创意产生的原初材料。

以下是自然材料本源的建筑设计创意系统的生成原则。

第一原则：“就地取材”成为人类最初的创意原则

“就地取材”是建筑设计创意的地域限制，它反映了自然环境对人类的约束力。自然的建筑材料产生相应的结构形式和构造方式。就地取材的天然材料不仅对人体无害，且虽经加工后仍能反映自然特征。在自然条件不同的地区内，人们因地制宜，就地取材，建造了各种不同形态的建筑。温暖潮湿的南方，在房屋下部采用架空的干阑式构造，流通空气，减小潮湿，除木、石外，还利用竹与芦苇，建筑风格轻盈通透，与厚重庄严的北方建筑恰成鲜明对比。黄河中游一带是中国农业的发源地，古代文明的摇篮。当时森林茂密，木材渐渐成为中国建筑采用的主要材料。森林地区往往使用井干式壁体，建筑材料除了木、砖、石外，还利用竹与芦苇。石料丰富的山区，多用石材建造房屋；山东半岛北部和辽东半岛南部的海城、盖平、复、金等县的石棚，则是新石器时代末期已经进入金石并用时期的遗物，是单独用石料构筑的建筑。远古、原始天然建材的“就地取材”构成人类最初创意形成的决定性原则。

第二原则：创意必须遵循每种天然材料的建造逻辑

构造在设计中有着特殊的意义。各种材料按照一定的方式组合起来构成了建筑物。构造体现了材料的组织方式，也蕴含了材料的逻辑表现。它是材料解释自我的方式，也是材料构筑建筑的根本方式，它包含了丰富的意义和内涵。古希腊、古罗马等欧洲古典建筑遵循石材的表现逻辑；中国古典建筑遵循木材的表现逻辑。至今石材演变为混凝土砌块；木材在过去建筑里频繁使用的都是“大木”，随着木材使用的减少，大木逐渐演变为小木、细木、碎木，最后是现在的“胶合板”、“细木工板”、“层压板”等。尽管当代材料的地域性差别以及施工的机械化、标准化差别越来越小，技术也有全球化的倾向，世界各地的差别越来越小，但就每一种材料自身来说，它的构造逻辑却保持着某种一贯性和特殊性，甚至成为地域文化的符号。这是材料本身的作用下所提出的形式。建筑的建造本身产生了建筑的形式。这些都说明，建造方式在建筑的发展过程中具有着基础性的支撑作用。

第三原则：材料的自然法则通过不同组合方式为创意提供了无数的可能性

材料及其形式、构造方式有着内在的逻辑关系，“忠于建造方法，就必须按照材料的质量和性能去应用它们”。在人类的发展过程中，祖先从自然中认识到藤条草叶的压而不折，从而把它们编织成绳索；从兽皮的坚韧认识到面材，从而发明了帐篷、风帆；从岩石中认识到块材，从而制造了石板和石柱，进而产生了梁柱体系。人类创作的建筑从物质本质上来说，可以理解为各种材料按照一定的自然法则组织到一起形成了一种构筑物。人类在不断探索和发现这些自然法则，而不是“发明”它们。发现过程是人类创造力开发的过程，而人类采用不同方式将这些法则进行组织，为建筑设计创意的生成提供了无数的机会。

从古至今的不同时空，这三条原则一直在发挥不同程度的作用，即便在科技发达的今天。最后一条原则冲破了所有的约束，为人类的创意思维提供了发展的机会。

逻辑生成创意包括了自然材料、构造方式、建筑形式。自然材料——创意生成的原初素材；构造——创意生成的逻辑组合；形式——创意效果的视觉表现。建筑的表达通过材料的选择和使用与自然紧密相连。构造在建筑设计中有着特殊的意义，它是各种材料组合起来构成建筑方式。构造体现了材料的组织方式，也组合了材料的逻辑表现，它是材料自我表达的方式。构造将原始材料转化为强有力的形象，不仅是技术问题，还是自然和人文的问题。材料本身也是有意义的。可以说，建筑的形式表现是基于对材料及其连接方式的表现，这种表现来自于对自然物质现实的认识和分析。因此，创意的一项重要任务就是从材料性能及建造过程的逻辑表现中开发新的可能性。

（二）组构自然法则——当代建造语言的不断发展

传统建筑中面对地域自然和气候条件的营造，历经岁月的锤炼而形成地域技术，并升华成为建筑文化的构成部分，是地域建筑学的精髓，是一种质朴、广义的生态设计。其中所体现出的“因地制宜、就地取材”以及因材施用的原则，仍是今日营造的不朽光辉。面对不同地域的自然材料特质，可以获得建筑艺术自然真实的源泉。在此贯穿建筑设计的基本思想是：不依赖耗能设备，而在建筑形式、空间上通过自然材料及其构造采取措施，以改善建筑环境，实现微气候的建构，这对于发展中国家寻求可持续发展更具现实性，典型地体现在印度建筑师查尔斯·柯里亚、埃及建筑师哈桑·法赛的作品中。而当代建筑计中的建造受材料、加工、工业技术、传统工艺，以及经济方面的束缚较之从前已经大幅度减小。建筑中大量的常规做法不再有显著的地域之分。但是，我们在建筑设计中仍然应当充分地发掘自然材料本身固有的表现潜力。

自然材料本身自然地蕴含了形式的相应的方式。每一种形式都拥有其内在的形式语言。形式来源于材料，但是直接表现材料本身并不是建筑设计的目的。建筑设计中对材料的运用是建筑师揭示潜在规律，表现自然秩序的载体。材料始终是载体，认知的表象是形式，是由材料组成，但是不是材料本身，它是对材料的再现。作为创意的最初素材，材料最重要消失到形式当中去。

建筑设计中根据自己的要求去挑选和使用材料，建筑形式依赖于材料的选择和利用的思想，而不是依赖于材料。建筑原始的基本形式表达了最简单的思想。形式的变化来自于处理材料思想的变更。这种思想随着环境、时间、习俗、气候、即允许操作的材料而改变。自然材料自身的物理特性和施用位置决定了它的建筑处理方式，现代建筑的进步很大程度上是在面对完全变化了的物质基础而寻找新的建造语言。在世界范围内看来，自然材料在当代建筑中的运用，形成新的建造语言，直接针对材料，通过组合和建造表现一脉相承的意义，主要有以下几个新发展：

1. 从质入手，利用自然材料的更替获得新的效果，反映时代的发展痕迹

今天的建造应使用今天的材料。

路易康表达了“砖”是什么，P-钟托在汉诺成博览会的瑞士馆中表达了木材晾干的时间特性，赫佐格、德姆隆的沃尔夫信号楼用对铜片的高超的构造方式解决了采光和静电屏蔽等多种功能。冯纪忠先生20世纪80年代末作的方塔园位于上海近郊松江县城，主要是为保护并展示现存的一座宋代方塔所作的园林，基地处于元、宋、明、清的木构、石构、碎构等技术与文化遗存的环境中，园内建筑通过大胆采用钢结构、钢木结构、竹结构和砖石结构，在逻辑上延展了元、宋、明、清的木结构体系。在形象上直接传承了江南水乡风情（而不是古典园林）。由此，全园在整体和谐的同时，机智地表达了现代技术条件下自然材料所特有的历史动力感。

2. 从新技术入手，变通自然材料构件的原始形式或者构件特号化，产生新奇的效果

今天的建造应是来自于今天的技术。

现代最流行的莫过于钢筋混凝土结构，其优点与木结构异曲同工：结构逻辑简单明晰，最为简洁的梁和柱支撑着连续的大空间，灵活划分方便实用。各种现代技术代替斗拱实现了更为深远的出挑，无论是斗拱还是雀替，在今天它们更大的作用是一种文化象征，现代建筑经常将这些传统构件抽象化、几何化、建筑化。

多年来，无论建筑的“外表皮”怎么变迁，作为最重要的纵向承重结构——柱子，一直以不同的材质演绎着相同的形式。伊东丰雄的仙台媒体中心的“柱”却是对原始支撑概念的衍化——也可以说是回归和形象的激进。同时也表达了伊东丰雄的建筑审美取向——回到建构本身，重新解释“柱”的定义。在这里，新技术为新的形式提供了可能，并将构造转化为艺术。英国建筑师特里，法莱尔的TVAM大厦局部以现代材料重新解释“key stone”的概念。在EXPO2000中，由青年纸建筑家ShigeruBan设计的日本馆，占地面积约为3600m^2，使用再生纸管和纸板建造开发新的纸建筑构造法，实现新开发的纸膜屋顶技术。

3. 剖析构件内在的逻辑关系，让设计与构件更加紧密结合。

在只注重风格、式样、构思的设计中，构造只是被动地承担物质载体的角色。只有当设计和构造合为一体的时候，建筑才有了真实的体现。形式的产生是对材料及其组织理辑的深刻理解，只有自然通过对材料进行深入的研究之后才能得出相应的结论，而不是肤浅地对表面简单的搜索和记忆。构造是对材料的技术处理和连接，和形

式是相互联系的。构造产生了形式，也最终消失在形式之中。形式是人类体验秩序的方式。建筑的构造并不是简单的表现构造，它忠实于结构和材料，是艺术的表达。

天然材料遗存下来的构造形式反映了地方文化特征。在漫长的人类发展史中，建造活动由于受到当时技术条件、取材、经济发展状况、科学知识、社会组织等因素的制约，带有明显的地域特征。与建筑材料相关的属于当地特色的构造做法体现了建筑形式的地方性和民族特色。这些构造做法体现在建筑中，使建筑成为丰富多彩的文化现象的一部分。当然还有反映一个地区经济技术实力的构造做法，同样的材料和结构，由于技术能力的影响，各个地区会有完全不同的做法，因此也生动地反映在建筑形式上。不同的民族国家或地区也有不同的建造习俗和习惯，与具体的构造做法紧密相连，甚至于受到他们的世界观、宗教观的影响。但是无论如何，地方精神和地方特色的体现是在更实质和内在的建造中，对特有材料的研究中，在处理时代更替中对自然材料运用的变化中，在于挖掘时代和地方的形象和精神，而不是简单形象的模仿。

安藤忠雄在西班牙塞维利亚设计的日本馆，用简洁的形体衬托出木质的类斗拱构件，这是一个经过理性剖析，并且经过几何简化过的产物。该建筑的基本骨架是钢结构，但人们可以清晰地读出斗拱系统的构造组织，体会到传统木结构的承重体系之美。深刻理解自然材料的构造并挖掘其深层意义，将构造发挥到极致上升为具有精神的建筑艺术。

综述，自然因素将恒久地对建筑形态构成起到影响作用，尽管这地形、气候、建材在不同的时空内起到不同程度的作用。而这些因素也必然对建筑创意的生成起着原发性的影响。

（三）拟自然环境的建筑设计创意应用与研究

1. 拟自然环境在类生命性的建筑基础上，通过研究自然构成、自然规律，使得人工物、人工系统成为真实的、和谐的和自然的。这是一种科学的思想与实践方法，创造拟自然环境的建筑空间，以保持人与自然接触、建筑与自然接触为核心，以生命的视角审视建筑与环境之间的关系，以创造建筑之中、建筑之间沟通自然的空间以及自然化的人工环境为实现手段，旨在营造高质量的生活空间，促使人与自然的融合，最终达到增进入际交往的目的。并且使建筑物成为自然中的和谐、有机的组成元素，具备生命的持续特征——通过与环境的合作而生存。使建筑成为自然中真实的、和谐的类生命体。

2. 建筑作为非有机的人工物，使“拟自然”环境的创造必须以工程、构造的方式实现其有机性：构造设计学：以构造（包括空间的构造）上、工程上的想法来完成建筑与其环境的最佳配合；找到把自然（有机体系）引起建筑空间在异化条件下仍能保持其自身特性的正确形式；融入人对自然的情感；体现自然的美。

3. 可持续发展、生态学是时代的重要课题。可持续的、生态的建筑，实际上是一个古老的问题，只不过是被重新提起。“绿色化”与适宜的技术手段是整个建筑观念中的一个平等的合作者。作为一种当代的对可持续发展、生态学的响应，创造拟自然环境的设计思想，创造“自持续”的建筑体系，通过轻微接触大地、全面的环境控制，建筑成为基地中、自然中一个和谐的要素。

4. 强调介于秩序和混沌之间的中间领域，重视关系的复杂性、模糊性和非线性。其最终目的是精神的，是更复杂、更模糊、更深奥微妙的关系。这种“不可见”关系的表现，是生命时代的主题。拟自然环境的创意设计是整体建筑观。一方面，动态发展，强调多样性；另一方面，对于特定人群，特定环境，坚持建筑的地方性，从地域特征中获得启示。

1. 在个体与环境的关系中，建筑物同生物一样进行着与外界的物质与能量的交换（自然采光与自然通风）。这种可比性是对建筑空间环境进行拟自然环境的建筑设计创意的基础。

2. 空间几何学的研究表明，随着几何体容积的增长，表面积与容积的比率呈现减小趋势，由于生物有许多以来皮肤（表面积）的生理机能，如呼吸、排泄等，所以生物在进化中为了克服这种表面积与容积的制约关系，具备了克服表面积增长慢的特性，一定优势的形态和发展内部器官形成腔体。

3. 这种生物形态、表面积与容积的相关性予以启示：重视建筑与自然的接触面、接触过程和接触方式。克服建筑容积与表面积的相互制约关系，保持建筑与自然的接触的第一步骤，就是构筑建筑间隙——建构一种有隙的建筑容器，使建筑具备一定优势的形态，扩大空间与自然的接触机会。

4. 表皮——界面——间隙——中间地带——中庭，为自然流入建筑创造通道和驻留场所，光、风、云、雨、雪、水、植物……渗透到间隙中，内部得以感知外在环境，生活空间沐浴于自然中。间隙扩大了建筑与自然接触的机会，但是，如果只是简单地向自然开放，建筑就会丧失其维护的基本目的，从生物界“多重包被”现象获得启示，建筑必须设置明确的中间地带。

中间地带作为建筑内部空间之间的多重复合空间，同时意识到建筑容器的封闭性（围护）和开敞性（与自然交流）、内部和外部的重要，调和矛盾的两极。中间地带的空间构造，决定于内部空间要求和外部环境的相互影响，进而转化为建筑内在的组织结构。创造中间地带，彻底地否定两种倾向：单一的密实墙体造成的内外之间的生硬边界；玻璃表皮所导致的内外空间无休止的延续。

建筑纵深空间与外界的联系（自然采光、自然通风与景观）受制约于楼层平面的进深。与外界沟通的中庭相当于由自然向建筑内部翻转的腔体，发挥生物腔体的机能：相对增加与外界接触的表面积；建筑得以从内外两侧接触自然；与自然沟通，获得自然采光与自然通风的优势。这就是——中庭腔体。中庭在其发展过程中，根据与自然联系的方式和程度的不同，经历了三个阶段——含院、共享空间、环控腔体。

5. 自然界的多样性和关系的复杂性是自然生态系统平衡的基础。任何个体都是自然物质与能量循环中的一个环节，人工环境中再现自然不是为了机械地模拟自然生态，而是将有机状况（自然要素）引入非有机的人工物中，达到有助于维持和恢复基地生态过程，以及保持基地生态格局的连续性和完整性的目的。这就需要找到把自然引进建筑与城市空间时在异化的条件下仍能保持其自身特性的正确形式。拟自然环境设计理念应用于城市空间，积极有效引入自然，打破城市的高度实体化、整理城市碎片，将城市残余空间纳入到城市有机体系中。

1. 只要“美感”仍将是人们所追求的，生活空间所体现的协调之美、自然之美、感觉之美，就是需要创造的。我们是自然构成的一部分，我们的存在本身，归根结底是存在于它的。自然，神秘得好像空气一样，卓越的创意成长在其中。

2. 自然抽象语言的创意系统包括了：自然的统一——均衡——尺度——比例——韵律——序列——性格和表情——风格。与此相对应建筑设计创意系统的抽象语言。

3. 自然界物质形态和生物形态自身组织的有序性，通过创意成为抽象语言表现在建筑上。建筑从一开始起就是人类在自然界寻找秩序的手段。自然界提供的形态是无穷无尽的，其中的许多形式都可以成为建筑设计中的抽象语言。在设计过程中，人们的思维从最初与自然界简单的形式的对比，到发掘与自然复杂的关系，这是一个把人类潜意识中对自然美的感受引向显意识的艺术追求的过程。观察自然界，并对比古往今来的建筑，就会发现建筑形态中无时无刻不体现了自然界统一、均衡、尺度、韵律、序列等基本美学原则，使建筑形态向多样化、秩序化的方向发展演化。以点、线、面来类比抽象的基本形式要素，作为空间限定的元素与构件，它们之间存在着合理的自然组织方式。从这些形态语言中找出本质秩序，将自然的特征转化为设计的构想，使我们的建筑真正地具有生命力。

伊利尔·沙里宁在《形式的探——一索条处理艺术问题的基本途径》中曾阐述，“人只有对整个艺术领域有综合的体会，他才能在某一门艺术上获得全面的理解。这就必须学会理解生活——所有艺术的源泉。要理解艺术和生活，必须去理解事物的本源：即理解大自然，凡是大自然的固有规律及基本观念的精髓，无疑地理应成为人类的固有规律及基本观念的精髓。人类在初始阶段是接近大自然的，凡是他试图完成的事情都本能地真诚和完全符合大自然规律，即使人类在随后的伟大文明时期中，已逐步进化到较高的发展阶段。人类依旧保持原来的做法，直觉地意识到大自然的规律，其形式是土生土长和富有表现力的。只要人类保持其创造精神时，情况就是如此。大自然的规律即‘美’的规律是基本的，美学上的奇谈怪论动摇不了它的。我们不一定始终能够有意识领会这些规律，但我们总是下意识地在感受它们的影响。由于显微镜与望远镜使人们对微观和宏观世界有了新的认识，今天眼光尖锐和感觉灵敏的人对大自然规律的认识，已提高到前所未有的程度。在这些规律的背后，感觉灵敏和眼光尖锐的人看到了永恒生活中脉动的韵律。”

第三节 建筑设计中的创意破坏性技术

一、以创意破坏性建筑技术为动力

相对独立的系统的各种动力相互制约、相互作用，其合力决定了创意发展的方向，创意破坏性技术在这个动力系统中上升为起支配作用的决定性力量。其所具有的四大社会功能即生产力功能、经济功能、政治功能、文化功能，从建筑的物质、制度、精神三个层面影响建筑的发展，与建筑文化的三个层次划分相对应：表层的物化形态，即建筑的实体要素；中间的心物结合层，即建筑规范、法规和创作理论等；深层的精神形态，即文化的整体心态，如伦理道德、宗教感性、民族习性和价值观念等。这四个功能对于建筑文化的三个层次均有不同形式、不同力度的推动作用，充分说明创意破坏性技术是建筑发展的基本动力。

（一）创意经济中的创意破坏性技术

创意经济的先驱是著名德国经济史及经济思想家熊彼得（Joseph Alois Schumpeter，1883—1950），1912年他明确指出，现代经济发展的根本动力不是资本和劳动力，而是创新，而创新的关键就是知识和信息的生产、传播、使用。他当年率先创用的“创造性破坏”“创新”以及“企业家精神”等三个关键词，已成了美国、甚至全球主流经济论述中的重要核心概念，被麦肯锡顾问公司的两位经济学家发扬光大，写成著作《创造性破坏一市场攻击者与长青企业的竞争》，对观察当代企业流变具有十分重要的帮助。

熊彼得创始的创造性破坏或创意破坏性技术是指那些能够让更多的人享受到这种技术所带来的好处，而破坏了既有技术的根基的技术。例如，电话的产生就是一个创意破坏性的技术，它破坏了原有的电报技术。现在许多大公司常常是基于理性的经营方式来决定自己的产品政策，这样那些在短期之内经不起考验的产品就不会得到推广，创意破坏性技术就难以产生。但实践表明，创意破坏性技术能够为公司赢得市场，而对创意破坏性技术的搁置往往造成既有市场的丧失。

出身哈佛的美国联储主席葛林斯潘这样认为：“美国的经济，比起其他国家更明显地反映出从前哈佛著名教授熊彼得所谓的创造性破坏，它乃是一个持续的过程，新兴的科技赶走了老科技，当使用老科技的生产设备变得陈旧，金融市场即会支持使用新科技的生产方式……，这种创造性破坏的过程已明显地在加速，伴随着这种扩大的创新，也反映在资本由老科技往新科技的移动上”。

从人类历史发展的角度，建筑技术大致经历了以下阶段：孕育形成阶段；手工业技术阶段；以工业化为核心的工业技术阶段；以信息化为核心的高新技术阶段；以创造为本质的创意破坏性技术阶段。

未来的建筑将在三个层面上得到极大的丰富：

1. 建筑科学、建筑技术将为未来建筑的发展提供坚实的基础。未来的建筑不仅是建立在新的建筑技术和丰富的建筑科学之上，而且是建立在具有创造性破坏的技术上。高分子材料、信息技术、仿生结构技、心理学、环境物理学、生态学和仿生学将为未来的建筑提供新的理论基础和新的设计观念。

2. 创意破坏性建筑技术改变了人们的时空观，改变了生活方式，从而促生建筑的新功能、新类型和新服务，更加注重建筑的综合效益。这是新的建筑形式产生的基础。建筑的综合效益成为建筑更趋合理的表现。加拿大建筑师约翰．麦克明（John. McMinn）在其论文《第四次浪潮》（The Fourth Wave）中将建筑可持续发展的设计观念作为第四次浪潮的集中表现，创意破坏性技术结合生态意识创造出我们时代的建筑。

3. 科学技术的发展将要求建筑有新的艺术表现和深刻的文化内涵。创意时代，人们的生活愈来愈为人类的创造性所支撑，在强调技术先进性、追求经济合理性的同时，也要求寻回失落了的丰富的人类生活。技术的创造性破坏成为满足人类情感需求的产业的有力支撑，促使建筑设计真正成为创意产业之一。建筑的艺术性和文化内涵反应了人类自由的原创力。

（二）创意破坏性建筑技术在建筑设计创意中的发展

建筑设计创意是一个综合的思维过程，一方面相对于物质形态的建筑而言，它是一个产品生产过程；另一方面相对于作为文化、美学等载体的创作来说，它又是一个创意思维过程。其中，技术理念的变革在制度和精神层面上对创意的演进和变革发挥着重要的引导作用。

从人类原始时期的技术创造活动对自然环境的被动的“本能性适应活动模式”进化到以技术为基础的主动的“实践活动模式”，直到今天以创意破坏性技术为基础的“创意活动模式”，人类拥有了为能源、信息、高分子合成材料和空间技术等高科技所广谱渗透的现代建筑技术。建筑技术的发展，主要是围绕着材料、结构、施工等方面的进步变革而展开的。任何一次建筑技术的革新，推动了建筑水平的提高，创造出丰富的建筑形象。

1. 以技术为便利的阻力最小路线

在人类建筑技术形成的早期，受原始社会发展水平和原始人类智力水平的制约，建筑的目的仅仅是为了获得一个维持生存的场所。人类在与自然的斗争中，逐渐掌握了简单的生产经验和技能。他们“挖地为穴，构木为巢”，技术被用于日常的生产和生活之中，酝酿着地面建筑的雏形。随着营建经验的不断积累和技术的提高，逐步转向地面建造房屋，创造了原始的石构和木构建筑。这时期建筑的技术水平低下，建筑与技术简单而紧密地结合在一起，构筑活动往往沿阻力最小的路线进行，表达出朴素的技术思想。

2. 以旧技术改进为方法的创造路线

从奴隶社会开始，手工业为特征的建筑技术造就了崭新的建筑形象。君权或教会的绝对统治，得以使大规模人力物力的投入成为可能，建筑技术手段也逐渐进步，趋于多样化：混凝土浇筑技术、拱券技术、石材的大规模开采与模数化等等。史诗般的建筑文明得以成就。但技术始终是为建筑服务的工具和手段。尽管从中国的《考工记》、宋《营造法式》、清工部《工程作法则例》到维特鲁维的《建筑十书》中都用大量的篇幅讨论建筑技术，但是与同时期人类文明的进步相比较，技术的发展始终处于较低水平和重复的状态，技术的创造性停留在对旧技术的谨慎改进的过程中，虽然也会使建筑有创新和发展，却常常埋没于一种风格的替换。远未能为建筑创作提供完美的解答。科学技术以第一生产力的身份推动了社会的进步，也以手段和工具的方式直接影响建筑的发展，但是这种影响并非深刻的，甚至不是主要的因素。建筑创作中技术理念始终隐藏在精神功能后面。

在欧洲文艺复兴之前，提高建筑建造效率是促进技术创意和创新的直接动力。建筑技术基本上表现为以手工操作为基本特征的单元性技术。体现神权与皇权是对建筑创意首要命题，由此所引发的对建筑的空间尺度（如高度、体积、跨度等）的不断追求成为技术创新的源泉所在。建筑科学主要产生于人们对技术经验的归纳和总结，实践、技术、科学之间的主导作用传递模式可概括为：实践-技术-科学。

欧洲文艺复兴之后到工业革命之前的一段时期是现代建筑技术产生的准备期。科学摆脱了宗教神学的束缚，不断系统化和理论化，进入了全面的快速发展时期。同时，建筑活动的复杂化也促使建筑技术从现场的实践活动中分离出来，形成了相对独立的专业化技术研究领域：（1）工程理论获得了较大的突破。莱布尼兹、马略特、伯努利、库伦、纳威尔等人在结构力学上的贡献，奠定了现代结构技术的基础。（2）建筑技术的研究和教育向专门化发展，继1671年世界上第一个建筑学院——法兰西建筑学院后又设立各类建筑工程学校，促进了现代建筑技术的发展。实践、技术、科学之间原有的主导作用传递模式开始被打破，其间的相互作用关系转入复杂的调整阶段，并不十分明朗，正如贝尔纳所说，“17世纪到19世纪，科学从理智上的系统化、工业中的技术革命和资本主义在经济上（和政治上）的优势，都是在那几个时期，同在那几处地方长成和繁荣起来，这并非偶然的，然而它们之间的相互关系，却绝非易于解析。”

3. 以技术为发展方向的路线

罗伯特·罗素在其《中西文明比较》一文中谈到西欧和美国的精神生活可以追溯到三个来源：（1）希腊文化；（2）犹太宗教及其伦理；（3）现代工业主义。人们虽然意识到古典形式与现代技术之间的矛盾，并进行了一系列的创意尝试，但直到1851年，水晶宫在建筑设计界激起的波澜，才成为此后建筑创新的动力。尽管这座建筑被保守派称为“花房”。工业革命的号角奏响了社会生活变革的序曲，它使技术得到前所未有的发展，从而超越了人们长久以来所持有的建筑观，并将其远远地抛在身后。从1769年瓦特发明蒸汽机为标志的工业革命到20世纪60年代后现代思潮的出现，统称为现代主义时期。这一时期的两次重大技术革命对于建筑设计创意的作用是不言而喻的：一方面技术的发展为设计创意提供了丰富的可能和依据，另一方面建筑手段的进步和创作水平的提高则实现了这种可能性，从而促进了建筑向更高阶段发展。以1911年格罗皮乌斯设计的法古斯鞋楦厂为标志的现代主义建筑的诞生，将技术理念提升到前所未有的高度，放手创造新的建筑风格。正如现代主义建筑大师密斯·凡德罗所说："技术根植于过去、控制今天、展望未来。……技术远不是一种方法，它本身就是一个世界。……当技术完成它真正的使命时，它就升华为建筑艺术。"

在建筑技术发展史上，工业革命前后出现的建筑技术分别被称为传统建筑技术和现代建筑技术。这是个重要的分水岭。技术史将工业革命带来的技术革命划分成两次：

第一次是工具机和蒸汽动力技术革命，在建筑领域相应的是材料技术和结构技术的革命。钢筋混凝土、预制钢构件、平板玻璃等新的工业化建筑材料替代了砖石、木材等自然材料，钢拱结构、框架结构等新的结构形式以及与此相对应的新的施工技术开始出现和应用。

第二次（19世纪）是电力技术革命'在建筑技术上主要表现为现代建筑设备技术的应运而生，出现了我们今天常见的照明、供电、安全电梯、机械通风、人工采暖、空调等设备。技术的革命性使得建筑突破了材料、结构和自然环境的限制，在空间和功能方面获得了解放，而且为建筑形式的现代化和现代主义建筑理论的产生提供了物质基础。

工业革命之后，科学的发展开始超越生产与技术的现实需要，走到了技术发展的前面，演变为技术创新的主要源泉，拥有雄厚资金、装备着先进精密仪器的实验室和愈来愈集中的能够对指定问题进行系统研究的科学家群，取代了孤独的发明者和他们的阁楼。技术按照科学的理论和科学的计算来创造，减少了技术创新过程和建筑设计创意中的盲目性和偶然性。19世纪中期，在科学的不断细化下，工程科学已经建立并发挥了重要的作用。工程技术依靠理论指导和科学计算来降低应用中的风险，如弹性曲杆理论成为研究固端拱、双铰拱、三铰拱的基础，连续梁也有了完善的计算方法……。工业技术社会时期，建筑生产、技术、科学之间的主导传递模式可概括为：科学-技术-建筑生产。

4. 以新技术开发应用为主题的创意破坏性路线

如果说前几个阶段，人们对技术变革的认识只是限于被动的应用的话，20世纪50年代初到60年代末，在新技术革命浪潮的推动下，人们开始重新认识技术进步对经济增长和社会发展的巨大作用，开始主动地对技术创新的规律进行研究，并逐步突破古典经济学的局限与束缚，形成了对技术创新起源、效应和内部过程与结构等方面的一系列成果。这些研究至今已日臻成熟，并对社会生产的各个领域产生了积极的影响。

第三次技术革命又被称为信息技术革命，所带来革命性意义的信息技术等高科技取代了工业社会的机器人工业技术，成为后工业社会的首要特征，工业社会造就的现代主义文化已不能满足后工业社会的需要。在信息技术的快速发展和广谱渗透下，一方面，计算机、光纤通信、自动控制、神经网络等高新技术陆续进入建筑领域，它们以"不可视化"的形态特征变革着建筑的内在中枢系统，替代了人的智力劳动。楼宇自动化管理系统、防灾报警系统、保安监控系统以及温感、光感等建筑智能技术的发展，使建筑日益具有“生命力”和“智慧性”。另一方面，自工业革命以来的建筑结构、材料、设备技术在信息控制技术、高分子材料技术、空间技术、能源技术等高新技术群的渗透和支援下继续向着高端发展，不断地在高度和跨度上刷新纪录。

科学和技术的联系更加密切，特别是在各自发展的高级阶段，二者的一体化是一个显著特征。在现代技术科学化进程中，科学活动已从基础研究领域扩展到应用研究和发展研究领域，形成了基础科学、技术科学和工程科学的梯级结构，而现代科学技术化的趋势体现为实验室技术成果的作用日益重要。从感性经验或科学原理派生出来的实验室技术成果处于科学理论向实用技术形态转化的中间环节，是技术科学与应用研究的结果，单元性、原理性、分析性是它的基本特征。

对技术创新的研究也拓展到建筑领域，世界各国的建筑业都相继开展了对于建筑技术的开发以及应用研究。技术创新理论认为，技术创新是由技术成果引发的一种线性过程，这一过程起始于研究开发。建筑业的技术创新大致包含了对新知识的获取、对新构思、新原理的开发等方面内容。人们通过主动对建筑业技术领域的有针对性的研发，加快了技术创新的步伐，进而丰富建筑设计创意的繁荣。在此阶段，技术所发挥的作用已远远超越了历史上的任何时期。专门的实验室和研究所在相当程度上促进建筑技术的创新，欧美、日本一些大型建筑企业自身拥有实力雄厚的建筑技术实验室和专门的研究机构，一些独立性质的建筑科学与技术实验室或者直接参与工程实践，或者与建筑设计事务所密切合作，如在弗雷·奥托领导下的斯图加特大学轻质结构设计研究所、斯图加特太阳能研究中心和德国的一些环境与生态技术实验室等，成为源源不断地输出建筑行业高新技术的“制造工厂”。

目前，建筑实用技术形态处于建筑科学技术体系结构的顶端，其形成和发展不仅依赖于建筑基础科学、建筑技术科学与建筑工程科学，而且也依赖于技术研究与技术实验成果的支持，转化和综合。与以往相比，现代建筑技术发展呈加速态势，表现为从科学理论到技术发明，再到实际应用的转化速度不断加快，新技术、新产品的更新周期日趋缩短。表现为新技术对旧技术的更替和破坏，以建筑物的智能化、生态化、多功能为内容的建筑设计创意与创新层出不穷。创意破坏性技术的应用促成了建筑设计创意的多样与繁荣，带动了建筑设计领域的创新。科技发展是人类智能发展的结果。科技的研发有赖于人类的创造性思维及创造性劳动。建筑的发展离不开创意破坏性技术的每一步发展。新思想又来源何处？

二、以创意破坏性建筑技术为动力的建筑设计创意

创意破坏性建筑技术为建筑创意的可能性提供了基础，为解决建筑设计创意的现实性提供了保障。同时，也为建筑设计创意提供来源，创意破坏性技术本身也是建筑形式的表现手段。正如维得勒所述的第二种类型学：建筑作为工业革命的产物出现——把建筑归入机器生产的世界，寻找它侧身其间的本质特性。基本以理性科学和技术成果代表形式上的进步。因而创意破坏性技术为建筑设计创意提供物质基础的同

时，也影响了人们的审美观念，成为建筑设计创意的基本动力。

（一）当代科技进步提供的多种建筑设计创意途径

重大的建筑技术发明，往往属于对现有技术体系的突破，形成技术的质的飞跃，蕴含着整个社会的巨大宏观效益，其中特别重大的会导致整个社会科学技术的变革，具有创造破坏性。可分为独创、改进、综合等基本类型。独创性技术发明是指自己所进行的独特发明，不仅会推动新兴工业的发展，而且还会推动基础科学的发展。改进是指对他人或自己已有的发明所作的局部改造，使之更先进，都有自己的创意。

综合型技术发明是创造性破坏技术的重要趋势之一。它把两项或多项现有技术综合起来，创造和发明一项新技术。现代科学技术互相渗透、互相综合的发展特点，为技术综合、发明新型技术开辟了新的途径。

综合型或组合型技术有很多类型：

1. 零、部件或产品的组合。它是由两种或多种现有的零部件或产品综合成一种新技术或新产品，常称为组合技术或组合产品。

2. 原材料的综合。由两种或多种现有原材料综合成一种新材料，常称为复合材料或复合成材。

3. 功能的综合。它是把有几种功能的技术组合成一种新产品，实现多能多用的目的。

综合型技术的实质是发挥技术杂交优势，使经过综合的技术或产品的技术性质和功能显著提高，使用范围显著扩大，成本明显下降。

随着时代进步，创造性地应用这些技术为建筑设计的创意提供了无数的选择性与可能性。从建筑师的角度，应用于建筑学中的创意性破坏技术属于三大类：

第一类作用于建筑师的工作过程，是与设计媒体相关的技术。

第二类是与建筑的材质相关的技术，包括结构、构造等。

第三类是与建筑系统相关的技术，主要指建筑内部的各种设备系统。

1. 与设计媒体相关的技术

建筑设计过程中，所说的媒体技术主要指的是计算机辅助设计，其技术发展不仅给设计师提供了一个快捷的绘图工具、计算工具，不仅是图纸绘制的模拟，能为建筑设计的创意提供了选择性与可能性。作为一种数字化的信息中介系统，是对以往以图纸为中介的信息传递方式的颠覆。充塞着各类信息的现实世界作用于建筑师头脑，生成一些形体或理念的意象。因其过分复杂或仍然模糊，而使人们无法用语言描绘，无法进行修正和完善，更谈不上付诸实施。通过媒体技术的计算与模拟，建筑三维模型可以让建筑师更为方便快捷地思考、推敲建筑空间效果，可以给建筑的实施提供有效的数据。从这个角度来说，设计媒体技术所起到的作用与结构技术、施工技术等是同等的。

矶崎新设计的中国国家大剧院方案在设计过程中，使用了原用于飞机、汽车造型设计“活动曲面”设计软件，来推敲“混合式壳膜结构”屋顶特殊的连续曲面形态，弗兰克·盖里使用原来用于法国航空制造业中的计算机系统CATIA PROGRAM与空间数字化仪器，从草图到模型再到计算机模拟，将案头的模型创造工作即时而准确地转换为三维坐标数据，利用计算机模拟系统进行空间分析、结构分析、光线分析等等，最后再从电脑模型转化为二维的施工图，或者直接对结构制作与加工进行处理，把计算机中的数据直接传送到加工制造过程，将曲面中每一块面板进行自动化处理，完成从CAD到CAM（Computer aided Manufacturing）进化的新层次。从而有效地突破了传统手段对于设计可能性的强大制约。这一切在传统的绘图与设计建造方式中是很难得到实现的。凭借着这种脱离图纸束缚的数字化工具，盖里才可能实现独特的个人设计创意。

2. 与建筑材质相关的技术

从建筑发展的历史上可以很清晰地看出，每当有新技术、新材料的应用，便会促进新类型建筑的诞生，发券技术的成熟导致大跨度穹顶，古老的混凝土技术、扶壁与飞扶壁技术使人类得以建造更高、跨度更大的建筑空间以满足不同功能的需求，由于钢、玻璃、电梯、钢筋混凝土等技术的发展，在此物质基础上所形成的“国际风格”对使用传统材料和技术的古典主义产生了强大冲击，工业化带来的建筑新技术、新材料的经济性至今仍是建筑发展制约性主要因素。《走向新建筑》中柯布西耶从工业时代出现的新生事物——远洋轮船、飞机、汽车等，预言将出现新建筑的革命——无装饰的建筑、标准化精确性的建筑、经济性的建筑。这种建筑的革命性本质上是一场技术的革命。创意思维最终实现建筑技术创新，这种革命性的创新又推动了新的建筑设计创意的出现。

材料与结构一直是建筑师们关注的问题。19世纪末工程师奥古斯特·肖瓦西（Auguste Choisy）认为：“建筑的本质是结构，所有风格的变化仅仅是技术发展的合乎逻辑的结果……‘伟大的艺术时代的建筑师总是从结构的启示中找到他最为真实的灵感’”。格雷姆肖（N. Grimshow）对材料这样理解，“我们很少问：使用什么材料，但我们常问：如何使用这种材料。”他设计的法兰克福世界博览会3号展厅是典型的“技术定向”建筑。格雷姆肖法兰克福世界博览会3号展厅是欧洲最大的展览中心，它合理的将建筑学和工程学结合在一起，有220m长，120m宽，整个建筑是相当惊人的。6个巨大的钢架就好像是恐龙的骨骼，总面积达40000m^2的可用空间，格雷姆肖将高技术的轻盈灵活与传统的技术设备和大量的计算机工作站结合起来。这座展览馆不仅仅拥有为其中的永久展品提供一个展出空间这一简单功能，还为世界博览会提供了交流的空间。其创新意义在于他通过结构与构造的巧妙处理，创造了一个空间、结构、表皮的统一体，通过技术手段解决了建筑问题。

3. 与建筑系统相关的技术

建筑物内各种设备系统的综合设计与使用对于整个的建筑设计来说也是至关重要的。当代建筑所承担的功能日趋复杂，维持其正常的运转需要多种设备系统的支持。从整体性设计的角度出发，建筑师对它们所持的态度决定了它们所发挥的效能。

以智能建筑为例，由于智能建筑是电子信息技术与建筑技术相结合的系统集成整体，智能建筑物的建筑设计必须要与智能化总体规划协调同步，建筑环境平台必须要能足够支撑建筑物的智能化。因此，兴建智能建筑必须要建筑设计与智能化系统集成，紧密协同、整体规划、细致管理、精细实施。而这种新的组合，必将带来建筑设计的变革与创新。

改进已有建筑设备系统，重新组合也为建筑设计创新带来新的机会。格雷姆肖就是在塞维利亚92世界博览会英国馆的设计中对各项设备与设施的综合利用，做了一次有益的尝试。格雷姆肖请水幕艺术家威廉·派伊（William Pye）在东侧设置了水幕，而在西侧则采用了蓄热水箱，这是对西班牙传统蓄热墙的新发展，南侧采用双层纺织布作遮阳，屋面上用遮阳板，太阳能光电板同时为驱动水幕的水泵提供了动力，取得了极佳的节能效果。

以上三种应用于建筑的科学技术的进步为建筑设计创意带来了诸多机会。在当代，科学技术几乎渗透到建筑设计的各个阶段，它的每一步发展，都对建筑设计过程产生关键性的影响，而这些影响恰恰有可能就是创意的开始。

（二）以创意破坏性技术为动力支持的建筑设计创意

1. 以材料结构为动力支持的建筑设计创意

（1）空间设计创意

将具有物质的和社会的双重属性的建筑空间的研究工作可以分为两部分：一是探求建筑空间的形式，二是研究建筑空间的意义。单纯从形式研究空间，可以客观地将问题归纳为：单一空间的问题和多个空间的关系。基于理性主义对空间形态进行研究，即强调建筑与科学的结合，其形态能用科学法则来推导才是合理的，偏重于结构、构造的形式表达。功能是空间的中心问题，但这种功能并不局限与建筑应达到的现实功能的含义，有时甚至从理想的角度探索空间形态对功能的解答，从营造的角度看，正如P.弗兰克、A.E.布林克曼、P.朱克等人所研究的一样，空间也是建造建筑的“材料”。

①技术的创造性破坏为建筑空间的三度延伸——垂直和水平拓展提供了技术依托：

人类自古就梦寐创造高层大跨的空间。直到19世纪初，主要建筑材料依旧是砖、石、木材，室内空间仍摆脱不开古老的承重墙体系。钢铁的产量和加工技术的进展为钢结构的高层大跨建筑提供了优质的材料和构件，框架结构理论计算研究为采用钢铁材料制作的框架承重体系提供了基础。特别二战后的最近几十年中，随着结构技术创新及各种相关的建筑技术的巨大变化，塑造出形式丰富的大空间建筑。

建筑结构力学由一维平面结构理论发展为二维三维的立体结构理论和空间结构理论，为新的高效抗侧力体系的出现创造了条件。电子计算机的运用，提高了结构分析的速度和精度，为高层大跨建筑在设计过程中进行多方案比较和优选提供了方便。另一方面，轻质隔墙和轻型维护墙等材料技术方面的进步和应用，为高层建筑展现了前所未有的前景。经历了空间开敞的框架结构——经济合理的框架-剪力墙结构——三维受力的筒体结构使得高层建筑造得极高有经济、拥有更多的使用面积和更灵活的建筑空间，各具特色的新型结构，如悬挂体系结构、挑托体系结构、矩形框架结构等为丰富高层建筑的造型创造了可能。大空间建筑的结构形式主要包括壳体结构、悬索结构、张拉膜结构、网架结构和充气薄膜结构五种类型。高强悬索结构的演化；张拉膜结构的成熟；整体网架结构的普及：充气薄膜结构的应用为建筑设计创意的实现提供了技术支持。结构和材料技术的发展减少了高层建筑在设计和建造过程中的各种制约因素，使建筑师在设计中有了更多的发挥想象力的余地，进而创造出更高的综合效应。实现了人类长久以来的设计创意。建筑结构材料技术、施工加工工艺、化学、纺织工业以及电子计算机的精密计算也改变了建筑发展模式。

②创意破坏性技术为建筑空间形态的多样化创意提供了依托

布鲁诺·塞维对建筑下定义为“空间的艺术”，历经古罗马的静态空间、基督教的空间中为人而设计的方向性、拜占庭时期节奏急促并向外扩展的空间、蛮族入侵时期空间与节奏的间断处理、罗曼内斯克式的空间和格律、哥特式向度的对比与空间的连续性、早期文艺复兴空间的规律性和度量方法、十六世纪造型和体积的主题、巴洛克式空间的动感和渗透感，创意破坏性技术为空间形态的多样化创意提供了依托。这其中包括了各向同性的空间——灵活可变的空间——“服务性空间”和“被服务空间”——可生长性的空间——服从功能的自由布局等创意思路的延续和发展。技术的精益促使其实现。创意被发展到极端，技术促成空间创意形成现代建筑设计成就的重大部分。

（2）结构材料创意

①技术创新与革新

受客观条件的限制，建筑师本身去发明创造新的建筑技术、新的建筑材料具有一定困难。尤其到了现代，社会分工越来越细化，受客观因素的影响，新的技术与材料因素有时不易引起建筑师的关注，不过，一旦建筑师在新的材料、技术上付诸精力去研究和思考而取得实效，则会有很广阔的前景。

日本现代建筑师板茂从本源上质疑大多数建筑师使用自己的才智服务于特权的道德性，从而使自己转向面对大众的疾古。结合到本身的职业职责板茂由对住宅经济性（适应大众性）和临时性（适应自然灾害）的关注，创造性地把纸筒应用到建筑上。这种创意产生了一种新的、革命性的建筑新类型：折纸建筑，这种建筑类型不仅在地麻频繁的日本已经收到了实效，在土耳其地震区，以及非洲难民营的实践中也取得很高的评价。在板茂的一些居住建筑的实践中（包括自宅），由纸筒形成的独特的空间效果与色彩效果很有“人情味”，他自己认为是受到了阿尔瓦阿尔托的影响。板茂先生在汉诺威博览会上日本馆的设计，把折纸建筑类型推向了一个新的高峰，按照他自己的解释：整栋建筑尽管空间造型是曲线的、跨度又比较大，但其造价与同类型的其他场馆相比、或与其他结构类型相比都是很低廉的，整栋建筑使用的都是低技术，只有一点除外，那就是对场馆复杂的顶部曲线标高的控制采用了卫星监控系统。低造价、可回收再利用、半透明防水纸膜的新概念给展览馆这种半临时性类型的建筑提供了一个新典范。而这些都是由对材料技术的创新研究所获得的。

革命性的建筑技术与材料“创新”难度较大，但改良型的“革新”在当代建筑创作活动中却是一个很有效的手段。

安藤不仅对混凝土搅拌本身研究与改良，同时还有对混凝土的成型与经常性的保养工作的考究。（如在混凝土表面喷涂桂树脂防尘、考虑到模板对混凝土本身的影响等。）这种用混凝土本身表达建筑的方式洗练、优雅，重视现场施工的工艺质量。加上由模板加强件形成的表面规则孔洞，达到了“纤柔若丝”的艺术效果。混凝土就其精确性而言，与数寄屋建筑中的木头是类似的，它能加强内部空间的高贵感和稠密感。作为一种结构方法是一种与日本建筑传统完全相匹配的材料。从20世纪初，一些有关比例、形式表达和混凝土使用“日本化”的尝试就进行了。日本建筑师使混凝土技术的探索和尝试超出了材料本身的改良，最终传达出了一种地域性的文化信息，即表现材料真实性的数寄屋文化。安藤忠雄采用它第一次成功地创造了可与数寄屋建筑相提并论的，富有情感和丰富空间性的建筑。

改良型革新方法需要建筑师重视研究现有材料技术，从中发现可改良成分。

②创意破坏性技术的优势和劣势——可选择路线

技术的创造破坏性具有特定条件下的相对性，高技、适宜技术、低技的观念愈来愈得到当代建筑师的广泛共识。在对待建筑形式与建筑技术、建筑材料的问题上，如何得到一个切实的设计创意，建筑师总要在这三条路线中找到一个合适的平衡点。对一般设计项目来说，采用适宜技术，或在建筑师力所能及的情况下去改良技术对于产生的创意成果来说既是可行的又是经济的，这种情况下在当地适宜技术甚至低技相对革新的技术而言更具创意破坏性。福斯特对于技术进步深信不疑：“建筑就是关乎人类及其生活质量……我们无法逃避制造物品，也就无法逃避技术，而这正是技术之所在，也即文化之所在，……真正令我振奋的是建筑的各组成部分，就像当厨师一样，做一顿盛宴你并不需要昂贵的材料或什么了不起的机遇。

Curtis认为：“发达工业国家和发展中工业国家相比，在建筑物的设计和建造方法上存在着冲突：现代建筑在建筑师、建造工程师和建造工人上要求有很细的分工。但在很多不发达国家，在形成建筑物的概念和完成建筑施工的整个过程中只有很少几个步骤。……与引进国外技术相关联的问题是强迫使社会理论与之相融合，尤其是在居住建筑方面。在欧洲，作为低收入住宅的方式在其他国家和地区建造时或许就是不适当的。”70年代埃及哲学家及建筑师Hassam Fathy发现，混凝土结构的房屋方案在埃及会被人们认为是昂贵的，并且是高薪阶层的人士所拥有。而这些都是与当地传统的、自建方式的和那些没有感受到西式生活方式的地区比较而言。他在临近尼罗河的Luxor城New Courna处实施了一个实验，在这里他借鉴了当地努比亚农民的经验，用土坯和简单的穹顶来盖房屋。这些元素经受过长时间的考验并且能同当地资源和气候相协调。低技术不等同于低文化，更不能等同于无技术。相反，在研究一个地域性建造方案时，更要重视研究低技术中的有效成分。

对发展中国家来说，重视低技术建筑与适宜技术建筑的研究具有现实的实践意义，葡萄牙与欧洲其他国家相比，经济实力相对较低，传统上是个很闭塞的国家，直到20世纪60、70年代才开始逐渐开放，正是这种大环境的闭塞，使得阿尔瓦罗·西扎以及同时代的葡萄牙建筑师更有条件关注于本土的问题，关注普遍技术下的建筑表达。西扎利用适宜技术，创造出了很多外表简单、平实，却包含着极其丰富空间的建筑，加上幼年时学雕塑的经历使得西扎的建筑又洋溢着雕塑的氛围。通过建筑物间形体的组合，对基地的认真研究，西扎完成的很多作品都是最普通的技术。

③团体创意思维的方式——技术协作

无论是多技术的协作表现还是结构技术表现，都是有效的表现方法，在不同历史年代，建筑师通过这种方式取得了与历史相对应的成就。大半个世纪之前，对工艺和多方面协同工作的尊重就是包豪斯的主要观念之一。格罗皮乌斯在1919年的宣言中写道“一切造型艺术的最终目的是完整的建筑！美化建筑曾是造型艺术至高无上的课题，造型艺术也曾是大建筑艺术不可分割的组成部分，今天的造型艺术存在着彼此分离、相互孤立的状态，只有通过所有工艺师有意识地共同努力，才能将它们从孤立的状态中拯救出来。建筑师、画家、雕刻家必须通过整体和局部，重新认识和掌握多方面的建筑因素。只有这样，才能使他们的作品再次充满曾丧失在沙龙艺术中的建筑精神。”这种思想至今仍影响着建筑界，作为现代主义发源地的德国，基本保持了艺术基于技术的传统。研究制造，懂得制造，参与制造而形成的现代工程艺术在德国既是主流，又不失先锋性的角色。建筑创意和方法与精良的制造技术结合是当代德国优秀建筑产生的关键。

从工业革命开始，结构工程就成为区别于建筑的一个单独学科。那些人们还见得到的埃菲尔铁塔、布鲁克林桥以及王朝穹顶之类的结构，是某些技术思想的直接产物，它们来自一些结构工程师个人的经验和想象。工程师经常要和建筑师在一起工作，许多情况下，建筑物的形态来自结构工程的思路。

合作的设计至关重要，因为正是结构体系和结构细部能够激发想象力，创造出具有美的感染力的新形式，合作的方式不外乎两种，一种是把结构上的独特想法通过自己设计的建筑加以表现，如意大利的结构大师奈尔维和墨西哥的康法拉。另一种是从结构工程师的立场出发，协助建筑师们工作，如奥维·阿鲁普（OVE•ARVP），他与奈尔维同被公认为欧洲的结构权威。奥维阿鲁普工程顾问有限公司为英国最大的工程顾问公司之一，多次和建筑师合作设计，从初步方案到工程的施工管理，极富协作经验，以精湛的技术、克服困难满足建筑设计构思中对结构设计的要求，以新的结构形式作主要手段，构成新的建筑空间与形象。其作品有著名的蓬皮杜中心、香港汇丰银行、劳埃德大厦等一批经典的高技术建筑结构设计。板茂设计的2000年汉诺威日本馆与曼海姆联邦园艺馆都是由著名结构师奥托（Otto）承担结构设计。以21世纪斯图加特火车站为代表的当代前卫建筑同样是技术协作的合成杰作。

建筑的结构表现艺术绝非简单的外露结构构件，将其作为一种视觉的美学形式。而更多的是出自对结构的理解和结构形式的创新与巧妙的运用。

④结构材料支持创意破坏性技术

工程涉及制造所不存在的事物；而科学则是发现已经长期存在事物的规律，工程原理在科学事实的基础上建立的。在科学中，一些问题有它们最佳的答案；然而，工程中的同一问题却可以有许多大致相同的解答。因此，一个工程在寻找问题的解答时，可以在符合自然规律前提下，自由地发挥自己的创造性和想象力。但是，解答中要考虑的经济尺度和外观，却可以使设计工程师找出它的多种可能性。同是悬挂结构的香港汇丰银行和美国明尼苏达联邦储备银行用相同的结构科学创造出了不同的建筑结构形式。

(3) 作为艺术创意来源的建筑结构

现代社会对不同的建筑类型的需要，给追求结构表现提供了丰富的机会。对于结构而言，其工作内容可以概括为三个阶段：a，提出结构方案；b，进行结构分析和应力分析；c，确定结构形式及其几何尺寸。而关键性在于结构选型，剩下的只是详细计算和结构构件的定形。结构体系选择的标准：a，符合力学特性；b，符合审美要求。

结构的有效往往从多方面来衡量。首先是天然资源的利用。必须充分发挥结构材料的优势，当要求工程师建造大型结构——大跨的桥梁、大跨屋盖以及高层建筑时，更有效地采用较少的材料成为首要，从哥特式大教堂的石材骨架到利用铁、继而到处利用钢和混凝土做成新颖轻型的形式，不仅结构坚固而且显示轻巧精美的外形。节约天然资源的要求，要和节约社会资源的需要相平稳。因此，工程师们一直被要求在经济合理的前提下尽可能创造多种建筑功能。正是这种有效的建造，才诞生了伟大的结构艺术品。

用最少的材料和造价进行设计是不够的，单纯效能和经济观点已经造出太多没有创意的结构物。尽管今天有许多建筑的结构构件表现在外观上，但它们并不一定都是结构艺术。在这两方面外还必须补充美观这个意识。工程师们有许多机会和自由度美学准则来表现一个设计方案，但他们这样做的时候不能损害结构的性能，也不应使造价昂贵。结构艺术品表现结构系统的性能，并使建筑物在视觉上有助于说明这种结构性能。而新的结构形式又为结构艺术的创意表现创造了条件。如贝聿铭设计的香港中国银行大厦。

建筑师利用结构本身形象去“赋形”与“授意”，是当代建筑师赋予建筑个性重要手段之一。建筑中的结构表现的传统有着悠久的历史，始于中世纪的哥特式大教堂，继之以维奥莱-勒-德克（Viollet le Due，1814—1879）提出的理论。在20世纪内，一些工程师和建筑师曾经用多种多样结构表现的新形式继续这个传统，并试图探索新的表现创意。尤其在过去200年里，那些清晰地表现其结构的建筑和桥梁，曾经作为结构艺术品而变成一种思潮。西班牙建筑师卡拉特拉瓦，以西班牙传统的“Master Builder”观念的偏爱，花费了大约14年的时间学习了美术、建筑、土木、城市规划和机械技术。这种多学科的“综合的”能力使得他无论是作为建筑师还是结构师的作品都具有独特的风采。”可动建筑”是他很多建筑作品中的表现主体。在里昂萨特拉斯车站设计中，由钢结构行架组成的屋面像一只张开的翅膀即将冲向天空。

而在钢行架与地面混凝土基础的交界处节点设计，充分展示了结构力学、仿生力学、机械力学交织的特征。在卡拉特拉瓦的很多设计中，结构被看成是为了创造出美的建筑形态的艺术。正如渊上正幸所指出："与彼得·莱斯与福斯特、罗杰斯、皮阿诺这些同时代的高科技结构主义相对照，卡拉特拉瓦的结构美学还应该称作是结构表现主义，他开创着独领风骚、让人望尘莫及的先驱者的领地，而他那强大的实力就在于有'Master Builder，思想作为后盾。"

结构形式上的探索是多方面，其基本原则是从结构的力学特性出发，几何学、仿生学和自然界为这种探索奠定了创意基础。这些结构形式或许在现实社会中并非经济，但从科学和理性分析上却是经济合理的。这种现实和理想之间的矛盾并非出自结构形式本身的优劣，而是由当时的施工技术和生产手段上的水平有限等原因决定的，主要有受拉结构体系、向心结构体系和开放式结构体系。以向心结构体系为例：

平面体系以几何不稳定的平行四边形为特征，通过设计创意的发挥产生了古埃及的巨石建筑，希腊、罗马的柱式建筑……以及今天的框架结构建筑。由于形式自身的先天不足，其自重随高度或跨度的增加而成倍增加，与此相反，向心体系以符合力学特征的几何形式为基础，从中产生了罗马拱券和穹隆建筑，哥特式教堂以及今天的大跨度和超高层空间结构建筑，向心体系发展的每个历史时期，都伴随着几何学的发展和应用，其中最有效的工具是以拓扑学为基础的构成几何。

这种向心体系与平面体系相比有三个主要优越性：

①创造巨大的内部无支撑空间或超高层结构。

②可大量性生产标准化的重量极轻的小空间单元，装卸方便。

③以高强度覆盖一般空间或起支撑体作用，在上面可以任意悬挂附加构件。

建筑的目的是以结构围合成一个使用空间。从拓扑的意义上讲，不管这个空间的表面是平面还是曲面，它们都是几何多面体（球体可以被认为是表面数为1，棱边数为0的多面体），B. 富勒正是以正20面体为原形，发明了大跨度的短线穹隆球体结构。路易斯·康为费城发展规划提出的两个城塔方案中，一座设计于1952—1953年间，是市中心规划的积蓄。第二座设计于1956—1957年间，为市政府办公楼。两座城塔均以三角形空间结构体系为特征。1971年，建筑师Raj Rewal为在New Delhi举行的展览会设计了一个展览综合体，包括商业和工业展览馆，他用预应力钢筋混凝土将富勒的向心格构结构体系发挥得淋漓尽致。

空间网架、壳体或张力结构等形成拓扑曲面的空间结构是从几何学或仿生学中得到启示，以计算机辅助设计的方式或足尺模型来进行实验，以寻求新的结构形式。立足于轻质结构的弗顿·奥托（Frei Otto）与富勒、奈尔维不同的是，他从自然中而非从纯技术中寻求灵感，他推崇"原始建筑学"，主张将这种"最少"的原始建筑学之美转换成现代的建筑，即"轻的、节能的、灵活的、适应性强的"建筑。帐篷式、网式、帆式及充气结构等轻质结构形式正符合这一理想，奥托最著名的成功之作有加拿大蒙特利尔博览会上的西德馆和慕尼黑奥运会运动场等。

（4）作为艺术创意来源的建筑表皮

表皮并没有确定的概念，人们经常用它泛指建筑中暴露在外的任何表面覆盖层（cladding），如福斯特在香港汇丰银行中为建筑结构所作的表面覆盖层，它的设计颇费心机，而且采用了昂贵的钛合金。但作为一个建筑术语，它有区别于传统外墙的特殊内涵，是指隐含着功能的立面形式，能明显地标志出建筑物的类型及个性，犹如生物的“皮肤”，其内部则包含着“器官”与功能及形态各异的公共活动空间。如今它发展成为高技术建筑的一个重要语汇。

早期表皮经由以下的成长脉络：独立式墙体和皮包骨结构——成熟的骨架体系和幕墙的产生——幕墙体系——功能性表皮。其中技术的重点从外墙的结构作用转为对外墙的功能作用及工业化生产手段的研究，并试图用工业化的表现方法和新型材料丰富外墙的表现能力。独立式墙体和骨架体系一为柯布西耶的新建筑五点提供了可能性；二则是幕墙的产生。密斯天才地设想和预见了玻璃幕墙建筑的产生。1922年，密斯有了一座新的玻璃摩天楼的创意，由此进一步形成了幕墙体系。

幕墙体系与光滑技术（Sleek tech）包括了光滑的表皮材料的发展以及精巧的构造技术，先进的密封技术使表皮的连续性连接成为可能，支撑技术表现为支撑方式的进步，幕墙的支承方式可以从玻璃幕墙发展中管窥一斑。先后出现过三次划时代的发展：框式玻璃幕墙：隐框玻璃幕墙；点式玻璃幕墙的产生（Dot Point Grazing）DPG。DPG连接技术同任何成熟的构造做法一样，有着自身的发展完善过程，其技术体系的开发与应用来源于技术创新的需要即改进平式体系的不利受力方式以及风力和地震的危害。成为建筑创意的一种很重要的表现手段。

现代建筑技术中表皮的革命使得表皮变革的主要特点从单一化走向多样化，包括材料的复合化和构件功能的多样化。新型表皮材料的改进方法从单纯改进材料的物理性能转向复合材料技术和材料的新型构造方式。德国在这方面居领先的地位，建筑师赫尔佐格在这方面做了不少的研究。如利用玻璃管制成的隔热玻璃和利用玻璃板中填充半透明的毛细结构物质制成的保温立面系统。表皮功能的多样化使它除了传统意义上的保护和隔绝外部环境的不利因素以外，还是空气循环系统的组成部分。遮阳体系走向了透明、半透明化，纤细化、智能化，成为建筑表皮的重要组成元素。如德国的glastec 450系统和gartner系统，前者是“玻璃百页”系统，后者是智能化系统。

技术上的突破使幕墙系统日益完善。本世纪30年代初，柯布西埃在设计萨尔维辛兵营时就提出了利用多层玻璃墙之间的空隙，作为通风道进行环境控制的设计思想。近50年后，1979年设计，1996建成的由理查德·罗杰斯事务所设计的劳埃德大度采用了一个新式的热通道玻璃幕墙。1997年在德国埃森建成的由英格豪恩·欧厄狄克事务所设计的RWE总部采用的智能幕墙系统可能是迄今为止最精密复杂的幕墙系统。这个系统能精确地调节建筑的各种能量分配。幕墙外侧为单片玻璃的点式连接幕墙，中间有一个宽0.5m的热通道，通道内装有能收放并调节角度的百页。内侧为一个双层中空玻璃幕墙，这个内侧幕墙实际上是一个双扇推拉门。幕墙为单元式，通道之间不联通。每个单元有独立的进、排风口。呈精巧的鱼嘴型装置，受楼宇自控系统控制，也可以进行人工单独调控，进入通道内的空气直接从室外获取。为了防止上下气流短路，进、排风口开启和关闭不同步，热通道幕墙为建筑物内部提供部分新风。热通道玻璃幕墙与贮热结构、辐射采暖和制冷系统协同工作，从而获得了能源的高效利用。通道幕墙内的进排风口和活动百页均受楼宇自控系统控制，该系统通过安装在通道幕墙内的传感器向楼宇自控系统提供环境信息，楼宇自控系统向执行机构发出指令，该楼内的自动控制系统可以对每个幕墙单元进行精细调控。目前，建筑表皮的创意方向已发展为立体化、集约化、生态化的功能性表皮。

2. 设备技术——建筑设计创意的源动力之三

建筑设备是建筑技术由初级向高级阶段发展的产物，近代建筑以后，才出现了配套的建筑设备和完整的建筑设备技术，并从建筑技术中分离出来，建立起独立的学科和完整的体系。而当建筑发展到现代建筑阶段，不仅使整个建筑设备日益完善，而且以很高的速度和复杂的尖端技术向高的阶段迅猛发展。目前建筑设备投资在建筑的总投资中所占的比例一般可达20%～40%，尤其在高层建筑中，建筑设备投资则更具有举足轻重的地位；建筑设备用房已占总建筑面积的5%～15%，建筑设备的安装工期在缩短中已起着关键性的作用；建筑设备的优劣，还直接影响到建筑物使用时的投资，这是目前国外衡量建筑质量的一个十分重要的指标。建筑技术运用现代的最新技术发展起来的建筑设备的作用与地位将日益突出，为社会所公认。建筑设备内容主要包括：室内给水排水、动力与照明、采暖通风与空气调节、供热供电、弱电与自控、消防与报警及目前的智能化办公设备等。在福斯特设计的日本东京世纪塔中，就可见到各种设备在建筑中的组织。建筑师在考虑建筑和设备的结合方式时，处理的思路一般有三种：①将设备管道暴露在建筑外表；②将设备管道集中在服务塔中；③将管道藏在建筑内部。

（1）暴露设备

将设备暴露在建筑外表这种意向在许多建筑师所做的方案中表露无遗，罗杰斯一系列作品中都将设备作为一种表现的手法，如他设计的英国威尔士英莫斯公司微型集成电路厂将设备管道集中在沿建筑纵长布置，直接暴露在外，并位于支撑结构的空间中，使整个建筑像一台巨大的机器。在设备管道上设有人行平台，方便维护。但这种做法主要的还是为了表现一种“机器”和高技术的时代感，这正是业主所需要的。

蓬皮杜中心为了达到内部空间的纯净统一和灵活可变，将设备都直接挂在建筑外表I成为此类作品的创作高潮。五个着色不同的技术设备层次沿着进深方向分别布列于蓬皮杜中心的立面，这种暴露所有设备在外的做法并没有很强的生命力，昂贵的维护和经济费用使这种做法华而不实，在罗杰斯的后期作品中也改变了风格，在劳埃德大厦中，已将大量设备结合室内办公空间，设置了办公单元的设备窗，设备墙及设备楼板等。

机械设备作为建筑设计创意的构思要素，在劳埃德大度，蓝色的升降机充满力度感，在香港汇丰银行中，银灰色的维修升降机有强有力的视觉引力。

（2）隐藏设备

第一种方式和后两种方式导致了设计创意对设备的不同态度，一种是以罗杰斯为代表的粗犷的建筑风格，设备成为建筑造型的一种手段，另一种是以福斯特为代表的以光滑表皮为特征的建筑风格。将设备隐藏起来是一开始大多数建筑师采取的对策，早在19世纪就有将水管结合结构柱的设计。20世纪30年代，电器和空调迅猛发展，在某些建筑中，设计天花板时已开始对照明、空调、防火和声学要求作统一安排。

对于建筑师而言要解决的是如何巧妙地将设备与建筑的构件结合在一起，既经济地利用空间，又适合功能需要，且施工方便，具有灵活性，方便日后检修和更换。这一切与高技术建筑的结构和表皮的灵活性是分不开的。巧妙地利用结构空间是有效的方法。路易斯·康在耶鲁大学美术馆扩建（1950—1953）中，就将设备结合到楼板结构中，而不是像一般的作法，用吊顶为管道划出一层空间。康设计了一种三角锥形的密肋梁板，跨度达4英尺，上面铺4英寸厚的混凝土板，在板与三角锥体之间是送、排放管道、电线管等设备管线空间，康甚至用一种中空墙板间作排风管道。塞恩斯伯里视觉艺术中心中福斯特较为巧妙地将所有设备和辅助用房全部放在“墙”与屋架的闲置空间之中。

将设备集中布置在一特定的空间是另一种方法。早在小组4设计的信托控股公司电子车间（Reliance Controls Electronics Factory）中，为了使建筑空间满足生产的需要和达到最大的灵活性，以及考虑到建筑今后的扩展，采取了如下措施：线型的中央服务脊；线型的运输方式（车、人、货）；玻璃设备和构造系统相整合，以使隔墙具有最火的灵活性。

3. 以媒体技术为源动力的建筑设计创意

以计算机技术为代表的当代科技成为产业进步的动力和生活质量提高的保证：深刻地影响着人们的思维方式和工作方法，使得大多数产业领域尤其是以头脑工作为主的设计领域中传统的方法经历技术变革。当代设计科学所决定的可持续性建筑设计方法在实现过程中与传统的建筑设计方法相比具有以下不同之处，可用虚拟建造（Virtual Fabrication）与功能仿真（Functional Simulation）两个主要方面特征来概括。

（1）虚拟建造对建筑本质的颠覆

任何事物发展的终结必然是对自我的颠覆，对于建造问题也如此。所以这种革命性的颠覆即虚拟建造对现实建造的颠覆。计算机的出现和迅猛发展在人类历史上是一个重要事件，它必将从根本上产生一场革命。革命的程度如何现在还无法衡量，但是它的发生是确定的。

长期以来建筑师通过草图和模型来推敲建筑方案并深化设计，直到形成可以指导施工的图纸作为建造的依据。在这一过程中，成熟的建筑师其实已经在头脑中进行着一种思维上的“建造”活动。由于辅助设计工具本身的限制。这种头脑中的动态可关联的空间想象物不得不先转化为静止的二维或三维图，在图纸上表达出来之后才可以进行分析评价和深化，或把原本可以高速进行的头脑建造活动转化为相对低速的手工动作来进行模型的切割拼装等工作，以期得到相对直观立体的三维表达方式。这两种传统的工作方法都不能够使头脑中的动态思维建造活动连续快速进行，因为精度上不足和速度上滞后使得工作效率随着设计的深入和复杂度的提高而逐步降低，对某些复杂的三维空间结构而言其平、立、剖面是不可直接通过头脑想象的，在这种情况下传统的设计方法将面对巨大的挑战。

虚拟建造（Virtual Fabrication）技术所具有的特点可以在计算机创造的虚拟环境中动态地执行头脑中所想象的建造活动，大大地增强了人脑的三维空间操控能力。交互式的界面和灵活的编辑功能使得设计深化的思路可以快速且连续地进行。随着现代制造技术的进步，虚拟建造的产品也可以通过快速原型（Rapid Prototyping）技术快速输出为可以触摸的真实三维建筑模型。这种技术综合运用了计算机辅助设计和制造技术、激光技术和材料科学技术，在没有传统模具和夹具的情况下，以虚拟的计算机三维模型为基础，采用丝材熔融涂覆或选择性激光烧结等分层工艺快速制造出任意复杂形状而又具有一定功能的三维实体模型，从而快速实现了“虚拟”到”现实”的转变，利用快速原型设备可高速精确地生成具有任意复杂度的建筑模型，从而极大地增强了设计师对于复杂建筑体量的操控和展示能力。

随之产生了网络和虚拟现实（Virtual Reality）。而现在的“虚拟空间”（Cyberspace）是“透过人为技术建构，多媒体形式存储、重现，以人类感官体验和模拟的空间”，这是广义的概念。狭义的则指“透过电脑绘图技术建构，数位化形式储存、重现，以人机界面体验和模拟的空间”。这种在现实空间之外的虚拟空间为我们提供了一种全新的体验。它通过平面或立体的互动界面进行交流和体验，现实中的建造、人的感受都可以在虚拟空间中获得另一种形式——数字化。可以设想，如果空间可以数字化，那么时间或许也可以，或许世界本身就是数字化的。我们可以在数字化世界中体验到所有现实世界的感受，包括视觉、嗅觉、听觉等，这些感觉都被数字化，完全可以将对世界的体验搬到数字营造的虚拟现实中，建造活动不再是自然或人工物质材料的选择和构造，而是数字的构造，物质实体消失了，但仍然能够感受得到空间和建筑的存在。将来交互界面向人的潜意识发展，成为思维控制，那么或许物质实存，一切思维之外的东西都可以不必存在了。建造活动完全发生在虚拟现实中，一切都数字化，这恐怕就是虚拟建造的未来图景。

产品的设计重要的在于概念设计、功能一体化组织、分析优化和加工制造。建筑作为一种大规模的产品也将遵循同样的规律。它是多专业综合协调优化的产物，是不同专业在同一个项目中把本专业的“构件”添加组合而成的“大型装配体”。这种“大型装配体”就是建筑设计领域虚拟建造过程的核心产品。是一种基于参数驱动和特征造型而生成的三维建筑信息模型。

“迅猛发展的虚拟性并不是要取代或消减物质性。虚拟的本质并不是要取代或消减真实，而是要扩大它。”认识到这一点，虚拟建造是现实建造的扩大，而不是完全的对立面。虚拟建造有着自身的特点，它在时间上不是线性的，而且不必遵循笛卡尔几何坐标系，人的体验也将是多元互动的。虚拟空间与现实空间的不同在于虚拟空间依赖于人的感官经验而存在，既然这样，自然可以与建筑师的思维结合起来，人的思维可以任意建构空间，而不必受到表达方式，时间空间的限制。另外，虚拟建造是非物质的，非地域性的，因为虚拟空间是匀质的空间。虚拟建造的材料的所有属性均被数字化，可以进行精确设定，随意修改，因而虚拟建造没有任何限制，其空间形象也与现实中的建筑完全不同，加上没有地心引力的制约，只要摆脱现实世界的经验，突破传统法则，必然会创造出不可思议的空间造型。构造变得没有意义，因为连接不受任何限制，构造所体现的逻辑关系在这里不复存在，虚拟建造将完全依赖于概念模式。在虚拟空间中，建造所遵循的一切现实逻辑都被完全颠覆，虚拟建造只受思维概念的控制，通过一定的概念模式，可以建构人无法想象的世界，一种无法预测的未知的形式，它的新形象将成为虚拟建造丧失物质形态的结果。

如果认为虚拟建造是现实建造的扩大，那么虚拟建造也会有它自己的规则等待研究，不过至少现实的建造在相当一段时间内还将进行下去，因此，建构理论的研究也必然是有意义的。但是我们不能忽视虚拟建造的存在，不能忽视一种趋势，那就是建筑师只拥有技术知识和人文知识是不够的，也必须对其他领域开发的理论和软件感兴趣，并开始对之再解释。

“迄今为止，数学家们比建筑师们表现出更多的想象力。从高斯、Lobachesvs-ley. Riemann，及别的数学家或许还有物理学家以来，空间就不仅是弯曲的，而且是多维的。”现在许多建筑师利用其他领域的成果去创造新型空间和未知的无穷尽的形式，它将赋予建筑一种前所未有的进化和动态能力，将极大地释放建筑师的想象力和创造性，这个问题正预示着一场没有边际的革命。

（2）功能仿真

把科学分析和优化决策的方法引入设计过程中，并使之成为辅助设计进行深化的重要手段，就需要发展科学有效的评估体系。这是对若干可行性方案进行对比取舍。或对单一方案进行系统优化的重要环节。这也是CAE（Computer Aided Evaluation）技术应用的意义。通过这一技术可以实现在设计下目标对象的功能仿真（Function-al Simulation）分析。使得设计深化规定性变为变量，这是当代科学影响下的设计方法论的重要特征之一。随着PC机运算速度的提高和数值模拟分析软件功能的完善，尤其是针对概念设计阶段仿真功能的出现。在微机平台上就能够实现对虚拟建造基础上生成的计算机模型的大部分功能仿真。

因为当代科技影响下的建筑已经成为一个集成了多方面技术的复杂的综合系统，针对空间物理属性的建造功能仿真才可能成为以人为本建筑设计哲学的特征之一。建筑功效的功能仿真包括日照环境模拟、太阳能辐射环境模拟、天然采光及人工照明环境模拟、热环境模拟、声环境模拟、风环境模拟、能耗模拟等。基本可以满足常用建筑的综合功能模拟。在实际设计过程中，可以针对不同的设计目的和建筑功能、规模和复杂度采用一种或多种仿真模拟体系来辅助设计。在建筑设计深化过程中，功能仿真的对象是目标建筑的计算机模型。这一过程不仅仅在于建筑空间及造型的视觉真实（Visual Reality）再现，更重要的部分在于建筑功效的真实体现，事实上VR技术仅仅是功能仿真技术很小的一部分，它所针对的有形实体的视觉再生，如体量、比例、尺度等仅仅是当代建筑本身功效的很小一部分。

目前对于功能仿真的一种不全面的认识在于把它当作一种终极检验的工具而不是一种实时辅助的工具，这样很容易导致这部分工作被推到相关专业技术人员那里而不能够有机融入自己的设计思考过程。因为一个设计方案的优劣在概念设计阶段就会大体注定。如果这一阶段选型不当那么以后的设计将成为一种修补式的被动过程。概念设计阶段建筑师往往要独立进行对几何形体、主要材料或总体布置的推敲。方案中非定性的随意因素很多且错综复杂。很难用详细的量化参数描述。这一点也决定了专业技术人员的模拟分析很难参与进来。

国内的建筑设计领域与国际上的先进水平之间还存在一定的差距。如科学的可持续性评价标准体系及相应的决策支持系统还未建立。一些技术基础平台数据库如各地区气象数据库等还不完善。这在一定程度上制约了科学设计方法体系的推广。最根本的一点并不在于技术条件的限制。而在于我们目前普遍存在的设计观念和市场观念并没有从根本上适应国际化竞争和全球化市场，适应这个技术进步的时代，因此转变观念是适应竞争的开始。

三、创意破坏性建筑技术的三种特征

约翰·奈斯比特在《大趋势》一书中写道："……西方正从工业社会向后工业社会过渡，而信息技术等高科技取代工业社会的机器大工业技术而成为后工业社会的首要特征。"新的技术和思维方式使建筑的技术构思有了新的内容和特征，主要表现在智能化、生态化、柔性化三大方面。分别对应着建筑的生命性、拟自然和灵活适应性。

（一）智能化

建筑的发展趋势表明：信息技术将以巨大的潜力影响我们的城市环境和建筑空间。这种影响是变革性的，有许多有识之士开始设想信息社会的未来建筑。但在目前，信息技术在智能化建筑中主要体现在两方面：通信技术；自动化技术。建筑在物质形式上的改变也主要体现在对智能化技术设备的安装和总体布线技术以建筑的自动化控制来运作。

1. 智能化导引灵活性

随着租户更换及使用方式变更，设备位置、性能经常有较大的更换、变动和调整，因而智能化建筑内管线设计要具有适应变化的能力。

根据国外智能化办公大楼租户使用经验，应尽可能以经济实用、舒适、高效、并具有适应变化的高度灵活性的建筑环境来满足各类租户的要求，比如房间设计为活动开间（隔断），活动可拼装楼板，大开间可分成有不同工位的小格件，每个工位楼板由小块楼板拼装而成，活动楼板下部空间可敷设全部电力、通信和数据输送线路，需要引到每个工位的各种线路都通过可拆小块拼装楼板引到工位点。因而建筑开间和隔墙布置可随需要而灵活变化。

除此还要考虑机电设备及其各种线路的可保养性及在建筑物耐久年限中，考虑有关建筑部位及机电设备的修缮、更换空间和方法，使总寿命期的费用控制为最低。智能化建筑环境还要特别注意确保工作人员活动空间及视听环境达到舒适高效标准。建筑环境还要把办公室家具作为建筑的组成部分加以整体考虑。

2. 通信设备成为建筑创意的新手段、语汇

利用设备作为一种创意表现的手法屡见不鲜，而以往多以机电设施为主。智能化建筑由于功能的需要，常常要将一些通信设备设置在屋顶或建筑室外空间，这无疑为建筑的表现手法增加了形式来源，天线、雷达等通信设备不仅本身带有高技术的外形，而且可能加上建筑师天才的设想，往往成为建筑的点睛之笔。

3. 建筑设备自动化

从目前智能化建筑的技术水平来看，建筑设备自动化是与建筑师直接相关的技术系统。建筑是一个开放的有机系统，建筑设备自动化是建筑具有“生命”的神经中枢。实际上，有人把智能建筑比作“生命建筑”0这一概念是1994年底来自15个国家的340位不同领域的科学家在美国讨论时提出的。有类似生命的结构和系统，以生物界的方式感知建筑内部的状态和外部的环境，并及时作出判断和反应，一旦灾害发生，它还能进行自我保护。其实，这就是人们类比于自身对建筑进行改造，生命建筑的功能是对智能建筑概念的延伸或“形象化”的说法。智能建筑要想优异地完成其功能作用，靠的是大楼自动化管理系统BA（Building Automation）和系统集成。大楼自动化管理系统就是利用各种感应器、情报通信技术以及控制技术的高度统一化的管理系统。大楼自动化管理的目标大致如下：省力、节能、保持环境的舒适度、确保安全。为了达到上述目标，在功能的布局方面，根据大楼的用途、管理的体制以及设备的方式等而有所不同。

（二）生态化

1. 支撑生态建筑的技术措施

生态建筑可运用的具体技术措施很多，从宏观可归纳为生态技术、能源技术、材料技术、废物回收利用技术和智能技术。与其将它们认为是技术手段，不如说是在建筑设计创意思维中的技术性思维方式和技术组合方法所带来的革新往往引起技术上的革命。

建筑的生态化道路：当代生态建筑的创作理念体现在从结构到形式的诸多方面，它的发展途径可归纳为四个方面：

（1）利用自然条件节约能源

建筑对自然条件的利用在设计中表现为最大限度地利用自然通风和采光，在充分注重自然环境的绿色权益与用户权益的基础上，探索对太阳能、风能、水能等自然能源的利用潜力及相关技术的开发与应用。

高技术建筑利用自然条件的技术手段不同于传统技术或普及性技术（低技术和中技术），这种不同并不表现在技术的内容本身，建筑师也许经常使用一些传统的技术手段以利用自然条件，但首先这必须建立在科学的研究分析上，并进行必要的试验论

证，而不是将传统技术作为一种文化形式加以运用。技术形式的意义在于它的运用的必要性，而不是建筑历史学家的重新阐释。

实际上，自古就有各种各样的自然通风技术手段。古希腊人在他们的庙宇周围设置柱廊来纳凉并制造空气的对流；阿拉伯人在房屋上设置斗形风口，将气流汇集到室内；著名的罗马万神庙利用产生“烟囱效应”的气压原理在穹隆上方形成低气压，通过外墙上的门洞将新鲜空气吸引到室内来。今天，高技术的科研手段与方法将自然通风设计建立在科学理性的基础之上，在美国迈阿密的一座学校中建筑师设计了大窗户，在走廊上方开设了通风洞口，使之有穿堂风、德克萨斯工程实施站风洞研究发现，北风教室存在风影，所以建筑师在走廊上部通风口下加装了百叶板，不仅将风引导到教师的活动区，而且又避免了天窗射入炫目的直射光。马来西亚建筑师杨经文在这方面做出了突出贡献，他提出从气候研究建筑的形式以节约能源，在代表作梅纳拉大厦中采取许多手法充分利用了自然条件。

（2）尊重自然条件以保护环境

建筑所在场地的地形、植被、水体等自然形态、景观是构成自然生态系统与场地特质的组成部分，并且，特定的地形地貌本身就是一种自然风景资源，平地被认为是实现施工合理化的最经济的先决条件这种观念引起土地原有的格局和价值遭到破坏，更为严重的是造成水土流失、环境污染等生态问题。

对场地及建造环境的尊重与维护意味着建筑师应从景观建筑学的高度研究建造环境。建筑及其场地，从景观层次上首先是作为自然的大地景观而存在，美国景观建筑学的创始人麦克哈格教授在《设计与自然》中详细讨论了对场地的合理评价，并在此基础上研究建筑对于基地的存在意义，据以提出建设方案。博览建筑经常采用高技术，因为博览建筑特别是万国博览馆的举行时间原则上不超过六个月，其特征就是暂时性，要求建筑的建造、移动、拆除能在短时间内快速完成。建筑师普遍怀着一种求新、探索、试验的心情投入设计，这是大胆的构思、新材料新技术的使用和新奇的造型在这里大放异彩。这种短暂易逝的意象蕴含了一种生态学的理念，荷兰建筑师贝特姆·克鲁维尔（Benthem Crouwel）在1986年桑比克节设计的雕塑馆中，采用了简洁的轻型结构，只在基础用了预制混凝土，地板直接就是土壤表面，只将其夯实以免泥泞。节日后展馆被拆，基础起土后回填泥土，夯实的部分也被耙松，场地完好如初。

尊重自然条件并不仅仅意味着保留建筑之前的场地原样，建筑同时应该对建造场地起到积极的作用。如福斯特设计的西班牙巴塞罗那长途通信塔不仅建筑本身用高技术的手段将建筑的工程结构味道减少到最低的程度，使其视觉上灵巧、轻盈，而且由于该项目的建造，改善了通信条件和周围的环境景观，为历史文化名城增添了魅力。

（3）人工环境自然化

“自然作为直接的生产力在建筑中以相应的形式来表现的可能性已不复存在……从空间的力量将这些片断重新汇集一体的自然的机会仍残存着。建筑应将成为反映有限自然的一种敏感装置——自然由建筑来增幅。”建筑本身是人工的产物，是一种破坏后的建立，其实质就是建立一个创造性破坏的自然。自然是设计的永恒主题。因为只有自然对人类永远是最适合的。人工环境的自然化就是这种思想的表现。人工环境自然化的方法是将自然景观引入建筑内部，通过各种手法的处理使其与建筑内部环境相融合，以赋予人造环境以自然的勃勃生机。德国法兰克福商业银行大厦作为生态高技术建筑的成功范例，其生态设计手法为高层、高密度城市生活方式与自然生态环境相融合提供了宝贵的经验。福斯特将平面设计成三角形，三面围绕一个中央筒布置。办公室两边的窗户可开可闭，结合自然对流与中央筒体的“烟囱效应”，使大厦具有良好的自然通风。最具特色的是，办公楼每隔三层设有三层高的温室绿化空间，并呈螺旋状交替向下旋转，由此在任何位置的办公室均能面对一个温室绿化空间，令使用者如回归自然。

（4）高技术建筑与仿生建筑学

随着步入生物时代，生物技术得到长足发展。目前已进入分子阶段，利用量子理论可以研究特定条件下的各种形状，通过这些技术，我们可以做到：①利用遗传特性创造最佳基因组合，改良生命结构。②生物化学、生物物理研究仿生。③用基因重组治疗遗传性缺损而产生的疾病。引入到建筑设计中，建筑仿生学就是应用之一。建筑应该适应自然界的规律，建筑适应人类社会发展与自然相协调是建筑仿生学研究的主要课题。高技术建筑有与建筑仿生学相结合的趋势，詹克斯在《跃迁的宇宙间的建筑》一书中，为带有曲线或仿生色彩的高技术建筑起名叫“机体高技术”（Organi-Tech），并认为这是高技术建筑的发展方向。高技术建筑的仿生可以表现在两个方面。一是建筑的形式，特别是结构和构件的形式，模仿生命体的形式以获得良好的力学性质和视觉感官。二是建筑的设计理念来自生命原理的启示。如日本的象集团（Ate-lier Zo）以“拟态”的设计思想充实了仿生建筑的理论范畴。拟态（mimicry）的英文原意是指动植物在颜色和模式上与周围环境相似以达到防御敌人、保护自己的目的。但在象设计集团的创作理论中，拟态则不是对环境或生物一种简单的形态模仿，而是基于对气候等自然条件的共同认识所存在的质的相似现象，其作品中既有对基地周围生态环境的直接比拟，也有对一种生态现象的抽象比喻。

（三）柔性化

柔性设计（Flexible Design）及制造是当今时代产品设计与制造领域的重要特征之一，所谓“柔性”就是指灵活的适应性，即可经过改造适应环境变化的属性。因为当今时代消费者的需求是多变的，技术更新的速度也在加快。变化的市场对于产品的灵活适应性及升级换代能力提出了更高的要求，这种要求同时影响着产品设计的观念和方法，即从传统的“刚性”设计转变为“柔性”设计。

柔性产品因为具有灵活性所以可以适应不确定的使用功能变化，同时具有开放的升级端口，通过后续的技术改造可以保证系统长期有效运转，拥有更长的使用寿命，从而实现了资源的合理利用。建筑物作为一种长期耐用的产品，为了适应当今时代发展的要求，其设计观念和方法都必须借鉴“柔性”的概念，使其成为柔性系统。柔性系统的概念具有两方面含义，其一是表征系统适应外部环境变化的能力，其二是系统适应内部环境变化的能力。对于建筑而言，其空间功能划分、容量负荷、交通输送能力、环境保护及排放标准都可能因为自身需求、市场或政策的变化而变化，这客观上要求建筑的结构或设备体系具有灵活的维护改造和升级的能力。

例如从功能上把建筑空间划分为“服务区域（Servicing Area）”和“被服务区域（Serviced Area）”，服务区域中设备管线和交通系统集约布置；被服务区域为可以自由分隔的灵活大空间。这样既可以具有“柔性”的主体使用空间，也可以拥有“柔性”的设备管线升级或交通系统扩充的潜力。这种设计模式被大多数注重生态技术的现代建筑师们所采用，如英国建筑师Richard Rogers等。Rogers领导的事务所设计的建筑产品从功能组织到构造设计都可以体现出适应变化的“柔性”，为现在设计的同时也是在为可能的未来而设计，为未来的功能扩展和技术创造留有充分的余地。

由创意破坏性技术支持的创意多样化其目的是解决建筑的“过时性”问题。在谈到我们时代的一个普遍现象：建筑的“过时问题”（Problem of obsolescence）时，著名建筑评论家M. 鲍莱（Martin Pawley）说：“我们的商业和工业建筑在十年之内就已产生了巨大的贬值，而20年后，其价值只有最初新建筑的35%。明显的过时以及它所带来的威胁直接撞击着恒久、缺少变化的建筑学界。”建筑师对于这个问题的敏感决非杞人忧天，在社会发展的今天，问题显得尤为突出，随着生活节奏的进一步加快，建筑师将越来越困扰于建筑的“过时问题”。

1. 对传统的产品与服务的功能进行移植，使这些已走向成熟期的产品与服务，重现新生。

2. 对新技术产品、新服务项目的移植，使得它们长久地保持销售增长的势头，避免过早地走向成熟期。

3. 立足于产品的自身变革与完善，使不同的功能组合以后，达到一种功能扩展的效果，使老产品焕发出新的生命力。

第六章　现代建筑与创意思维

第一节　建筑设计创意的思维基础

作为思想方法范畴的设计创意名称的出现，只有短短可数的几十年历史，由“创”字联想到“开创”“创造”“创造学”，由“意”字联想到“意念”“意识”“意会”。“创”与“意”的结合、“创意”与“设计”的结合，似乎在不停地强化思维作用于行为的能力。设计是一种精神活动，而设计创意则更强调了设计活动中非物质的部分。

我们把建筑设计创意大略地理解为：在建筑设计活动进入实质性操作之前，必须先有一个（一类、一组）想法，这个想法则应是具有创造性的。

一、思维方式及其基本特征

从大文化的角度去审视思维方式的一些基本问题。思维是人类认识世界和改造世界的最重要的主观能源，思维方式是不同的思维主体在思维过程中如何反映，把握和调理客观对象的一般方式与方法，它是思维观念、思维模式、思维形式和思维方法的有机综合与统一。因此，思维方式在很大程度上制约着思维主体的思维活动，规范着主体的思维方向、思维过程和思维结果。任何一种思维方式都具有自然属性和社会属性的特点。思维方式主要表现出以下几个特征：时代性、社会性、民族性、科学性、独立性。

二、思维方式的要素分析

人类的每一种思维方式所包含的基本要素大体上是一致的，即主要包括价值要素、时空要素、观念要素和方法要素等。特别在现代社会中这些要素就显得更为重要，并赋予了许多新的内涵。

首先，构成思维方式的价值要素主要是指价值标准，也就是人们用以衡量、比较和分野复杂的实践活动时的价值尺度，只要这种价值标准有所不同，它所反映出的思维方式就不同。因为思维所要追求的目标不同。可见，价值标准既涉及到对事物的评价问题，也涉及到对不同事物或现象的划分界限问题，只要评价和界限搞清了，思维方式所追求的目标就明确了。

其次，构成思维方式的时空要素，实质上就是思维方式的视野背景。任何思维方式总是受限于一定的时间和空间，即受限于一定的历史与现实背景条件的。比如，中国人与西方人的思维方式具有各自不同的时空观念。西方人习惯于向外探求的横向比较的思维方式；中国人长期以来习惯于内向的纵向比较的思维方式。因此，时空要素是思维方式不可或缺的基本要素，假如价值要素犹如思维要达到的目的地，那么时空要素则是通向目的地的跑道。

再次，观念要素是构成思维方式的一个重要因素，它如同方向盘一样驱使思维方式沿着观念的指向去进行思维。观念要素是思维方式的一个非常重要和直接的参照系数。没有适应时代发展要求的观念，就不会形成相应的思维方式。

再则，方法要素是构成思维方式的一个重要的转换要素，主要包括归纳与演绎、分析与综合、抽象与具体等思维方法。方法必须切合于思维实际。这样才容易接近思维目标，思维效率就高，可以取得良好的思维效果。从以上对形成思维方式各要素的分析中不难看出，价值要素好比目的地，时空要素相当于跑道，观念要素犹如方向盘，方法要素如同转换器，四要素缺一不可，相互联系，共同作用，构成了某种特定的思维方式。社会生活中的各种活动，都与思维方式有关，都首先是思维方式作用下的社会活动。

三、思维方式的阶段性特征比较研究

人类思维方式的发展，经历了一个由低级到高级、由简单到复杂、由单一化到多元化的历史发展过程。从思维方式本身的发展历程看，经历了动作思维、表象思维、经验思维和抽象思维四个发展阶段。从社会发展的历程看，思维方式又经历了一个由古代“整体和谐性”思维方式，向近代以“要素、经验、精确”为特点的经验性思维方式与形而上学的思维方式的转变，以及向现代以“整体、联系、发展、矛盾”为特点的辩证性、系统性思维方式的发展转变过程。

荷兰当代哲学家C.A.冯·皮尔森的名著《文化战略》则将人类思维方式的发展归纳为三个发展阶段。第一阶段为神话思维方式阶段，思维主体与客体的概念尚未明确，处于主、客体混为一体的混沌状态。在这种情况下，人类只有通过这种思维方式来说明和解释包括他们自己在内的一切事物，巫术的产生和发展就是这种神话思维方式的负面效应。第二阶段为本体论思维方式阶段，思维主体和思维客体的概念被明显分离，并且形成重主体、轻客体的思维模式，用主体的认识来解释和说明一切客观事物和现象，逐步形成形而上学的思维方式。其负面效应是实体主义。第三阶段为功能思维方式阶段，它把人与人、人与自然、人与社会等等方面统统看成是由多种多样的关系所构成的，是许多功能关系的反映。功能思维方式正在于分析、研究、揭示这许许多多的功能关系及其网络，构成试图解释它们之间的本质联系，人本身就是消融在这种功能关系的网络之中的，这种思维方式的负面效应则是操作主义。

动作思维和某些表象思维与古代“整体和谐性”思维方式以及皮尔森的神话思维方式有着共同的思维内涵，都在于说明和解释事物或现象以及人类本身，希望处于一种理想和谐的运动之中，这实际上是人类面对自然现象、社会现象以及人类自身的各种现象而又无法解释的一种无能为力的表现，是与特定的历史时代相对应的一种思维方式。而经验思维与近代的经验性和形而上学的思维方式以及皮尔森的本体论思维方式也是同出一辙的，它们所包含的思维内涵可以说完全一致，只是提法和角度有所不同而已。这类思维方式的特点就在于用主体自身的认识思路来解释社会万物及其现象，其结果必然导致皮尔森所讲的实体主义负面效应的出现。同样，抽象思维与现代辩证系统性思维方式以及皮尔森的功能思维方式之间也存在着许多共性，它们都把思维对象看成是一种功能关系或系统关系，其目的均在于揭示思维对象的客观规律，使人类自身真正从自在阶段发展到自为阶段，能够更好地把握和驾驭客体，改造和利用客体，推动社会的进步和发展。纵观人类社会发展的历史，实际上就是一部思维方式的发展演变史——控制影响个体创意思维的社会思维发展历史与逻辑：

人的科学思维形式，不仅有抽象思维、形象思维、灵感思维等个体思维，而且还有控制与影响个体创意思维的社会思维。所谓社会思维是指它作为群体社会意识（集体意识）的集中反映方式，是科学研究工作者们综合运用思维规律和他人思维结果于具体科研项目之中，从而实现科研成功的一种集体性思维。

产业革命使社会思维发生变革，具有非常不同的形式与内容。纵观人类思维史，与广义上的四次产业革命相应，人类社会思维的形式与内容也大致经历了五个发展阶段。

（一）原始思维时期

社会思维是以感性认识为主，产生具体性的形象思维，还未形成抽象思维的能力。原始思维发展经历了高低两个阶段，即行动思维和幻象思维阶段。行动思维发展经历了初始阶段、行动格产生并内化阶段（思维因子与能力分化阶段）和思维与行动分化三个具体阶段之后上升到高级阶段。原始思维的高级阶段——幻象思维则经历了行动幻象、人格幻象、神秘幻象和法术幻象四个具体阶段之后，走完了原始思维发展的全过程。

（二）古代思维时期

第一次产业革命之后，农业和畜牧业的出现，改变了人完全依靠采集和猎取自然界的动植物而生活的生产体系。人类思维以广泛思辨为特点，已经基本具备了抽象思维，真正开始了对人类思维科学化的自觉探索，观察、归纳等思维方法有一定发展，但占主导地位的还是演绎思维方法。

（三）近代思维时期

第二次产业革命之后，生产体系组织结构和经济结构飞跃发展。特别近代思维的后半阶段，即欧洲开始从封建主义社会向资本主义社会过渡。这个阶段以实验、观察为特点的社会思维得以广泛的运用，出现了一批辉煌的科学研究的成果。这个阶段人类思维发展的规律是从原始时期的具体，古代的抽象，又回到近代的具体。

（四）现代思维时期

18世纪末，第三次产业革命很大促进了人类社会思维的发展。普遍联系、辩证发展是这个时期社会思维的特点。该规律的运用将社会思维从自然领域扩充到社会领域。这个时期思维发展的规律从具体又发展到抽象，但它是具体的抽象。这是人类探索思维科学化进程的一大飞跃。随着自然科学的发展，一系列具有时代特征的具体思维方法和科学研究方法已经逐步形成。归纳方法比较和假说等方法有了明显的发展。此时作为思维方法的逻辑学的研究又有了新的突破，产生了数理逻辑。

（五）当代思维时期

生产上的国际化、世界化的特点十分明显。这是人类历史上第四次产业革命。思维科学化进入新的探索时期，以普遍联系、辩证发展为特点的社会思维，不仅为科学和生产的迅速发展所证明，而且由于新的具体思维方法的出现，又使其不断丰富和精确化。世界范围兴起的新的技术革命，又对许多旧思维方法提出挑战，20世纪初以来产生的系统方法、控制论和信息论方法，在人类的社会思维中，显得格外重要。在思维形式上，不仅抽象思维广泛应用，而且人类早已接触到的形象思维、灵感思维，又从新的科学的高度深入进行研究探索其机制和规律，正在大胆地进行研究探索其机制和规律。从它的产生，到重新研究，这在思维的发展规律上，又是从抽象发展到具体的过程。

非常复杂的人类社会思维发展历史有时在很长一段时间里并无多么大的进展，欧洲中世纪长达一千年的状况就是如此；其内容没有多少质的飞跃仅内容增加或重复。一种新社会思维的产生有其积极和消极的作用。以重实验、观察为特点的近代社会思维就如此。从它的内在逻辑发展和思维发展规律上看，现代思维不断进步丰富，发展规律正是历史与逻辑的统一。

四、思维方式的多维化

其一，系统化思维，由于系统论、控制论和信息论的迅速发展，系统化是现代思维方式的一个很重要的特征。思维的系统化要求思维方式必须增强整体观念、结构观念和优化观念。从而保证思维的整体和谐以及思维的系统功效。现代思维方式具有传统方式无法比拟的显著特点：优化和最佳化，这是传统方式。其二，开放式思维。现代思维方式强调系统结构，即处于系统中的事物都是开放的，开放性是任何系统最重要的特征。开放式思维是系统性思维的重要补充，体现了唯物辩证法的发展观，它要求思维主体必须视野开阔、思想活跃、思维敏捷。其三，多维化思维。现代科学朝着精细化和综合化方向发展，系统论则揭示了思维是一个多维的纵横交错的主体网络系统。反映了思维方式的多维化。所谓多维，既包括多角度、多层次，也包括多方面、多变量；既有精细化的问题，也有综合化的问题。这种多维化具体表现在纵横比较、全方位观察和交叉思考等方面。其四，精确化思维。精确化是现代思维方式科学化的重要内容，目的在于使定性思维与定量思维相结合，以便在定性分析的基础上更加重视定量分析，并把定量分析、模糊方法和反馈方法有机地统一起来。其五，创造性思维。创造性是现代思维方式最重要的一个特征，体现了逻辑思维和直觉思维的辩证统一，主要在于追求思维领域里的“最先”“最优”“独到”的东西，推进创造性实践活动的开展和深入，这种思维方式的主要特点是把发散式思维、综合式思维和开拓式思维相结合，通过对思维对象的联想、类比、直觉、灵感、想象等思维方式，或通过动态的、主体的综合思维方法，或通过闯“禁区”和攻“难关”的开拓性思维，刺激思维主体进行创造性思维活动。其六，预测性思维。现代思维方式非常强调预测性，思维本身不仅仅在于解释现实，而且还在于着眼未来，预见未来。这说明构成思维方式要素之一的时空观已经发生了新的变化和进展，不断强化时效观念、价值观念和未来观念将是现代思维方式的重要特征。思维方式的构建包含了以上这几方面。

第二节　可操作的创意性思维方法

一、创造性思维活动

创意思维就是创造性思维，是以新颖独到的方法解决问题的思维过程，也是一种创造新事物或新形象的思维形式。它不仅包括实物的发明，还包括制度和理论的创新，以及思想观念的改变。它可以运用于人类生活各个方面。人类创意思维活动有广义与狭义的认识。

广义的创意思维认为：凡是对某一具体的思维主体而言，具有新颖独到意义的任何思维，都可以视之为创意思维。它既可表现在科学史的重大发明之中，也可存在于处理日常具体问题的思维活动之中。

狭义的创意思维：是指在人类认识史上首次产生的、前所未有的、具有较大社会意义的高级思维活动。还有一种更为狭义的意见是把创意思维基本上等同于直觉、灵感和发散性思维，认为唯有这几种思维活动才具有创新性。

狭义的创意思维是建立在广义的创意思维活动之上的，广义和狭义层面的理解在各自的限定性之内，它们的理解都是准确的，有着很好的研究基础、现实意义和长远利益。

创意思维的基本方法是发散思维和聚合思维，顺向思维和逆向思维，横向思维和竖向思维的有机结合。创意运行是主体意识的创造性的展开。在此过程中除了受智力因素和非智力因素制约外，政治制度、经济模式、传统文化或文化传统、生活条件以及人际关系等外部环境因素都直接影响着创意思维的数量和质量。

创意思维过程，即以“关键知识”为核心。在创造实践中，聚变的是关键知识，而非指人类探索出的全部知识：各种相关知识、信息、技术、素材等要素的“超序激活”。指出进行创造活动要打破事物原有的时空序、功能序等，即打破现状；产生“耦合性聚变重构”。指出知识的相互作用。同时也指出了“创意就是综合”“综合就是创新”的观点的片面性。

由此可以看出，创造性思维是指：突破原有的思维范式，重新组织已有的知识、经验、信息和素材等要素，在大脑思维反应场中超序激活后，提出新的方案或程序，并创造出新的思维成果的思维方式。

创造性思维不同于在设计领域常用的逻辑思维，其主要在于创造性思维要有创造想象的参与，而且，逻辑思维是一维的，具有单向性和单解性的特点，而创造性思维是一种立体思维，通常并没有固定的延伸方向，它更加强调直观、联想、幻想和灵感。所以创意设计不是靠逻辑推理推出来的，而是靠创造性思维的激发所产生的。对创造性思维的研究，其研究内容应该是具有不同创新程度的“信息”。这里的“信息”是一广义概念，即：包含具体知识、方法、工具、直觉等等。因创造性思维是研究创新设计的前提，故这些“信息”也是创意设计的研究内容。

二、人类创造思维特点

在条件多的情势中优先处理目标，一个行人在只有几处光亮的长长的黑暗街道上丢失了眼镜，他请路人帮他寻找，他会指示人在什么地方找？答案是在路灯附近。为什么？他的决策体现出效率原则，因为他等于在“黑箱”中操作，无任何线索，而光亮的地方提供了一个有利的条件，即此地最易操作。从这里开始是最有效率的方式。寻找更多的条件是解决问题的基本出发点，而各种条件的交叉组合可能会产生出新的条件与目标（结果），这可能是创造性思维的一条原理。

元创造的数量很少，在人类思维中，元概念属于元创造中的一类。如：量、热、冷、质量、强弱、力等等。在科学与技术发明中，有蒸汽机、相对论等。正是因为元创造数量很少，所以，一般创造过程更多地表现为模仿到创新的连续过程，以模仿作为手段，来进行创造。从生成物来看，创新与模仿是不同的，而从创造过程来看，从模仿到创新是连续性的。

定势与功能固着现象：人的思维是承继式的，从哲学上看，存在的东西是过去的延续。大脑只能做那些它内在已有的（包括即时输入的）和可以组合的东西。人在解决看起来与经验相似的问题时，有使用相同的方式（即相同的知识结构）的倾向，被称为定势。同样，事物的功能表现常被认定为有确定的、单一的作用对象——因为二者在人的思维中早已形成了某种对应的关系，这即是功能固着。定势具有二重性，当已有的知识结构是解决当前问题所需要的，则可促进问题解决。显然这也是有效率的方式。反之，则有碍问题解决，对于创造性来说，这又是一种阻力。因此，进行创造性的思维，同时意味着消除定势与功能固着。

概念的格式塔结构维度之表达，思维是生成的系统，其“概念（词）’隐含着物理特性和生物学特性，有些还有隐喻特性。这在此被称为格式塔结构维度。这种维度的最低层次由抽象的特性元素与元结构关系组成。概念（词）的格式塔结构维度包括时间与空间限定、方位关系、作用方式等物理特性，和大小、强弱、硬软、刚柔、聚集、分离、几何关系、亲和与疏离诸程度等量度，以及因果联结、趋向性、持续与间断等相互关系模式。不同概念（词）的格式塔结构维度之间存在部分相似关系或联结关系，从而使不同的词可生成某种新的组合。一个人的创造性能力来自他对事物格式塔结构维度的把握程度和重新组合的能力。

思维是由简单机制构成复杂机制网络的生成过程，思维的创造性则与“概念（词）”系统的相关联结与新的组合密切相关，存在某种可操作的方法，通过“概念（词）”系统作为载体与中介可大大提高创造思维的效率和有效性。抽象思维是创造性思维的基础，它与“机械”思维的方式和形象思维作为实现的途径相结合而达到创造思维的目标。抽象思维是指“脱离了具体事物的事物关系结构的符号式逻辑表达”。

（一）创造性思维与格式塔结构维度

所谓创造思维，其实是基于内在格式塔结构维度相似性的新的联结、组合与赋予新的认知对象的思维。当二者相匹配时（即认识能完满地表述客观事物时），这种思维——包括其概念、法则等就是正确的。例如爱因斯坦的相对论中之相对概念、光速、不变等等概念的重新组合并用来表述光的运动、时空限定等。任何创新的概念都出自原有概念或它们的格式塔结构维度之间的不同的组合（新的组合）与客观事物内在规律性的相匹配。隐喻方式及其内在机制是创造性思维的实质。在隐喻的源体与目标体关系中，相对应的组成元素即相似的格式塔结构维度。找出隐喻的可自动分解的操作模式就解决了创造性思维的可行模式问题。从思维的角度看，创新是隐喻的结果。

（二）从元概念出发

一种创造性思维模式是：从元概念出发，按照人的特性和科学逻辑或隐喻逻辑来推测某种事物的演化过程与方式。这种推测要注意逻辑思考的彻底性。

例如，人类对传媒工具的发明与演化，可以推测有这样一种过程与方式：

1. 早期，人对视觉之外发生的事件的了解靠语言或文字、绘画的传递、接受和加以相应的想象来得到；

2. 照相术、电影的发明产生了视觉传媒工具的革命；

3. 电视机的发明是又一次的视觉传媒革命；

以上是历史，以下是未来推测：

4. 未来的视觉传媒可能是立体的高清晰度的电视（彩色）；

5. 发展为虚拟现实的传媒工具。这种虚拟现实可提供现实中的一般感知要素，包括嗅觉、触觉、视觉等等，靠意念过程即可完成这种虚拟现实的体验；

6. 现场参与者与接受者的信息全息交互传递。这是如身临其境的传媒手段。

（三）对于艺术，利用隐喻逻辑结合人的特性来进行创造性思维

环境中的形态与某些概念可构成相应的对应关系，从而形态具有了某种意义，二者建立起了隐喻关系。利用隐喻逻辑并结合人的特性（包括生理、心理、文化等诸方面），我们可以高效地完成特定的创新思维成果。这种思维模式还可表现为“原型法”，即找出原型，然后发散，创造出众多的引伸的形态来。

（四）源自某原型可引发出许多不同的组合，但其原型却同一

由某些基本特征独有组合构成原型并引发出诸多不同组合形式，形成某种个性风格的建筑。如柯布西埃提出的现代建筑的“新建筑五手法”模式。再如将门定义为“两种境界的过渡态或中介”，可使建筑入口形态的创新思路大为开阔。

（五）创造思维的算法模型

创造是某种新的组合过程的产物，由构成因子与（多维的）构成序列关系决定。算法是一组达到某个目标过程的步骤的表述。事物（如建筑）构成因子（要素）均是一类集合，而类别划分是相对的，在更为抽象的层次，异类的事物因相似性而被认为是同类。本文将创造思维的算法模型粗略表述为：

1. 建立事物（如建筑）构成因子（要素）的集合，在更为抽象的层次，异类的事物因相似（性而被归于同一集合。建立此递归的构成结构；

2. 对于某构成因子（要素），在更为抽象的层次，通过某些相似特性而形成的两种门类事物的联结；

3. 选择原有构成因子（要素）的替代物并加入到所要进行的组合过程；

（1）依据类别差异度、已组合统计量度、组合因子间亲和度、制作成本等尺度作为约束条件制定搜寻算法：

（2）通过更为抽象的层次进行搜寻，找出原有构成因子（要素）的替代者。

4. 不同构成因子（要素）的差异组合。从组合要素的数量可知不同组合的数量很大。

（六）从一个新的角度研究创造性过程

目前描述性的研究带来了问题即科学的数字化带来了冲击，科学研究在研究“这样”和“为什么这样”的同时，应遵循概率原则，即设想出种种的可能性，然后研究是什么规律使得“这样”所发生的概率变大了，从而凸现出来。在没有预见设置的情况下，应首先假定各种可能性的发生是等概率的，各种信息在大脑中记忆以后，再次显示时，应该是等概率的，但为什么在当前状态下只显示出了这样的意义，而将其他意义排除在外？创造思维过程又如何描述？这些问题将驱使研究者建立新型的研究问题的思路。数学的发展和对思维与创造过程不再满足于简单的、一般性的、模糊性描写，使得人们尽力地寻找一种适当的方法对思维过程进行描述。借助这种数学工具，通过建立基本假设和关系，可以采取演绎的方法比较客观地研究思维与创造过程中的现象。

三、创意思维活动模拟的研究

创造性思维活动的研究主要分两种，一种是理论层面对创造性思维心理过程的研究，即创造性思维的要素、组成、心理过程等；另一类是应用层面研究创造的技法。两者结合研究才能阐明创造性思维的本质，以下为例：

（一）沃拉斯的“四阶段模型”

1945年，美国心理学家约瑟夫·沃拉斯（J. Wallas）在《思考的艺术》一书中首次深入地研究了创造性思维的心理活动过程，被作为创造性思维领域开创性研究标志。并提出了包含准备、孕育、明朗和验证等四个阶段的创造性思维一般模型。1950年吉尔福特在美国心理学年会上发表了题为“创造性”的著名演讲后，这一领域的研究就开始繁荣起来。

（二）韦索默的“结构说”

1945年，德国心理学家韦索默（Werthermer）出版了名为《创造性思维》的专著，明确地提出了“创造性思维”这一概念。该书的主要成就是，运用心理学的格式塔理论分析创造性思维过程，从简单的一节数学课到爱因斯坦这个天才人物都作了认真的思维心理分析。韦索默认为，创造性思维过程既不是形式逻辑的逐步操作，也非联想主义的盲目联结，而是格式塔的“结构说”。并进一步指出，这种格式塔结构既不是来自机械的练习，也不能归之为过去经验的重复，而是通过顿悟而获得。这些思想是很有价值的，值得借鉴。

（三）吉尔福特的“发散性思维”

1967年，美国心理学家吉尔福特（J. P. Guilford）在对创造力进行详尽的因素分析基础上，提出了“智力三维结构”模型，认为人类智力应由三个维度的多种因素组成：第一维是指智力的内容，包括图形、符号、语义和行为等四种；第二维是指智力的操作，包括认知、记忆、发散思维、聚合思维和评价等五种；第三维是指智力的产物，包括单元、类别、关系、系统、转化和蕴涵等六种。这样由四种内容、五种操作和六种产物可组合出4×5×6=120种独立的智力因素（后来作了两次修改、补充，最后成为具有180个因素的三维结构）。他认为创造性思维的核心就是上述三维结构中处于第二维度的“发散思维”，于是便和托兰斯等人对发散思维作了较深入的分析，并提出了发散思维的四个主要特征，创造性思维的核心就是三维结构中处于第二维度的“发散思维”：

流畅性（fluency）：在短时间内能连续地表达出的观念和设想的数量；

灵活性（flexibility）：能从不同角度、不同方向灵活地思考问题；

独创性（originality）：具有与众不同的想法和别出心裁的解决问题思路；

精致性（elaboration）：能想象与描述事物或事件的具体细节。

吉尔福特等人认为，发散思维的主要特征也就是创造性思维的主要特征，并研究出一整套测量这些特征的具体方法。并应用于教育实践。尽管把创造性思维等同于发散思维是一种简单化的理解，但对于创造性思维的研究与应用来说曾起了不小的推动作用。

1988年，美国耶鲁大学教授斯滕伯格在运用创造力内隐理论分析法“创造力三维模型理论”。该模型的第一维是指与创造力有关的“智力”（智力维），分为“内部关联型智力”，“经验关联型智力”和“外部关联型智力”等三种，第二维是指与创造力有关的认知方式（方式维）；第三维是指与创造力有关的人格特质（人格维）。

（四）刘奎林的“潜意识推论”

1986年，我国思维科学研究学者刘奎林在其论文“灵感发生论新探”中对灵感发生的机制作出比较科学的论证。该文对灵感的本质、灵感的特征和灵感的诱发等问题作了较深入的探索，并力图在20世纪80年代国际上已取得的科学成就（特别是脑科学、心理学与现代物理学等方面的成就）的基础上，对灵感发生的机制作出比较科学的论证。“潜意识推论”被提出并运用，建立起“灵感发生模型”。他认为灵感思维“居于创造思维过程中的重要位置”，因此“灵感发生模型”亦可看作是创造性思维模型。该模型建立在“潜意识推论”基础上，故被称为基于潜意识推论的创造性思维模型。这是关于创造性思维研究中比较完整、比较有说服力的模型。特别是作者力图从脑科学和现代物理学基础上阐明创造性思维过程，这是前所未有的。该模型突破了仅局限于从心理学角度来研究创造性思维的传统做法。

（五）斯滕伯格的“智力观”

1988年，美国耶鲁大学教授斯滕伯格在运用创造力内隐理论分析法、对创造力进行深入分析的基础上，提出了“创造力三维模型理论”。该模型的第一维是指与创造力有关的“智力”（智力维），第二维是指与创造力有关的认知方式（方式维），第三维是指与创造力有关的人格特质（人格维）。智力维又分“内部关联型智力”、“经验关联型智力”和“外部关联型智力”等三种。

它提出的“创造力三维模型理论”中的智力维既涉及创造性思维的心理过程（执行成分）、创造性思维的核心“顿悟”的组成要素（获得成分）又涉及创造性解决问题过程中的计划、监控与评价（元成分）。因此可看作是一种较为完备的创造性思维模型。

内部关联型智力是指与个体内部心理过程相联系的智力，由三种成分组成：

元成分——在创造性地解决问题的过程中，起计划、监控和评价作用。具有问题发现和辨认、问题界定、形成问题解决策略、选择问题解决的心理表征与组织形式、监控、反馈与评价问题解决的过程等功能；

执行成分——执行由元成分所设定的问题解决过程，包括编码、推论、图标、应用、比较、判断、反应等步骤；

获得成分——这是创造性思维中顿悟能力的主要组成部分，它又包含选择性编码、选择性结合和选择性匹配等三个要素。

经验关联型智力是指与已有知识经验相联系的智力。

外部关联型智力是指与外部环境相联系的智力（包括适应、改造和选择环境的能力）。

智力维既涉及创造性思维的心理过程（执行成分）、创造性思维的核心——顿悟——的组成要素（获得成分）又涉及创造性解决问题过程中的计划、监控与评价（元成分）。所以“创造力三维模型理论”中的智力维，其实就是一种创造性思维模型。

（六）1995年，美国加州大学心理学系若宾（Nina Robin）等人发表了一篇题为“前额叶皮层的功能和关系复杂性”的论文

该文从“前额叶皮层”是控制人类最高级思维形式的神经生理基础出发，试图探索出人类最高级思维模型与脑神经机制之间的联系。若宾等人认为，人类思维对于事物的本质属性和事物之间内在联系规律性所作的反映，实际上可看成是对事物之间存在的各种关系所作出的反映。根据数理逻辑中谓词逻辑的表述方式，事物本身所具有的本质属性也可看成是一种最简单的一元关系；事物之间的相互联系则可看成是n元关系。n是关系的维度，n愈大，关系的复杂程度愈高。换言之，n可作为描述关系复杂性的指标。在此基础上，若宾等人提出了一种用于确定关系复杂性的理论框架。然后，又根据当代脑神经科学所取得的成就一对前额叶皮层结构与机能的新认识——把对不同水平关系复杂性的处理和前额叶皮层中不同部位的控制机能联系起来，从而使我们对人类高级思维过程的认识，不仅建立在心理学的基础之上，而且深入到大脑内部的神经生理机制，因而有更为科学、更为坚实的基础。若宾等人在其论文中并未使用创造性思维这个术语，而是采用“最高级思维形式”、“最独特思维形式”或“高水平认知”等概念。从该论文力图处理最高复杂程度的关系以及对“最高级”、“最独特”的强调来看，作者所说的“最高级思维”其本意应当是指“创造性思维”。就该论文中关于“最高级思维”的实际含义来看，若宾等人所提出的、用于处理关系复杂性的理论框架，实质上是一种建立在脑神经科学基础上的逻辑思维。尽管它还不是创造性思维模型，但是它对真正创造性思维模型的建立将具有一定的启迪意义。

以上对创造性思维研究发展脉络的回顾，迄今在创造性思维研究领域所取得的成果基本上可以分为两类：一类是建立在传统心理学基础上的理论或模型（仅用心理学理论来研究创造性思维活动过程），属于这一类的有沃拉斯、韦特默、吉尔福特和斯滕伯格等人的理论或模型；另一类是建立在脑神经科学基础上的理论或模型（不仅运用心理学还运用脑神经科学乃至其他现代科学成就来研究创造性思维活动过程），属于这一类的则有刘奎林及若宾等人的理论及模型。吉尔福特关于发散思维的研究只涉及创造性思维的一个要素，偏于狭窄：韦特默的“结构说”对创造性思维过程缺乏具体分析和可操作性，对培养创造性思维的实践，指导意义不大；斯滕伯格的“智力维”虽然提出创造性思维的心理操作过程，但没有从理论上阐明为什么必须包含这些心理操作和这些操作之间有何必然的联系。所以不能令人信服，也难以用于指导实践。从理论的创新性与深刻性以及对实践的指导意义等几方面综合考虑，沃拉斯、刘奎林和若宾等人的理论模型从认识人类创造性思维的过程、要素出发的理论，为创造性思维模拟提供了有益的参考，特别是若宾等所提出的“最高级思维”观点，尽管它实质上是一种建立在脑神经科学基础上的逻辑思维，还不是创造性思维模型，但是它对用于处理关系复杂性的提出的理论框架，为真正建立创造性思维模型具有相当的启迪意义。

沃拉斯、刘奎林和若宾等人的理论模型的优点：

1. 对创造性思维的研究，打破了仅仅从心理学角度去探讨的传统做法，开始把基于心理学的研究和基于脑神经科学的研究结合起来，并且越来越重视基于脑神经科学的研究。

2. 认为创造性思维既与显意识有关，也与潜意识有关，而且认为创造性思维的发生取决于显意识思维与潜意识思维的相互作用。因此既重视显意识思维研究，也重视潜意识思维研究，并把二者有机地结合起来。这是另一个值得重视的发展趋势，也是该模型的优点。

3. 既重视创造性思维“理论基础”（心理学基础和脑神经科学基础）的研究，也重视能反映创造性思维活动过程、具有可操作性的“思维模型”的研究。这种模型可用来指导培养创造性思维的具体实践，不仅具有和理论基础同等的重要性，甚至更为人们所重视。

沃拉斯、刘奎林和若宾等人的理论模型的缺点：

1. 虽然显意识思维与潜意识思维的相互作用，但令人难以信服的是，上述模型的作者以及支持者都认为显意识思维是在左脑，潜意识思维是在右脑。在刘奎林的模型中已明确指出这一点，在沃拉斯模型中虽未明说，但支持这一模型的心理学家皆认为该模型实际上蕴涵着这种观点。例如，颇有影响的心理学家T. R. 布莱克斯利就曾指出：该模型的“开始和最后阶段（即准备和验证阶段），是通常在学校中学到的，由左脑来完成的任务。中间两个阶段（孕育和明朗阶段）则不那么容易，因为它们包含了无意识（即潜意识）过程。如果一个人能够在这两个阶段中让左脑干一些其他工作或靠边站，右脑就将充分发挥作用。”这还是有待论证的问题，过早下这样的结论是不适当的。这将会使模型建立在不可靠的基础之上。

2. 在上述模型中，对潜意识部分的研究明显薄弱。基本上没有能把潜意识思维的神经生理基础，以及潜意识加工的心理操作过程及特点论述清楚，使潜意识加工过程产生一种神秘感。这是上述各种模型存在的一个通病，也是迄今为止，关于创造性思维的研究中尚未解决的一大难题。

不仅注意显意识思维过程与潜意识思维过程的结合，而且还注意二者的相互作用（这一思想在刘奎林模型中较为突出），这是很有见地的思想。遗憾的是，关于这种相互作用的神经生理机制还没有得到科学的论证，因而这种相互作用目前尚带有假说的性质，还不是科学的理论，还难以让人信服。

第三节　建筑设计创意思维

一、建筑创意思维模拟的层次框架

建筑设计创意活动应属创造学的直接研究对象，创造学已是设计创意的理性生成基础，虽然设计创意在创造活动中仍然重视艺术感觉的部分，但艺术创作中感性与理性的不可分割性将两者紧密联系在一起。对于创造学的原理、方式与方法，近百年来，创造学的创造原理被归纳为10多种，而创造技法则有300多种，其中较为著名的有日本的等价变换原理、俄罗斯的物场分析原理、德国的变换合成原理、英国的马切特原理、美国的贝利原理以及中国的变色系统理论等等。其中理性推理与演算的成分占了绝大多数，也不宜于在艺术教育中过分强化理性的介入，因此，介绍创造性的思维原理以及被归纳过的训练方法，并尽可能地靠近视觉所及的范围，以使得更有显见的应用实效。

（一）创造性思维的三个因素

通常所讲创造性思维，由创造思维的能力+判断力+一个基本平台（基本知识、信息、手段）的基础形成的三角构成。创造思维能力、判断力都是思维能力，思维能力都是建立在知识、信息、手段（思维方法）的基础上的。

1. 一个基本平台

知识包含着两个方面，其一是掌握了一定的相关学科的知识，如科学知识、文化知识、理论知识，应用科学知识，计算机应用、外国语等。其二是指某一学科领域内的知识，指较深较专的知识，这两者的构成就像一个“T”形，横向表示相关知识，纵向表示专业知识，这两者的相互增大，才能形成一个完美的结构。

信息可以多种途径获得，尤其是艺术设计家的获取信息的途径与方式更没有一定的定式。信息可以是经过理性化处理后的信息：如书籍、报刊、杂志以及影像、光盘等；也可以是纯感觉式的信息：如声音、光线、形状、温度等。对待这两种信息需要用两种不同的态度，前一类要注意其时间的连续性和持久性，以及可靠性，主要是作为实际运用中的决策依据。后一类则作为自己性格与表现的个性依据，它在设计创意的过程有着潜移默化的影响。

手段是指思维的方法。思维方法从心理活动特点的角度说，可分为逻辑思维与非逻辑思维两大类，在艺术创作的活动中，逻辑思维往往有着抑制和排斥的作用，而非逻辑思维则有着扩散与冲击的作用，因此，非逻辑思维在艺术创作中倍受重视，但放任地扩散往往又很难形成艺术作品，因而两者相应的平衡是艺术创作者悉心找寻的。思维方法从行为语言表达的角度考虑，又可分为发散思维和收敛思维两大类。发散思维宜于出新，而收敛思维便于信息处理，这两者的作用是有着相互协同与制约的。

2. 判断力

判断力通常指比较、选择、评价的能力，它是所有决策前的重要一环，由于影响判断力的因素很多，它的最终组成也是复杂的。它由各种综合技能、自然科学知识、经验等有机结合而成的，具体为发现问题的能力、自适应能力、优化能力、自检能力与速决能力。

3. 创造思维能力

创造思维能力即是由判断力及知识、信息、手段相支持才得以成立的，没有这两条边的基础，创造思维能力即便有其本能的一面也难以构成创造性思维的稳定整体，也就难以形成真正有价值的创造。从设计创意的角度说，感觉信息的积累、知识与修养加之判断，才能准确地把握设计的表现，设计如果脱离了准确（指感觉的准确，并非指事物的精确），脱离了恰当的表达将会一事无成。

（二）创造性思维的结构

由于人性的丰富，人类的思维形态也是多种多样的，创造性思维也是一样。用几何图形将创造性思维的形态表现出来，即是创造性思维的结构。为数不少的创造学家对创造性思维结构作了图形结构式的描述，如英国的马切特将思维分为三个部分：原始思维、进一步可能的思维及基本设计方法型思维，他用几何图形对三种思维模式进行了表示，其中有平行面思维、来自不同观点的思维、策略性思维、概念性思维等，富有启发性。

进入20世纪60年代以来，创意设计技法大量涌现。20世纪80年代始，我国也开始了创造工程和创意技法的研究和普及，利用这些技法，无论是群体或个体，都可显著提高创意思维的广度、深度和速度，促进创意、创造难关的突破，因而有重要的研究、推广和实用价值。创造学方法是有意识地采用一些方法来克服个人及人群的思维定式，促进联想能力，增强直觉和非逻辑的思维的形成。但这些方法并不能代替智力因素（观察力、记忆力、想象力等）及非智力因素（情绪、兴趣、性格等），因此经常性地训练与应用，才能取得实效。常分列为集体方法与个人方法两大类，这两类的本质目的是一样的，但具体操作有着明显的差异。

从设计领域的应用出发，建筑设计创意往往参照创造性思维过程原理，采用创意技法模拟的方法。其中主要有台湾成功大学推崇的形态分析法，浙江大学开展的基于组合原理的创意方法，将创意思维模拟的方法分为了基于事例的推理，类比推理，分解综合推理等于部分，然而并没有阐述完成这些部分的关系、联系，即构造出创意思维模拟的框架。

刘仲林在其著作《美与创造》中提出LZ分类法（L联想、类比，Z组合、臻美），把创新技法划分为四大系列。在四大创意技法系列中，联想是基础，类比、组合是进一步发展，属于中间层次，而臻美是最高境界、最高层次。

“创意不是无中生有”，创意思维过程中，必然继承和利用已有的科学知识的各种概念、命题、原理和定律，与已有的科学之间便会发生种种逻辑联系，才可能解决问题并将认识的成果表现为系统的形态。其实，如果组成要素划分得足够小，那么，所有的创意也不过是要素重新编码而已，这从自然界中丰富多彩的物质，其最小组成单位是唯一的能量物理最小量——夸克可以得到证实。

综合以上成果及分析，以记忆结构为基础，可以建立一个创意模拟的综合层次框架。底层为基本要素层：形态基本要素及形态操作方法，这是创新编码及其操作的基本单位；中层为概念推理层；实现类比、联想、组合等推理方法；高层为创新技法层；这是直接对现有创意技法的模拟应用，创意技法层的技法分类组织：

1. 联想系列技法。这是以丰富的联想为主导的创意技法系列，其特点是创造一切条件，抛弃陈规戒律，打开想象大门，由此及彼。虽然从技法层次上看属于初级层次，但它是突破的开始，因此极为重要。“头脑风暴法”是联想系列技法的典型代表。

2. 类比系列技法。以两个不同事物的类比作为主导的创意技法系列。其特点是以大量的联想为基础，以不同事物之间的相同或类似点为纽带，充分调动想象、直觉、灵感诸功能，巧妙地借助他事物找出创意的突破口。类比族技法比联想族技法更具体，是更高一个层次。“提喻法”是类比族技法的典型代表。类比包括拟人类比、仿生类比、直接类比、象征类比和幻想类比等。

3. 组合系列技法。这是一个以若干不同事物的组合为主导的创意方法系列。其特点是把似乎不相关的事物有机地合为一体，并产生新奇。组合是想象的本质特征。与类比族相比，组合族没有停留在相似点的类比上，而是更进一步把二者组合起来，因此技法层次更高，它也是以联想为基础的。“焦点法”是组合族技法的典型代表。它以一个事物为出发点（焦点），联想其他事物并与之组合，形成新创意。如玻璃纤维和塑料结合，可以制成耐高温。高强度的玻璃钢。很多复合材料，都是利用这种技法制成的。

4. 臻美系列技法。这是以达到理想化的完美性为目标的创意技法系列。其特点是把创意对象的完美、和谐、新奇放在首位，用各种技法实现。完美性意味着对创意作品的全面审视和开发，因而属于创意技法的最高层次。联想、类比、组合是臻美的可靠基础，而臻美则是他们的发展方向。缺点列举法。希望点列举法都是有代表性的臻美技法。找出作品或产品的缺点，提出改进的希望，使其更完美，更有吸引力，这也是一个不断努力的过程。

目前所知道的设计方法有300种以上，种类虽然很多，但其原理大致可归结为以下五类：

1. 强化创造动因的群体机智法

如头脑风暴法、635法、德尔菲法、CBS法、KJ法、OCU法等。

2. 扩散思路的广角发散法

如设问法、特性列举法、缺点列举法、希望点列举法、形态分析法、检核目录法、逆向发明法、专利利用法等。

3. 非推理因素的知觉灵感法

如综摄法、灵感法、机遇发明法等。

4. 思维为主的一般性定性创造法

如联想法、类比法、模仿创造技法、移植法、功能思考法、演绎法、组合法等。

5. 思维为主的一般性定性创造法

如信息论方法学、系统论方法学、对应论方法学、突变论方法学等。不要机械地使用某一种创造技法，可以同时使用几种，或几种方法综合运用。

建筑综合设计法强调灵活地综合运用各种创造技法，并以群体机智法为主，强调团队设计的组织方法。

二、建筑设计创造性思维

（一）建筑的特性及建筑设计过程

建筑设计大体上是一种模仿性的工作——建筑设计从思维的层面看，实质是设计的规则和组合技能的运用。大脑只能做那些它内在已有的（包括即时输入的）和可以组合的东西。

建筑设计是建筑构成因子（要素）达到某种均衡的过程和产物——构成建筑的诸要素涉及实现功能、经济、文化艺术、形式、技术、材料等方面。从艺术的角度看，建筑的实用效能与其他艺术门类（如绘画）相比，总体上制作所耗的代价之高之广显然不可比拟，而资源的有限显然决定着最大部分的建筑以实用经济为第一原则。

1. 建筑设计创作过程

从设计的定义和建筑设计的概念及特征可知，设计活动是一个综合性的过程。西蒙曾指出："人工界恰恰集中在内部环境与外部环境的这一界面上，它关心的是通过使内部环境适应外部环境来达到目标。要想研究那些与人工物有关的人们，就要研究手段对环境的适应是怎样产生的——而对适应方式来说，最重要的就是设计过程。""过程是事物发展变化的连续性在时间上和空间上的表现。事物由于自身的矛盾运动，使其发展在时间上前后相继，在空间上连续不断，形成一个发展变化过程。"过程有总过程和具体过程之分，宇宙的无限运动是总过程，而具体事物发生、发展、灭亡的过程则是具体过程。设计过程是具体过程，是设计从开始、发展到结束的整个集合过程。按照西蒙的设计理论——创造人工物的设计科学体系而言，设计过程是寻找、搜索、生成备择方案的过程和检验、评价、抉择设计方案的过程，即是由生成和检验所构成的循环过程。"随着我们一步步地走向现实，规范性问题就渐渐地从找到正确的行动路线（本质合理性）转变为找到计划那一行动路线的方法了（过程合理性）"。总结人工科学理论关于设计过程的学说体系，即设计科学，是从以下五个方面来进行研究的：

（1）设计的形式逻辑

设计是要回答"应当怎样"的问题，这与回答"是怎样"的自然科学问题不同。在考察了普通的叙述逻辑和模态逻辑的基础之上，西蒙构造了关于设计过程的形式逻辑。

①首先将设计问题形式化，使之成为最优化问题。最优化方法的逻辑简述如下

fal. 设计问题的“内部环境”由规定了任务领域的“命令变量”表示，“外部环境”由一组“参数”表征；内部环境适应外部环境所要实现的目标由“效用函数”确定，它是命令变量和环境参数的函数，再加上补充的约束条件，这样，最优化问题就是要求出一组可接受的、与约束条件相容的命令变量的值，在环境参数确定的条件下，命令变量的这组数值使效用函数达到最大。

②从计算最优状况转变为求出令人满意的解答。

在实际的设计情形中，我们不能产生出所有可接受方案。备择方案的集在抽象意义上是“给定的”。而在切合具体情况的意义上不是“给定的”因此对于设计问题的解答一般是在命令逻辑的基础上以满意化为原则搜索可接受的方案。这个论断确立了以可行的满意方案作为设计成果的实际意义。

（2）备择方案搜索方法

①进行手段——目的分析，运用分解的方法进行解题；

②方案搜索是一个行动序列，可以形成满足具体约束条件的可能状态。设计问题的解决并不能通过各分解问题解答的叠加来得到，因而设计过程同时要寻找合理的“装配方案”探索多条尝试性的路径。

（3）备择方案评价方法

这是指用于方案比较、评价和决策的方法。包括评价理论和计算方法，如效用论、统计决策论、最优化计算方法以及选择令人满意的方案的算法和试探法等等。

（4）设计过程的组织

运用复杂系统的层级结构的组织理论对设计过程进行组织。

（5）设计的表现

表象的变换对设计过程来说是一个重要问题，设计的表现方法关系到设计的组织、成果以及交流、评价等。

2. 建筑设计创意过程相关研究

（1）建筑设计过程：以引入系统论、控制论、信息论和运筹学等新学科成果到建筑设计领域而形成的设计方法运动从20世纪60年代开始，就已经对设计过程作出了广泛的关注和研究。

（2）建筑构成因子（要素）创新取向和建筑设计创新中“度”的把握：显然，选择何种建筑构成要素创新和“度”的把握，是决定能否达到某种令人满意的均衡状态的关键。例如：使用者留驻时间短、无大量必备的器具放置的功能空间自然在构成上有较大的造型创新余地。这是一条建筑设计创新的操作规则。

（3）利用少见的差异方式：由直接的尺度夸张（超尺度）、变异（简化、扭曲等等）来获得以前由于经济或技术原因而没有或很少见的形式，实现与否取决于被接受的可行性。

（4）利用任何其他门类中的事物形态作为模仿对象关键是发现现象内在的构成结构的相似性，并在抽象层次归纳出操作规则。

（5）组合的规则

构成因子与不同层面的事物集合相联系，将一种构成因子的（甚至不同层面）事物集合中的个体相替代，并加入到组合过程中，从而生成创新的结果。需要依据人群的生理-心理和文化特性制定相关抽象层次的操作规则。

（6）创造性的思维方式举例：

①将原词汇的语境改变为相关的但属性差异大的语境。如将自然博物馆入口做成恐龙大口状；

②将原词汇加以变异，简化并改变其部分属性。如将原建筑词汇“窗”的形态简化、变异，并改变其材料，放弃其空虚属性应用于墙体作为装饰图样；

③将不同的词汇加以重新组合。可依照其部分属性的相似性；

不同“词汇”（在建筑中指有独立意义构件、单元体）有不同的组合，当它们具有共同的隐喻意义时，可以增强其原有的隐喻性。例如：

“门”的格式塔结构维度有：第一，两种境界的过渡中介的隐喻意义；第二，规范性（进入另一境界以门为途径）。“上”向和“量”大对人的视觉有大的刺激强度，而且有宗教意识起源上的原因，因而具有崇高的隐喻意义。可以将高大的伟人或英雄塑像与由高台阶及其上面的“门”的形态单元体相结合，以取得相应的隐喻效果。

④充分体现概念与相关形态的隐喻意义和准确性，尽可能地使观者在生理-心理上有认知效应。如里勃斯金德设计的德国柏林犹太人博物馆，

⑤科技作为工具。工程技术、材料、太阳能，人工环境控制、信息技术等均有极大影响。如光纤相关技术可将太阳光随意地引入室内，待其成熟及产业化时，利用这种技术与装备，可使任何内部空间外部化。建筑的组合会十分自由，为创新提供技术支持。建筑群体外覆草木园林的模式就会出现；

⑥构成模式空间维度的变异，可形成新的形态构成。如利用院落建筑的平面变异成立体的院落，空中别墅的叠加组合等；

⑦利用抽象的几何学关系（单元体或其组合）或数学的特性作为控制整体形式或单元体组合的潜规则。如此在繁杂中增强秩序，将视觉形态控制在人的美感系统所接受的范围。

⑧功能分离，各自有独立性。依不同功能的不同组合产生新的形式。

例如将结构构架与建筑功能单元体分离（居住、商用等功能单元）。依需要可自由组合，也可随时更换建筑单元体。结构构架中部分有刚性、柔性（如拉索之类）之分。而建筑单元一般为刚性的。如果它与以柔性为主的结构构架组合，会产生有幻想性的建筑形态。比钢的强度大100倍的碳纳米管已制成，可以展望，随着材料科技的发展，符合经济原则的许多奇异建筑形态都可实现。

⑨概念的颠倒与混淆。如内外之分的颠倒，空间维度的变异（通过连续、缩放、扭曲、偏转、断裂等方式的综合使用）等等。再如梁与柱或实墙按常规是相连的，利用玻璃（虚幻状）将这种联系打断；

⑩建筑语汇图式的变异与重新组合。如将入口做成放大的变异的窗子样子，门为它的一部分，作为窗格的局部，用较高的台级表达“墙”的意义等；

⑪“解构”是在“拆毁”概念的基础上提出的一种读解方法与策略。首先，要进行原等级关系的颠倒和打破界限（在原等级关系中，一方在价值与逻辑上等等方面支配着另一方，占主导地位）。突破原有系统，打开其封闭的结构，排除其本源和中心与二元对立，然后对系统全面置换。将分解后的系统的各种因子显现出来，并使原有的因子与外在因子自由组合，使之相互交叉和重叠，产生出新的意义载体组合；

⑫把新的小的因素放大，并加以充分的认识和利用也是一种创造性的途径。

任何部位的建筑构件均可看作一种特定空间位置中的有意义形态。如柱头，我们把它看作传统的经典构件，也可以将其变异为现代的构成形态。利用几何形特别是某种曲线面几何形作为建筑形态主体是有效的方式：

⑬原型的提取与创造性使用。

原型法——先发现及设定原型及其格式塔结构维度，然后以各维度为纽带向外与那些有相似或依某个原理而相关的维度的本体，达成本体之间的联结。从而从原型生成种种不同的变异体。建筑师柯布西埃的“多米诺”建筑原型和现代建筑流动空间的原型——密斯设计的巴赛罗纳德国展览馆的空间构成模式。

再如任何从原型机器到各种经过改进的新机型，以及由此为基础与体现其他概念的机器（或部件单元）的新组合等。非单纯循环的最初单元可以认为是一种原型，其后的循环在某种程度上对应重复着相似特性。

（二）建筑设计创意过程模型的建立

建筑方案的设计是一个循环迭代过程，事实上，设计行为是人的思维活动的反应。因此，从内在机制看，建筑系统方案的设计过程也是一个思维迭代过程。对建筑方案设计创意过程的研究将以其思维过程的研究为基础。

1. 建筑设计创意思维状态

下面将通过分叉理论来研究思维的变化过程及其表现的状态。分叉是指事物有了另外一种发展趋势。它描写了复杂系统进化过程中的突变性质。复杂系统在进化过程中表现为三种状态，即：稳定态、临界态和突变态。这里的稳定为一广义概念，即指动态稳定。当系统处于稳定态时，在稳定的附近，具有强烈的自回归力，使得系统围绕一定点而上下波动，将这一定点称作稳定吸引子；随着新事物的冲击以及系统内部因素的协同与竞争，回归力减小，突变跃迁力增大，当二者相等时，临界态出现，稳定的吸引子被打破；随着突变跃迁力进一步地增大，稳定吸引子让位于突变吸引子，系统便进入了突变态，在突变态，系统的发展方向表现出不定性，即出现分叉现象，系统最终沿着哪一方向发展，将完全取决于在突变中起着关键作用的突变因子。突变方向确定后，突变吸引子又逐渐让位于一组新的稳定吸引子，系统进入了一个新的稳定态。

由分叉理论可得，在进行建筑创意设计过程中，其思维也表现为三种状态，即：稳定态、临界态和突变态。在思维的变化过程中，其控制参数为人的认知水平。当人的认知水平趋于稳定时，思维系统处于稳定态，即存在着思维定式，它们形成稳定的吸引子；当人的认知水平超过一定值时，思维定式被打破，临界态出现；当人的认知水平继续提高，稳定的吸引子让位于突变吸引子，分叉现象出现，思维系统进入突变状态；当认知水平在新的位置趋于稳定时，思维系统又进入新的稳定状态。

进行建筑方案创意设计实际上就是将思维系统一次又一次地推入突变状态让其趋于稳定。但每一次的稳定都是新层次上的稳定。人的认知水平推动这一变化。因此，提高人的认知水平是进行建筑系统方案创新的首要条件。一般情况下，人的认知水平与知识基础成正比关系。因此，加强知识基础的研究是研究建筑方案创意设计的根本之所在。

2. 建筑设计创意思维模型

建筑系统作为一系统，其本身具有层次性，对系统层次性的认识表现为思维的层次性，而思维的层次性又表现为处理设计问题的细化过程，通常情况下，可用粒度来反映细化的程度，即人能从各不相同的粒度，观察和分析同一设计对象。一般，不同粒度下系统表现出的复杂性不同，粒度越大，复杂性越强，而新解产生的可能性也就越多。与细化相对的为粗化，粗化的过程就是一个综合的过程，在粗化过程中可实现解的有效性的验证。

3. 建筑设计创造性思维的算法模型

把建筑设计看作是由一系列程序控制的生成过程。一些建筑师采用的程序要比其他人的程序有效得多。以“计算视角（Computing Perspective）”来看待世界以及其中现象的方式，发现事物现象中的逻辑关系和结构——这可以被看作是某种控制程序，并建立起模型，对于理解复杂事物现象是非常有用的。算法是对行为——包括某些到达预定目标的步骤的精确且有限的说明，表现为一系列规则指令。那么，我们需要用算法表达方式构思设计行为；用生成与过程构思展示设计行为；用不同的抽象层面来构算法；按照算法进行设计过程。

在建筑设计思维的任何一个层面，都可以先在抽象层次确定某抽象概念，如建筑造型采用“雕塑感”形式，或者某种“实体”与“线形虚体”相组合的形式，等等，然后进行下面所表达的过程。如此以相同的方式在次层面进行相似的过程。例如：在建筑中某种功能空间与其周边某主要功能空间可能有视觉功能上的冲突，需要将其掩蔽。所以这时就用到了“遮挡-三维的空间限定”的概念。在构成建筑物功能系列关系网络中某些概念之间已被设定为不相容或相容度很小，故可以依标识有功能概念的空间排列关系（如相连接与否），可判断是否需要引入“遮挡”反应。这种功能概念的空间序列关系在建筑设计资料手册中已有列出。算法模型为：

（1）如果已确定“遮挡-三维的空间限定”概念，那么：

由上述抽象概念列出其基本格式塔结构维度；

由上述格式塔结构维度引出相关子概念集合。

（2）子概念集合中如有遮挡作用的形态概念（一种命名，名称，如“假山”、“屏风”之类）集合（可以包括有物理遮挡作用的具有三维尺度、层次的物态。对人来说，可先找出具体的物态如假山）；

那么激活假山的形态抽象特征，一起构成的格式塔结构维度，如“层次”（构成特性）、视觉“不可进入性”、“多维性”等等，选择相似的或由之衍生的构成结构模式；

搜寻具有上述格式塔结构维度的与所选择的构成结构模式相匹配的实体材料，有不同差异度材料选择（有不同质地等诸多格式塔结构维度集合及其与上一抽象层面相似的“抽象概念-具象形态”对应构成结构）；

（3）从材料、形态构成诸方面以不同者替代，从而得到创新的具遮挡作用的物态。算法结束。在不同抽象等级和层面进行相似的上述过程。

通过“概念”作为中介的可操作的建筑创作的“机械”思维方式可使建筑创作过程抽象化、层次化、条理化，具有明确的目标和操作思路，依此方式，建筑创作可以高效率地实现。创造思维机制具有内在逻辑且是很有限的，却能生成许许多多不同的功能组合与形态。

参考文献

[1] 丁尧．现代建筑设计创新性思维方法探索［J］．建筑工程技术与设计，2014，(26)：101-101

[2] 詹晨．探索现代建筑设计的技巧与创新发展［J］．建筑工程技术与设计，2018，(27)：1138

[3] 刘春申．现代建筑设计方法的创新探索［J］．绿色环保建材，2017，(3)：1

[4] 方坚．某住宅小区建筑设计概述［J］．电脑乐园，2019，(5)：1

[5] 杨再曾．形态艺术在建筑设计中的应用概述［J］．中国室内装饰装修天地，2020，(1)：207

[6] 阳星．对建筑设计过程中设计程序和设计内容的探讨［J］．建材与装饰：下旬，2012，(8)：2-8

[7] ］徐佳．建筑剖面设计中空间组合和利用问题探讨［J］．科学与财富，2019，(20)：293

[8] 李妮贵．公路工程基本建设项目设计阶段造价控制的分析［J］．中华建设，2022，(18)：117-118

[9] 王利民，刘佳，杨玲波，等．中国数字农业的基本理念与建设内容设计［J］．中国农业信息，2018，30 (6)：11

[10] 郭展志．传播学视域下的旧工业建筑创意产业化改造设计研究［D］．湖南大学，2013

[11] 张春玲．基于中原民间艺术视域下的建筑空间设计教学探析［J］．设计，2013，(8)：2-8

[12] 李伟．寻找城市美学脉络——浅谈创意建筑设计［J］．建筑·建材·装饰，2018，(23)：211-212

[13] 邱永德．文化产业视角下的现代茶馆建筑设计创意研究［J］．福建茶叶，2018，(8)：11-15

[14] 张幸怡．传播学视域下的乡村旅游建筑改造设计研究［D］．东南大学，2019

[15] 张光武，李群，翁素馨．基于产教融合的民族建筑创意设计实训基地建设研究——以建筑室内设计特色高水平专业群为例 [J]．居业，2021 (5)：21-26

[16] 曹茂庆．基于“工匠精神”的建筑模拟创意构思的教学应用探究 [J]．职业技术，2020，19 (4)：6-10

[17] 钟飞凤．提升建筑创意内涵的手段与应用 [J]．城市建筑，2019，16 (5)：42-47

[18] 于昌平．论现代建筑设计中的创新思维 [J]．建筑工程技术与设计，2017，(34)：1269

[19] 赵钢．浅谈现代建筑设计的本质与创新思维 [J]．建材与装饰旬刊，2010，(6)：112-113

[20] 宋雯琳．基于绿色建筑视角的现代建筑技术创新思维与应用 [J]．建筑工程技术与设计，2016 (8)：98-104

[21] 孟丽芳，杨晓博．基于绿色建筑视角的现代建筑设计创新思维与运用分析 [J]．建筑工程技术与设计，2017，(30)：36-38

[22] 杨月明．探讨现代建筑设计中的创新思维 [J]．四川水泥，2020，(10)：23-26

[23] 刘允之，王伟伟．传统建筑文化在现代建筑设计中的传承与发展 [J]．砖瓦，2020，(1)：32-35

[24] 熊丽．现代化建筑设计及文化思路分析 [J]．2021，(21)：17-18

[25] 秦本忠．由“简单”到“复杂”的演变复杂性思维范式——现代建筑思潮的一个重要特征 [J]．建筑与环境，2020，14 (4)：53-55

[26] 吴德兴．现代建筑设计对地域古建筑文化的传承与创新 [J]．贵阳学院学报：自然科学版，2020，15 (3)：54-57